J. CRAIG VENTER

LEBEN
AUS DEM LABOR

VON DER DOPPELHELIX
ZUM KÜNSTLICHEN ORGANISMUS

Aus dem Amerikanischen von
Sebastian Vogel

S. FISCHER

Erschienen bei S. FISCHER
Die Originalausgabe erschien 2013 unter dem Titel
»Life at the Speed of Light. From the Double Helix
to the Dawn of Digital Life« im Verlag Viking, New York.
© 2013 by J. C. Venter. All rights reserved
Für die deutschsprachige Ausgabe:
© S. Fischer Verlag GmbH, Frankfurt am Main 2014
Satz: Pinkuin Satz und Datentechnik, Berlin
Druck und Einband: CPI books GmbH, Leck
ISBN 978-3-10-087202-9

INHALT

1. Dublin, 1943–2012   7
2. Chemische Synthese als Beweis   17
3. Das digitale Zeitalter der Biologie bricht an   41
4. Das digitalisierte Leben   70
5. Der synthetische Phi X 174   91
6. Das erste künstliche Genom   119
7. Artumwandlung   136
8. Die Synthese des Genoms von *M. Mycoides*   155
9. In einer synthetischen Zelle   176
10. Gestaltetes Leben   193
11. Biologische Teleportation   222
12. Leben mit Lichtgeschwindigkeit   248

Danksagung   261
Anmerkungen   264
Register   292

1. DUBLIN, 1943–2012

> Wie lassen sich die Vorgänge in Raum
> und Zeit, welche innerhalb der räum-
> lichen Begrenzung eines lebenden
> Organismus vor sich gehen, durch die
> Physik und Chemie erklären? … Wenn
> die heutige Physik und Chemie diese
> Vorgänge offenbar nicht zu erklären
> vermögen, so ist das durchaus kein
> Grund, die Möglichkeit ihrer Erklärung
> durch die Wissenschaften zu bezweifeln.
> Erwin Schrödinger, *Was ist Leben?*
> (1944)[1]

»Was ist Leben?« Nur drei einfache Worte, und doch wirft jedes davon ein ganzes Universum von Fragen auf, die alles andere als einfach sind. Was genau trennt eigentlich das Belebte vom Unbelebten? Welches sind die Grundzutaten des Lebens? Wo regte sich das Leben zum ersten Mal? Wie entwickelten sich die ersten Lebewesen? Gibt es überall Leben? Wie weit ist Leben im Kosmos verbreitet? Angenommen, auf fernen Planeten existieren andere Lebensformen: Sind sie so intelligent wie wir oder sogar noch intelligenter?

Bis heute sind diese Fragen nach Wesen und Ursprung des Lebens die größten und am hitzigsten diskutierten in der ganzen Biologie. Auf ihnen ruht das Fachgebiet, und auch wenn wir nach wie vor nicht alle Antworten kennen, haben wir in den letzten Jahrzehnten bei ihrer Untersuchung große Fortschritte gemacht. Wir haben die Suche in einer Zeit, an die heutige Menschen sich noch erinnern, weiter vorangebracht als die rund 10 000 Generationen, seit moderne Menschen über unseren Planeten wandeln.[2] Heute sind wir in das »digitale Zeitalter der Biologie« eingetreten, wie ich es nenne: Die ehemals getrennten Domänen der Computerprogramme und der Programmierung des Lebendigen wachsen zusammen, und daraus entstehen neue Synergien, welche die Evolution in radikal neue Richtungen lenken werden.

Sollte ich einen Zeitpunkt benennen, in dem nach meiner Einschätzung die moderne biologische Wissenschaft geboren wurde, so würde ich mich für den Februar 1943 entscheiden. Es geschah in Dublin, wo der österreichische Physiker Erwin Schrödinger (1887–1961) sich mit der zentralen Frage der gesamten Biologie beschäftigte. Dublin war seit 1939 Schrödingers Heimat – einerseits war er dadurch den Nazis entkommen, andererseits stand die Stadt aber auch seinem unkonventionellen Familienleben tolerant gegenüber (er lebte in einer Dreierbeziehung und suchte zur Inspiration nach »stürmischen sexuellen Abenteuern«);[3] außerdem hatte Éamon de Valera, der damalige Taoiseach (Gälisch für Premierminister) Irlands, die Initiative ergriffen und ihn eingeladen, in dem Land zu arbeiten.

Schrödinger hatte 1933 den Nobelpreis für seine Bemühungen zur Entwicklung einer Gleichung für Quantenwellen erhalten, mit der er das Verhalten subatomarer Teilchen, das ganze Universum und alles dazwischen erklären wollte. Jetzt, zehn Jahre später, hielt Schrödinger unter der Schirmherrschaft des Dublin Institute for Advanced Sciences, an dessen Gründung er zusammen mit de Valera mitgearbeitet hatte, am Trinity College der irischen Hauptstadt eine Reihe von drei Vorträgen, die noch heute zitiert werden. Die Anregung zu den Veranstaltungen unter der Überschrift »What Is Life? The Physical Aspect of the Living Cell« [»Was ist Leben? Die Sicht des Physikers auf die lebende Zelle«] bezog er zum

Teil aus dem Interesse seines Vaters für Biologie, zum Teil auch aus einem 1935 erschienenen Fachartikel,[4] der aus einer früheren Begegnung von Physik und Biologie im Vorkriegsdeutschland erwachsen war. Die deutschen Physiker Karl Zimmer und Max Delbrück hatten damals in Zusammenarbeit mit dem russischen Genetiker Nikolai Timofejew-Ressowskij eine Schätzung für die Größe eines Gens erarbeitet (»ungefähr 1000 Atome«); die Grundlage bildete die Fähigkeit von Röntgenstrahlen, Gene von Taufliegen zu schädigen und Mutationen auszulösen.

Schrödinger begann die Vortragsreihe am Freitag, dem 5. Februar um 16 Uhr 30; vor ihm im Publikum saß der Taoiseach. Ein Reporter des Magazins *Time* war anwesend und berichtete, wie »Menschenmassen vor dem gerappelt vollen Hörsaal abgewiesen wurden. Kabinettsminister, Diplomaten, Wissenschaftler und Angehörige der feinen Gesellschaft applaudierten lautstark einem schmalen, in Wien geborenen Physikprofessor, der über den Ehrgeiz aller anderen Mathematiker hinausgewachsen war.« Am nächsten Tag brachte *The Irish Times* einen Artikel über »die lebende Zelle und das Atom«, der gleich zu Beginn von Schrödingers Behauptung berichtete, man könne die Vorgänge im Inneren einer lebenden Zelle allein mit Chemie und Physik beschreiben. Der Vortrag war so publikumswirksam, dass die ganze Reihe an den nachfolgenden Montagen wiederholt werden musste.

Aus seinen Vorträgen machte Schrödinger ein kleines Buch, das im folgenden Jahr erschien, zwei Jahre vor meiner Geburt. *Was ist Leben?* beeinflusste ganze Biologengenerationen. (50 Jahre nachdem Schrödinger seine bemerkenswerten Vorträge gehalten hatte, feierten Michael P. Murphy und J. O'Neill vom Trinity College den Jahrestag und luden dazu herausragende Wissenschaftler aus verschiedenen Fachgebieten ein; zu der hochkarätigen Gästeliste gehörten Jared Diamond, Stephen Jay Gould, Stuart Kauffman, John Maynard Smith, Roger Penrose, Lewis Wolpert sowie die

Nobelpreisträger Christian de Duve und Manfred Eigen. Sie alle sollten voraussagen, was das nächste halbe Jahrhundert bringen könnte.) Ich hatte *What Is Life?* mindestens fünf Mal gelesen, und jedes Mal hatte es für mich je nach dem Stadium meiner Karriere eine andere Bedeutung und eine neue Wichtigkeit.

Dass Schrödingers schmales Bändchen sich als so einflussreich erwies, hat im Kern einen einfachen Grund: Es setzt sich aus einem kühnen neuen Blickwinkel mit den zentralen Themen der Biologie auseinander – mit der Vererbung und der Frage, wie Lebewesen sich Energie nutzbar machen und damit Ordnung aufrechterhalten. Klar und knapp argumentierte er, Leben müsse den Gesetzen der Physik folgen, und man könne deshalb mit Hilfe der physikalischen Gesetze wichtige Schlussfolgerungen über das Wesen des Lebendigen ziehen. Schrödinger beobachtete, dass Chromosomen »eine Art Code enthalten müssen, der über das gesamte Muster der zukünftigen Entwicklung eines Individuums bestimmt«. Er gelangte zu dem Schluss, dass der Code »eine gut geordnete Verbindung von Atomen enthalten muss, die eine ausreichende Widerstandsfähigkeit besitzt und ihre Ordnung dauerhaft aufrechterhalten kann«; außerdem erklärte er, wie die Zahl der Atome in einem »aperiodischen Kristall« eine für die Vererbung ausreichende Informationsmenge tragen kann. Mit dem Begriff »Kristall« wollte er auf Stabilität hinweisen, und er bezeichnete ihn als »aperiodisch«, das heißt, er konnte im Gegensatz zu einem »periodischen«, sich wiederholenden Muster (das, wie die *Irish Times* erklärte, »eine gewöhnliche Tapetenbahn im Vergleich zu einem kompliziert gemusterten Wandteppich« ist) einen hohen Informationsgehalt haben. Schrödinger vertrat die Ansicht, dieser Kristall müsse nicht extrem komplex gebaut sein, um eine Riesenzahl an Veränderungen enthalten zu können, sondern er könne so einfach sein wie ein Binärcode, beispielsweise das Morsealphabet. Soweit mir bekannt ist, wurde damit zum ersten Mal die

Tatsache erwähnt, dass der genetische Code so einfach wie ein Binärcode sein kann.

Leben hat unter anderem die höchst bemerkenswerte Eigenschaft, dass es Ordnung schaffen kann: Es formt aus dem chemischen Chaos in unserer Umgebung einen kompliziert gebauten, geordneten Körper. Auf den ersten Blick wirkt diese Fähigkeit wie ein Wunder, das dem düsteren Zweiten Hauptsatz der Thermodynamik widerspricht, der besagt, dass alles zwangsläufig von der Ordnung in die Unordnung abrutschen muss. Aber dieses Gesetz gilt nur für »geschlossene Systeme«, beispielsweise für ein luftdicht verschlossenes Reagenzglas; Lebewesen dagegen sind offen (oder sie sind Teile eines größeren geschlossenen Systems), denn sie sind für Energie und Masse aus ihrer Umgebung durchlässig. Sie verbrauchen große Energiemengen, um Ordnung und Komplexität in Form von Zellen zu schaffen.

Schrödinger beschäftigte sich in einem großen Teil seines Vortrages mit der Thermodynamik des Lebendigen, einem Thema, das im Vergleich zu den Erkenntnissen über Genetik und Molekularbiologie relativ wenig erforscht ist. Er beschrieb die Fähigkeit des Lebendigen, einen »Strom der Ordnung« auf sich selbst zu richten und damit dem Zerfall zu einem atomaren Chaos zu entgehen – und gleichzeitig Ordnung aus einer geeigneten Umwelt zu »trinken«. Außerdem hatte er sich mit der Frage beschäftigt, in welchem Zusammenhang ein »aperiodischer Feststoff« mit dieser kreativen Leistung steht. Das Codeprogramm enthält die Mittel und Wege, um chemische Substanzen aus der Nachbarschaft so anzuordnen, dass sie Wirbel im großen Strom der Entropie nutzen und sie in Form einer Zelle oder eines Organismus lebendig machen können.

Schrödingers Hypothese wurde für eine ganze Reihe von Physikern und Chemikern zur Anregung, ihre Aufmerksamkeit der Biologie zuzuwenden, nachdem der Beitrag ihres Fachgebiets zum Manhattan-Projekt – dem großen Vorhaben, während des Zweiten Weltkrieges die Atombombe zu bauen – sie ernüchtert hatte. Zur Zeit von Schrödingers Vortrag glaubte die wissenschaftliche Welt, nicht DNA, sondern Proteine seien die Grundlage des genetischen Materials. Im Jahr 1944 folgte dann der erste eindeutige Beleg, dass in Wirklichkeit kein Protein, sondern die DNA der Informationsträger ist. Schrödingers Buch motivierte den Amerikaner James Watson und den Briten Francis Crick, das Codeprogramm aufzuklären; damit gelangten sie schließlich zur DNA, und sie entdeckten die schönste Struktur der gesamten Biologie: die Doppelhelix, in deren Windungen die Geheimnisse der Vererbung liegen. Die beiden Stränge der Doppelhelix sind zueinander komplementär und verlaufen in entgegengesetzter (antiparalleler) Richtung. Deshalb kann eine Doppelhelix sich wie ein Reißverschluss in der Mitte trennen, und jede Seite kann als Vorlage oder Matrize für die andere dienen; auf diese Weise wird die Information in der DNA kopiert und an die Nachkommen weitergegeben. Am 12. August 1953 schrieb Crick an Schrödinger einen Brief, in dem er genau das andeutete; er fügte hinzu: »Ihr Begriff ›aperiodischer Kristall‹ wird sehr zutreffend sein.«

In den 1960er Jahren entdeckte man, wie dieser Code im Einzelnen funktioniert, und anschließend klärte man ihn auf. Daraufhin formulierte Crick 1970 das »zentrale Dogma«, das besagt, auf welchem Weg die genetische Information durch biologische Systeme fließt. In den 1990er Jahren leitete ich die Arbeitsgruppe, die das erste Genom einer lebenden Zelle auslas, und später arbeitete unter meiner Leitung eines der beiden Teams, die das genetische Programm des Menschen aufklärten; der höchst öffentlichkeitswirksame Wettlauf mit Watson und anderen war häufig von Konflikten, Zank und politischen Erwägungen geprägt. Zur Jahrtausendwende konnten wir erstmals einen echten Blick auf die bemerkenswerten Details des aperiodischen Kristalls werfen, der den Code für das Leben der Menschen enthält.

In Schrödingers Gedanken steckte auch die unausgesprochene Vorstellung, dass sein Codeprogramm seine Signale seit dem Anbeginn des Lebens vor rund 4 Milliarden Jahren aussendet. Der Biologe und Autor Richard Dawkins entwickelte diese Idee weiter und zeichnete das anschauliche Bild eines Flusses, der in Eden entspringt.[5] Dieser langsam strömende Fluss besteht aus Informationen, aus dem Code zum Aufbau von Lebewesen. Die DNA wird nicht absolut originalgetreu kopiert, und in Verbindung mit den Schäden durch Sauerstoff und ultraviolette Strahlung, die sich im Laufe der Generationen ereignet haben, ist es in der DNA zu so vielen Veränderungen gekommen, dass neue, abweichende Arten entstehen konnten. Der Fluss teilt und gabelt sich immer wieder, so dass im Laufe der Jahrmilliarden unzählige neue biologische Arten entstehen.

Vor einem halben Jahrhundert schätzte der große Evolutionsgenetiker Motoo Kimura, dass die Menge der genetischen Information während der letzten 500 Millionen Jahre um etwa 100 Millionen Bit gewachsen ist.[6] Die Information in der DNA nimmt heute in der biologischen Wissenschaft eine beherrschende Stellung ein – die Biologie ist im 21. Jahrhundert geradezu zu einer Informationswissenschaft geworden. Der südafrikanische Biologe und Nobelpreisträger Sydney Brenner erklärte, das Codeprogramm müsse »den Kern jeder biologischen Theorie bilden«.[7] In der biologischen Systematik tragen heute DNA-Strichcodes dazu bei, Arten voneinander zu unterscheiden.[8] Andere nutzen DNA zu Computerberechnungen[9] oder als Mittel zur Informationsspeicherung.[10] Ich selbst habe Vorhaben geleitet, in denen es nicht nur darum ging, den digitalen Code des Lebendigen abzulesen, sondern wir wollten ihn auch schreiben, im Computer simulieren und sogar in neugeschriebener Form zur Herstellung lebender Zellen verwenden.

Am 12. Juli 2012, fast sieben Jahrzehnte nachdem Schrödinger seine Vorträge gehalten hatte, war ich auf Einladung

13

des Trinity College in Dublin. Man hatte mich gebeten, zu Schrödingers großem Thema zurückzukehren und auf der Grundlage der modernen Wissenschaft neue Erkenntnisse und Antworten auf die tiefgreifenden Fragen nach der Definition des Lebens zu präsentieren. Noch heute interessieren sich alle aus naheliegenden Gründen für solche Antworten, und ich habe auch sehr persönliche Motive. Als junger Soldat hatte ich in Vietnam zu meiner Verblüffung gelernt, dass zwischen Belebtem und Unbelebtem häufig nur ein geringfügiger Unterschied besteht: Ein winziges Gewebestück unterscheidet unter Umständen einen lebenden, atmenden Menschen von einer Leiche; selbst bei guter medizinischer Versorgung hängt das Überleben unter Umständen zum Teil davon ab, ob der Patient positiv denkt, ob er aufgeschlossen und optimistisch bleibt und damit den Beweis antritt, dass aus Kombinationen lebender Zellen eine höhere Komplexität erwachsen kann.

An einem Donnerstagabend um 19.30 Uhr stieg ich, gestärkt durch jahrzehntelangen Fortschritt der Molekularbiologie, auf dasselbe Podium, auf dem auch Schrödinger aufgetreten war; wie er stand ich in dem Raum, der heute als Prüfungssaal des Trinity College dient und einen unvergleichlichen Hintergrund abgibt, und vor mir saß der Taoiseach. Unter einem riesigen Kronleuchter, vor Porträts von William Molyneux und Jonathan Swift, blickte ich in ein Publikum aus 400 nach oben gewandten Gesichtern und in das helle Licht von Kameras aller Arten und Größen. Anders als Schrödinger wusste ich, dass mein Vortrag aufgezeichnet, per Livestream übertragen, in Blogs beschrieben und per Twitter verbreitet werden würde, wenn ich wieder einmal der Frage nachging, zu deren Beantwortung mein Vorgänger so viel beigetragen hatte.

Im Laufe der nächsten 60 Minuten erklärte ich, warum das Leben letztlich aus DNA-getriebenen biologischen Maschinen besteht. Alle lebenden Zellen laufen mit einer Software aus DNA, die Hunderte oder Tausende von Proteinrobotern steuert. Seit Jahrzehnten, seit wir zum ersten Mal herausgefunden haben, wie man die Software des Lebendigen durch DNA-Sequenzierung ablesen kann, haben wir das Lebendige digitalisiert. Heute können wir in umgekehrter Richtung vorgehen: Wir gehen von einem Computer-Digitalcode aus, gestalten eine neue Lebensform, synthetisieren mit chemischen Methoden ihre DNA und fahren sie dann hoch, so dass ein echtes Lebewesen entsteht. Und da es sich um digitale Information handelt, können wir sie mit Lichtgeschwindigkeit an jeden beliebigen Ort schicken und am anderen Ende sowohl die DNA als auch das Leben neu erschaffen. Neben dem Taoiseach Enda Kenny saß mein alter, selbsternannter Rivale James Watson. Nachdem ich geendet hatte, kam er aufs Podium, schüttelte mir die Hand und gratulierte mir freundlich zu einem »sehr schönen Vortrag«.[11]

»Leben aus dem Labor. Von der Doppelhelix zum künstlichen Organismus« basiert zum Teil auf meinem Vortrag am Trinity College und handelt von dem unglaublichen Fortschritt, den wir erzielt haben. In dem Zeitraum eines einzigen Menschenlebens sind wir von Schrödingers »aperiodischem Kristall« über die Aufklärung des genetischen Codes bis zur Konstruktion eines synthetischen Chromosoms und dann einer synthetischen Zelle gelangt, womit bewiesen war, dass DNA die Software des Lebendigen ist. Grundlage für dieses Unternehmen waren die ungeheuren Fortschritte, die eine lange Reihe außerordentlich hochbegabter Personen in Labors auf der ganzen Welt während des letzten Jahrhunderts erzielt hat. Ich werde einen Überblick über die Entwicklung der molekularen und synthetischen Biologie geben – einerseits um dem gewaltigen Unternehmen meinen Tribut zu zollen, andererseits um die Beiträge anzuerkennen, die von wichtigen, führenden Wissenschaftlern geleistet worden sind. Es ist nicht mein Ziel, eine umfassende Geschichte der synthetischen Biologie zu schreiben, aber ich möchte einen kleinen Eindruck davon vermitteln, welche Leistungen jenes außergewöhnliche, auf Zusammenarbeit gegründete Projekt erbringen kann, das wir Naturwissenschaft nennen.

DNA wird als digitalisierte Information nicht nur in Computerdatenbanken abgelegt, sondern man kann sie auch als elektrische Welle mit Lichtgeschwindigkeit oder nahezu mit Lichtgeschwindigkeit übertragen; mit einer solchen biologischen Teleportation kann man Proteine, Viren und lebende Zellen an einem weitentfernten Ort neu erschaffen und damit vielleicht unsere Sichtweise auf das Lebendige ein für alle Mal verändern. Mit diesen neuen Kenntnissen über das Leben und die in jüngster Zeit erzielten Fortschritte zu seiner Handhabung öffnet sich eine Tür zu wahrhaft spannenden neuen Möglichkeiten. Während das Industriezeitalter zu Ende geht, erleben wir den Anbeginn einer neuen Ära der biologischen Gestaltung. Die Menschheit steht im Begriff, in eine neue Phase der Evolution einzutreten.

2. CHEMISCHE SYNTHESE ALS BEWEIS

> Diese Form der synthetischen Biologie, eine
> große Herausforderung, künstliches Leben zu
> schaffen, stellt auch unsere theoretische
> Definition des Lebendigen in Frage. Wenn
> Leben nicht mehr ist als ein sich selbst erhal-
> tendes, zur Darwin'schen Evolution fähiges
> System, und wenn wir wirklich verstehen, wie
> Chemie die Evolution unterstützen kann, dann
> sollten wir auch in der Lage sein, ein künst-
> liches chemisches System zu synthetisieren, das
> zu Darwin'scher Evolution befähigt ist. Wenn
> wir damit Erfolg haben, ist gezeigt, dass die
> Theorien, auf denen unser Erfolg beruht, uns
> neue Fähigkeiten verleihen … Gelingt es uns
> dagegen nach Bemühungen zur Schaffung eines
> chemischen Systems nicht, eine künstliche
> Lebensform zu erzeugen … müssen wir zu dem
> Schluss gelangen, dass in unserer Theorie des
> Lebendigen irgendetwas fehlt.
> Steven Benner, 2009[1]

Der Gedanke an künstliches Leben fasziniert die Menschen
schon seit langem. Vom mittelalterlichen Homunculus eines
Paracelsus und dem Golem der jüdischen Überlieferung bis
zu dem Geschöpf in Mary Shelleys *Frankenstein* und den
»Replikanten« in *Blade Runner*: In Mythologie, Legenden
und Pop-Kultur wimmelt es von Erzählungen über synthetische oder roboterhafte Lebensformen. Aber eine präzise De-

finition zu entwickeln, die den Unterschied zwischen Leben und Nicht-Leben oder zwischen biologischem Leben und Maschinenleben einfängt, war für Wissenschaft und Philosophie gleichermaßen eine schwierige, immer noch andauernde Herausforderung.

Jahrhundertelang war es ein Hauptziel der Naturwissenschaft, das Leben erstens auf einer ganz grundsätzlichen Ebene zu verstehen und zweitens herauszufinden, wie man es steuern kann. Der erste wirkliche Bioingenieur war vielleicht der deutschstämmige amerikanische Biologe Jacques Loeb (1859–1924). In seinen Labors in Chicago, New York und Woods Hole in Massachusetts konstruierte er »dauerhafte Maschinen«, wie er sie in seinem 1906 erschienenen Buch *The Dynamics of Living Matter* nannte.[2] Loeb stellte Würmer mit zwei Köpfen her und – sein berühmtestes Experiment – sorgte dafür, dass Seeigeleier die Embryonalentwicklung einleiteten, ohne dass eine Samenzelle sie zuvor befruchtet hatte.[3] So ist es auch kein Wunder, dass Sinclair Lewis sich Loeb zum Vorbild für die Gestalt des Max Gottlieb in dem mit dem Pulitzerpreis gekrönten Roman *Arrowsmith* [dt. *Dr. med. Arrowsmith*] nahm. Das 1925 erschienene Buch idealisierte als erstes wichtiges Werk der erzählenden Literatur die reine Naturwissenschaft einschließlich der antibakteriellen Wirkung von Viren, die man als Bakteriophagen bezeichnet.

In seinem 1987 erschienenen Buch *Controlling Life: Jacques Loeb and the Engineering Ideal in Biology* zitiert Philip J. Pauly einen Brief, den Loeb 1890 an den Wiener Physiker und Philosophen Ernst Mach (1838–1916) schrieb. Darin behauptet Loeb: »Mir schwebt jetzt der Gedanke vor, dass der Mensch selbst sogar in der lebenden Natur als Schöpfer tätig werden kann und sie am Ende nach seinem Willen formt. Der Mensch kann zumindest in einer Technik der lebenden Wesen Erfolg haben.« 15 Jahre später erklärte Loeb im Vorwort zu einer Ausgabe seiner wissenschaftlichen

Fachpublikationen: »Trotz der Vielfalt der Themen zieht sich eine einzige Leitidee durch alle Aufsätze dieser Sammlung, nämlich dass es möglich ist, die Lebensphänomene unter unsere Kontrolle zu bringen und dass eine solche Kontrolle und nichts anderes das Ziel der Biologie ist.«

Die Ursprünge für Loebs mechanisches Bild des Lebendigen kann man schon vor seiner Korrespondenz mit Mach etliche Jahrhunderte weit zurückverfolgen. Einige der ersten Theorien des Lebens waren »materialistisch« und standen damit im Gegensatz zu Vorstellungen von nichtphysikalischen Prozessen, die außerhalb der materiellen Natur stehen sollten und sich auf eine Schöpfung mit übernatürlichen Mitteln beriefen. Empedokles (ca. 490–430 v. Chr.) vertrat die Ansicht, alles – auch das Leben – bestehe aus einer Kombination der vier ewigen »Elemente« oder »Wurzeln von allem«: Erde, Wasser, Luft und Feuer. Aristoteles (384–322 v. Chr.), einer der ersten »Materialisten«, unterteilte die Welt in die drei Kategorien tierisch, pflanzlich und mineralisch, eine Unterscheidung, die in den Schulen noch heute gelehrt wird. Im Jahr 1996 sequenzierte meine Arbeitsgruppe das erste Genom eines Archaebakteriums. Vielfach wurde behauptet, diese Sequenz sei der Beweis, dass die Archaea – eine Gruppe, die der amerikanische Mikrobiologe Carl Woese als Erster definiert hatte – einen dritten Zweig des Lebendigen darstelle. Als die Nachricht die Runde machte, stellte der Fernsehmoderator Tom Brokaw die rhetorische Frage: »Wir haben Tiere, Pflanzen und Mineralien. Was soll das für ein neuer Zweig sein?«

Mit wachsenden Kenntnissen wurden die Denker immer ehrgeiziger. Bei den alten Griechen galt der Gedanke, die Natur so zu verändern oder zu steuern, dass sie den Bedürfnissen der Menschen entspricht, als absurd. Seit Beginn der naturwissenschaftlichen Revolution im 16. Jahrhundert jedoch war es ein Hauptziel der Wissenschaft, den Kosmos nicht nur auf seiner grundsätzlichsten Ebene zu erforschen, sondern ihn auch zu beherrschen. Der englische Universalgelehrte Francis Bacon (1561–1626), dem wir den Empirismus verdanken, erklärte sinngemäß, man solle etwas besser beweisen und nicht nur erzählen: »und sicher haben sie die Art der Kinder; sie sind zwar zum Schwätzen bereit, können aber nichts zeugen; denn ihre Weisheit ist wohl reich an Worten, aber arm und unfruchtbar an Werken … aus besagten Philosophien der Griechen und ihren Verzweigungen in die einzelnen Wissenschaften hat man innerhalb eines Zeitraumes von nun schon so vielen Jahrhunderten kaum ein einziges Experiment abgeleitet, welches sich auf eine Erleichterung und Verbesserung der Lage der Menschen bezieht«.[4]

In seinem 1623 verfassten[5] utopischen Roman *Neu-Atlantis* skizzierte Bacon seine Vision einer Zukunft, die von neuen Entdeckungen der Menschen gekennzeichnet ist, und er malte sich sogar das Salomon-Haus aus,[6] eine staatlich finanzierte Wissenschaftsinstitution, die das Ziel hat, »die Ursachen des Naturgeschehens zu ergründen … und die Grenzen der menschlichen Macht so weit auszudehnen, um alle möglichen Dinge zu bewirken«. Er beschreibt in seinem Roman Experimente mit »Tieren und Vögeln«, und manches hört sich sogar nach genetischer Abwandlung an: »Auf künstlichem Wege machen wir manche Tiere größer und schlanker, als sie es der Natur nach sind, während wir andere in Zwergformen umwandeln und ihnen eine von der früheren verschiedene Gestalt geben. Wieder andere machen wir fruchtbarer und zeugungsfähiger, als es ihrer Natur entspricht, andere dagegen unfruchtbar und zeugungsunfähig. Auch in Bezug auf Farbe, Körperform und Aktivität können wir sie auf verschiedene Weise verändern.« Darüber hinaus spielt Bacon auf die Möglichkeit an, Leben künstlich zu konstruieren: »Und zwar lassen wir uns bei diesen Versuchen nicht vom Zufall leiten, sondern wir wissen sehr wohl, von welchen Stoffen wir ausgehen müssen und welche Tiere wir erzeugen können.«[7]

In diesem Streben nach Macht über die Natur erkennt die

Wissenschaft eine Vereinigung zwischen dem Streben nach Wissen und dem Dienst an den Menschen. René Descartes (1596–1650), ein Pionier der Optik, den wir vor allem mit dem Satz »Ich denke, also bin ich« in Verbindung bringen, freute sich in seiner *Abhandlung über die Methode des richtigen Vernunftgebrauchs* von 1637 auf eine Zeit, in der die Menschen zu »Herren und Besitzern der Natur« werden würden. Descartes und seine Nachfolger erweiterten die mechanistische Erklärung natürlicher Phänomene auch auf biologische Systeme und erforschten dann die Folgerungen. Aber seit der Geburt dieser großartigen Bestrebungen brachten Kritiker immer wieder Bedenken zum Ausdruck: Im Streben nach einer effizienten Herrschaft über die Natur, so erklärten sie, würden wichtige moralische und philosophische Fragen übergangen. Mit dem faustischen Geist der modernen Naturwissenschaft kamen die Diskussionen darüber, ob es richtig ist, dass die Menschen »Gott spielen«.

Für manche Menschen stand es außer Frage, dass das beste Beispiel für die Übernahme einer göttlichen Rolle darin besteht, im Labor etwas Lebendiges zu schaffen. In seinem 1906 erschienenen Buch *Natur und Ursprung des Lebens im Licht neuer Erkenntnisse* erörtert der französische Biologe und Philosoph Félix le Dantec (1869–1917) die Evolution – den »Transformismus«, wie man den Artenwandel in Frankreich in vordarwinistischer Zeit nannte – der heutigen Arten aus früheren, viel einfacheren Lebewesen, »einem lebenden Protoplasma, das auf die Summe seiner Erbeigenschaften beschränkt war«. Weiter schreibt er: »Archimedes sagte in einem symbolischen Satz, der, wörtlich genommen, absurd ist: ›Gebt mir einen festen Punkt, und ich hebe die Erde aus den Angeln‹. Genauso hat der Transformist von heute das Recht, zu sagen: Gebt mir ein lebendes Protoplasma, und ich werde das ganze Tier- und Pflanzenreich neu schaffen.« Le Dantec wusste nur allzu gut, dass diese Aufgabe mit den primitiven Mitteln, die ihm zur Verfügung standen, kaum zu bewältigen war: »Unsere Bekanntschaft mit Kolloiden [Makromolekü-len] ist noch so neu und bruchstückhaft, dass wir nicht damit rechnen sollten, mit den Bemühungen zur Herstellung einer lebenden Zelle schnelle Fortschritte zu erzielen.« Dennoch war le Dantec sicher, dass es eines Tages synthetische Zellen geben würde; er erklärte: »Mit dem neuen, von der Wissen-schaft erworbenen Wissen braucht der aufgeklärte Geist die Herstellung von Protoplasma nicht mehr zu sehen, um sich davon zu überzeugen, dass alle wesentlichen Unterschiede und jede absolute Unterscheidung zwischen lebender und nicht lebender Materie fehlt.«[8]

Schon im vorherigen Jahrhundert hatten Chemiker die Grenze zwischen belebter und unbelebter Materie in Frage ge-stellt; einer von ihnen war Jöns Jacob Berzelius (1779–1848), ein schwedischer Wissenschaftler, der als Pionier der mo-dernen Chemie gilt. Berzelius hatte als einer der Ersten die Atomtheorie auch auf die »lebendige« organische Chemie angewandt;[9] dabei baute er auf den Arbeiten des französi-schen Vaters der Chemie Antoine Lavoisier (1743–1794) und anderer auf. Er bezeichnete die beiden Hauptgebiete der Che-mie als »organisch« und »anorganisch«; organische Verbin-dungen unterscheiden sich von allen anderen dadurch, dass sie Kohlenstoffatome enthalten. Die aus dem ersten Jahrhun-dert stammende Verwendung des Begriffs »organisch« be-deutet »vom Leben stammend«. Anfang des 19. Jahrhunderts jedoch, als Berzelius in seinem einflussreichen Lehrbuch der Chemie die noch heute gebräuchlichen Definitionen formu-lierte, hielten die Vitalisten und Neovitalisten die organische Welt sogar für noch einheitlicher:»Organische Substanzen haben mindestens drei Bestandteile … sie können nicht künstlich hergestellt werden … sondern nur durch die Af-finitäten, die sich mit der Lebenskraft verbinden. Damit wird klar, dass für die organische Chemie nicht die gleichen Regeln gelten können wie für die anorganische, weil der Einfluss der Lebenskraft entscheidend ist.«[10]

Dem deutschen Chemiker Friedrich Wöhler (1800–1882), der kurze Zeit auch mit Berzelius zusammenarbeitete, wurde lange eine Entdeckung zugeschrieben, die den Vitalismus »widerlegte«: die chemische Synthese des Harnstoffs. Sein *experimentum crucis* wird noch heute in Lehrbüchern, Vorträgen und Artikeln erwähnt. Die Errungenschaft war in den Annalen der Wissenschaft ein entscheidender Moment: Sie markierte den Anfang vom Ende einer einflussreichen Idee, die bis in die Antike zurückreicht – nämlich dass es eine »Lebenskraft« gibt, durch die sich das Belebte vom Unbelebten unterscheidet, einen besonderen »Geist«, der alle Körper durchdringt und ihnen Leben einhaucht. Und nun hatte Wöhler offensichtlich ausschließlich aus Chemikalien einen Bestandteil des Lebens selbst hergestellt – ein einzigartiger Augenblick, der eine Fülle neuer Möglichkeiten eröffnete. Mit einem einzigen Experiment hatte er die Chemie verändert – bis dahin hatte man sie in die getrennten Gebiete der Lebensmoleküle und der unbelebten Chemikalien unterteilt – und damit die Kompassnadel ein Stück weiter weg vom Aberglauben und hin zur Wissenschaft bewegt. Seine bahnbrechende Entdeckung machte er ein Jahrzehnt nachdem die Gruselgeschichte *Frankenstein* von Mary Shelley erschienen war, und die folgte ihrerseits nur wenige Jahre nachdem Giovanni Aldini (1762–1834) versucht hatte, einen toten Verbrecher mit Elektroschocks wiederzubeleben.

Wöhler erläuterte seinen Durchbruch in einem Brief an Berzelius, der auf den 12. Januar 1828 datiert ist.[11] Darin beschreibt er den Augenblick, als er an der Berliner Gewerbeschule zufällig Harnstoff herstellte, den wichtigsten stickstoffhaltigen Bestandteil des Urins von Säugetieren. Eigentlich hatte er aus zwei Chemikalien – Cyan und Ammoniak – Oxalsäure herstellen wollen, einen Inhaltsstoff des Rhabarbers, aber am Ende erhielt er eine weiße, kristalline Substanz. Mit sorgfältigen Experimenten nahm er eine genaue Analyse des natürlichen Harnstoffs vor und wies nach, dass er genauso zusammengesetzt war wie seine Kristalle. Bis dahin hatte man Harnstoff ausschließlich aus tierischen Produkten isoliert.

Als Wöhler von Berzelius keine Antwort erhielt, machte er sich Sorgen und schrieb in einem auf den 22. Februar 1828 datierten Brief noch einmal:

»Ich hoffe, mein Brief vom 12. Januar hat Sie erreicht, und auch wenn ich in täglicher oder sogar stündlicher Hoffnung auf eine Antwort lebe, werde ich nicht länger warten, sondern ich schreibe Ihnen noch einmal, denn wie es so geht, kann ich jetzt meinen chemischen Urin nicht länger zurückhalten, und ich hoffe, ich kann bekanntmachen, dass ich Harnstoff herstellen kann, ohne dass ich dazu eine Niere brauche, sei es die eines Mannes oder Hundes. Das Ammoniumsalz der Cyansäure ist Harnstoff … Das mutmaßliche Ammoniumcyanat wurde einfach dargestellt, indem man Cyanat mit einer Ammoniaklösung reagieren ließ. Ebenso gut eignen sich Silbercyanat und eine Lösung von Ammoniumchlorid. Vierseitige, rechtwinklige, wunderschön kristalline Prismen wurden dabei erhalten; behandelt man diese mit Säuren, werden keine Cyansäuren frei, und mit Alkali erhält man keine Spur von Ammoniak. Mit Salpetersäure dagegen bildeten sich glänzende Flocken einer leicht kristallisierten Bahre in Verbindung von stark sauren Eigenschaften; ich war darauf eingestellt, darin eine neue Säure zu sehen, denn als sie erhitzt wurde, entwickelte sich weder Salpetersäure noch salpetrige Säure, sondern eine große Menge Ammoniak. Wenn ich dann diesen mit Alkali sättigte, stellte ich fest, dass das sogenannte Ammoniumcyanat wieder auftauchte und mit Alkohol extrahiert werden konnte. Da hatte ich es ganz plötzlich! Jetzt brauchte ich nur noch den Harnstoff aus Urin mit diesem Harnstoff aus Cyanat zu vergleichen.«[12]

Als Berzelius schließlich antwortete, war seine Reaktion fröhlich und begeistert zugleich: »Nachdem seine Unsterblichkeit erst einmal im Urin begonnen hat, sind zweifellos alle Gründe gegeben, seinen Aufstieg auf die gleiche Weise zu vollenden – und wahrlich, Herr Doktor hat tatsächlich einen Trick entwickelt, der auf den wahren Weg zu einem unsterblichen Namen führt ... Dies wird sicher für zukünftige Theorien sehr erhellend sein.«

So war es offenbar tatsächlich. Im September 1837 hielt Justus von Liebig (1803–1873) einen Vortrag vor einer gelehrten Gesellschaft, der British Association for the Advancement of Science. Von Liebig war ein einflussreicher Mann, der in der Chemie bereits wichtige Fortschritte erzielt hatte – unter anderem hatte er gezeigt, wie wichtig Stickstoff als Nährstoff für Pflanzen ist.[13] Von Liebig sprach über Wöhlers »außergewöhnliche und zu einem gewissen Grade unerklärliche Herstellung von Harnstoff ohne Mithilfe von Lebensfunktionen«, und fügte dann hinzu: »In der Wissenschaft hat ein neues Zeitalter begonnen.«[14]

Wenig später berichteten auch Lehrbücher über Wöhlers Errungenschaft; insbesondere Hermann Franz Moritz Kopp erläuterte in seiner 1843 erschienenen *Geschichte der Chemie*, sie habe die »zuvor allgemein anerkannte Abgrenzung zwischen organischen und anorganischen Körpern zerstört«. Noch einmal unterstrichen wurde die Bedeutung von Wöhlers Harnstoffsynthese 1854: In diesem Jahr schrieb ein anderer deutscher Chemiker, Hermann Kolbe, man habe immer geglaubt, dass die Verbindungen im Körper von Tieren und Pflanzen »einer ganz besonderen, ausschließlich den lebenden, organisierten Wesen innewohnenden rätselhaften Kraft, der sogenannten Lebenskraft, ihre Entstehung verdanken«.[15] Jetzt jedoch sei die Unterscheidung zwischen organischen und anorganischen Verbindungen durch Wöhlers »epochemachende, folgenreiche Entdeckung« in sich zusammengebrochen.

Aber wie viele neubewertete historische Ereignisse, so kann auch Wöhlers Arbeit in ihrer »revidierten Form« neue Erkenntnisse liefern, die jeden überraschen werden, der die traditionellen Lehrbuchweisheiten als gegeben hinnimmt – der Wissenschaftshistoriker Peter Ramberg spricht vom »Wöhler-Mythos«. Seinen Höhepunkt erreichte dieser Mythos 1937 in dem Buch *Crucibles: The Lives and Achievements of the Great Chemists* von Bernard Jaffe, einer allgemeinverständlichen Geschichte der Chemie: Darin wird Wöhler als junger Wissenschaftler dargestellt, der im »heiligen Tempel« seines Labors ackerte, um die geheimnisvolle Lebenskraft in Misskredit zu bringen.

Wie Ramberg deutlich macht, gibt es angesichts der Bewertung von Wöhlers Leistung als Meilenstein der experimentellen Wissenschaft nur erstaunlich wenige zeitgenössische Berichte über die Reaktionen darauf. Berzelius war zwar eindeutig begeistert über Wöhlers Arbeit, das aber weniger im Zusammenhang des Vitalismus als solchen, sondern weil bei der Harnstoffsynthese eine salzartige Verbindung in eine Substanz umgesetzt wurde, die keine Eigenschaften eines Salzes hatte. Mit dem Nachweis, dass Ammoniumcyanat durch innere Umordnung seiner Atome zu Harnstoff werden kann, ohne dabei an Gewicht zu gewinnen oder zu verlieren, hatte Wöhler eines der ersten und besten Beispiele für Isomerbildung gefunden, wie man es in der Chemie nennt. Damit trug er zur Widerlegung der alten Ansicht bei, zwei Körper mit unterschiedlichen physikalischen und chemischen Eigenschaften könnten nicht die gleiche Zusammensetzung haben.[16]

Die Historiker sind sich heute allgemein einig, dass das Fachgebiet der organischen Chemie nicht durch ein einziges Experiment begründet wurde. In Wirklichkeit hatte Wöhlers Harnstoffsynthese wohl auf den Vitalismus nur geringen Einfluss. Selbst Berzelius hielt den Harnstoff, ein Abfallprodukt des Organismus, weniger für eine organische

Verbindung als vielmehr für eine Substanz, die eine »Zwischenstellung« zwischen Organischem und Anorganischem einnahm.[17] Außerdem stammten Wöhlers Ausgangsmaterialien nicht von anorganischen Bestandteilen ab, sondern von organischen Substanzen. Seine Errungenschaft war auch nichts Einmaliges: Schon vier Jahre zuvor hatte er selbst Oxalsäure, eine andere organische Substanz, aus Wasser und Cyansäure hergestellt.[18] Nach Ansicht des Wissenschaftshistorikers John Brooke ist die Wöhler'sche Harnstoffsynthese letztlich »nicht mehr als ein kleiner Kieselstein, der sich einem ansehnlichen Strom des vitalistischen Denkens in den Weg stellte«.

Wie die Religion, so verschwand auch der Vitalismus nicht einfach aufgrund neuer wissenschaftlicher Entdeckungen. Um eine Glaubensüberzeugung zu verdrängen, bedarf es der Summe zahlreicher gewichtiger experimenteller Belege. Der stetige Fortschritt der Wissenschaft brachte den Vitalismus allmählich zum Schweigen, aber dazu bedurfte es jahrhundertelanger Anstrengungen, und selbst heute ist das Programm zur Auslöschung dieses Mythenglaubens noch nicht vollständig abgeschlossen.

Einige entscheidende Entdeckungen, die den uralten Glauben der Vitalisten eigentlich hätten untergraben müssen, gehen auf das Jahr 1665 zurück: Damals entdeckte Robert Hooke (1635–1703), ein Pionier der Mikroskopie, die ersten Zellen. Seit seinen Arbeiten und denen anderer Neuerer wie des Niederländers Antoni van Leeuwenhoek (1632–1723) haben wir eine Fülle von Belegen dafür angehäuft, dass Zellen in der Evolution als biologische Grundstruktur von allem entstanden sind, was wir als Leben bezeichnen. Vor ernsthafteren Herausforderungen stand der Vitalismus mit dem Aufkommen der modernen Naturwissenschaft im 16. und 17. Jahrhundert. Im Jahr 1839, etwas mehr als ein Jahrzehnt nach Wöhlers Harnstoffsynthese, schrieben Matthias Jakob Schleiden (1804–1881) und Theodor Schwann (1810–1882):

»Alle Lebewesen bestehen aus lebenden Zellen.« Rudolf Virchow (1821–1902), der Vater der modernen Pathologie, formulierte 1855 das Gesetz der Biogenese, wie es genannt wurde: *Omnis cellula e cellula,* »alle lebenden Zellen gehen aus bereits vorhandenen Zellen hervor«. Diese Haltung stand in krassem Gegensatz zu der Vorstellung von der »Spontanzeugung«, die auf die alten Römer zurückgeht und deren Aussage in ihrem Namen bereits enthalten ist: Danach soll Leben spontan aus unbelebter Materie entstehen, beispielsweise Maden aus verfaultem Fleisch oder Taufliegen aus Bananen.

Im Jahr 1859 widerlegte Louis Pasteur (1822–1895) die Spontanzeugung mit einigen berühmten Experimenten. Er brachte Brühe in zwei verschiedenen Glasgefäßen zum Kochen; das eine hatte keinen Deckel, so dass die Brühe der Luft ausgesetzt war, das andere trug einen S-förmigen Verschluss mit einem Wattestopfen. Nachdem die offene Flasche abgekühlt war, wuchsen darin Bakterien, in der zweiten dagegen war dies nicht zu beobachten. Pasteur wird der Nachweis zugeschrieben, dass Mikroorganismen allgegenwärtig sind, auch in der Luft. Wie Wöhlers Befunde, so sind auch seine experimentellen Belege im Einzelnen nicht so schlüssig, wie oft behauptet wurde; bis man den definitiven Beweis führen konnte, bedurfte es weiterer Arbeiten deutscher Wissenschaftler.[19]

Pasteurs Experimente führten dazu, dass manche Wissenschaftler später den Gedanken, Leben könne sich ursprünglich aus anorganischen Chemikalien entwickelt haben oder auch wieder entwickeln, ausschlossen. Der französische Biologe und Philosoph Félix le Dantec schrieb 1906: »Häufig wird gesagt, Pasteur habe die Nutzlosigkeit von Bemühungen wie jener nachgewiesen … dass Männer der Wissenschaft sich vornehmen, Leben in ihren Labors neu zu schaffen. Pasteur zeigte nur eines: Mit gewissen Vorsichtsmaßnahmen können wir jedes Eindringen vonseiten lebender, tatsächlich vorhandener Arten in bestimmte Substanzen verhindern, die wir ihnen als Nahrung vorsetzen. Das ist alles. Das Problem der Synthese von Protoplasma bleibt, wie es war.«[20]

Pasteur hatte zwar gezeigt, wie man Leben aus einer sterilen Umgebung fernhalten kann, aber unsere Kenntnisse darüber, wie das Leben im Laufe der Jahrmilliarden auf der jungen Erde Fuß fassen konnte, hatte er nicht vorangebracht. Der deutsche Evolutionsbiologe August Weismann (1834–1914) formulierte 1880 eine wichtige Ergänzung zum Gesetz der Biogenese, die in die Vergangenheit und auf den eigentlichen Ursprung hindeutete: »Die heute lebenden Zellen können ihre Abstammung auf sehr alte Zeit zurückführen.« Mit anderen Worten: Es muss eine gemeinsame Vorläuferzelle gegeben haben. Damit sind wir natürlich bei Charles Darwins revolutionärem, 1859 erschienenen Werk Die Entstehung der Arten. Darwin (1809–1882) vertrat ebenso wie der britische Naturforscher und Entdecker Alfred Russel Wallace (1823–1913) die Ansicht, dass es bei allen Lebewesen Abweichungen oder Veränderungen der Merkmale von Arten gibt und dass diese Abweichungen durch die Generationen weitergegeben werden. Manche Variationen führen zu vorteilhaften Formen, die mit jeder weiteren Generation gedeihen, so dass sie – und ihre Gene – häufiger werden. Das ist die natürliche Selektion. Wenn sich im Laufe der Zeit neue Formen ansammeln, kann eine Abstimmungslinie sich so stark weiterentwickeln, dass sie irgendwann mit anderen, die zuvor ihresgleichen waren, keine Gene mehr austauschen kann. Auf diese Weise werden neue Arten geboren.

Trotz solcher wissenschaftlicher Fortschritte hatte der Vitalismus bis ins 20. Jahrhundert hinein leidenschaftliche Fürsprecher. Einer von ihnen war der angesehene deutsche Embryologe Hans Driesch (1867–1941): Nach seiner Ansicht war die theoretische Frage, wie sich aus einer strukturlosen einzelnen Zelle ein ganzer Körper bilden kann, auf andere Weise nicht zu beantworten, und deshalb hatte er sich die Idee der Entelechie (von griech. Entelécheia) zu eigen gemacht, wonach die materiellen Bestandteile des Lebendigen mit einer »Seele«, einem »Organisationsfeld« oder einer »Vitalfunktion« belebt werden müssen. Im Jahr 1952 sollte der große britische Mathematiker Alan Turing schließlich zeigen, wie ein Muster in einem Embryo neu entstehen kann.[21] Auch der französische Philosoph Henri-Louis Bergson (1874–1948) postulierte einen *élan vital*, der bei der Bildung lebender Organismen den Widerstand der trägen Materie überwinden muss. Heute halten zwar die meisten ernsthaften Wissenschaftler den Vitalismus für ein längst widerlegtes Konzept, manche haben aber die Vorstellung, Leben gründe sich auf eine geheimnisvolle Kraft, immer noch nicht ganz aufgegeben. Das sollte uns vielleicht nicht überraschen: Das Wort *Vitalismus* hatte immer ebenso viele Bedeutungen, wie es Anhänger hatte, und eine allgemein anerkannte Definition des Lebendigen bleibt immer noch schwer zu fassen.

In unserer Zeit hat sich eine neue Art des Vitalismus entwickelt. In dieser verfeinerten Version liegt das Schwergewicht weniger auf einem angeblich vorhandenen Lebensfunken als vielmehr auf der Frage, inwieweit die derzeitigen reduktionistischen, materialistischen Begründungen als Erklärung für das Geheimnis des Lebens unzureichend sind. In diesem Gedankengang spiegelt sich die Überzeugung wider, die Komplexität einer lebendigen Zelle erwachse aus einer Riesenzahl interagierender chemischer Prozesse, deren verflochtene Rückkopplungskreisläufe man nicht ausschließlich unter dem Gesichtspunkt der beteiligten Abläufe und der in ihnen ablaufenden Reaktionen beschreiben kann. Deshalb äußert sich der Vitalismus heute in neuem Gewand: Das Schwergewicht verschiebt sich von der DNA zu einer »emergenten« Eigenschaft der Zelle, die irgendwie größer ist als die Summe ihrer molekularen Teile und ihrer Funktionsweise in einer bestimmten Umwelt.

Dieser subtile neue Vitalismus führt in manchen Fällen zu einer Neigung, die Bedeutung der DNA herunterzuspielen oder sogar zu ignorieren. Ironischerweise war der Reduktionismus dabei keine Hilfe. Die Komplexität der Zellen hat in Verbindung mit der anhaltenden Unterteilung der Biologie in verschiedene Lehrfächer an den meisten Universitäten dazu geführt, dass sich vielfach eine Protein-zentrierte und eine DNA-zentrierte biologische Sichtweise gegenüberstehen. In den letzten Jahren liegt das Schwergewicht in der DNA-zentrierten Sichtweise immer stärker auf der Epigenetik, dem System der »Schalter«, die Gene in einer Zelle als Reaktion auf Umweltfaktoren wie Stress und Ernährung ein- oder ausschalten. Jetzt wird vielfach so getan, als sei das Gebiet der Epigenetik wirklich von der DNA-getriebenen Biologie getrennt und unabhängig von ihr. Wenn man dem Cytoplasma unmessbare Eigenschaften zuschreibt, ist man unwissentlich in die Falle des Vitalismus getappt. Das Gleiche gilt für die Betonung geheimnisvoller emergenter Eigenschaften der Zelle im Gegensatz zur DNA; sie ist gleichbedeutend mit einer Wiederbelebung der Idee *Omnis cellula e cellula,* wonach lebende Zellen ausschließlich aus schon vorhandenen Zellen hervorgehen können.

Eines stimmt sicher: Zellen waren in der Evolution die wichtigste biologische Grundlage für alles, was wir als Leben bezeichnen. Deshalb waren Kenntnisse über ihre Struktur und ihren Inhalt die Grundlage für die wichtigen, zentralen Fachgebiete der Zellbiologie und Biochemie/Stoffwechselforschung. Aber wie ich hoffentlich deutlich gemacht habe, sterben Zellen innerhalb einiger Minuten bis weniger Tage ab, wenn ihnen ihr genetisches Informationssystem fehlt. Ohne genetische Information haben Zellen kein Mittel, um ihre Proteinbestandteile oder ihre Hülle aus Lipidmolekülen herzustellen, die als Zellmembran den wässrigen Inhalt zusammenhält. Sie machen keine Evolution durch, sie verdoppeln sich nicht, und sie bleiben nicht am Leben.

Obwohl wir heute wissen, dass Wöhlers Harnstoffsynthese von Mythen umgeben ist, welche die historischen Tatsachen nicht genau wiedergeben, hat die grundlegende Logik seines Experiments noch heute einen starken, legitimen Einfluss auf die wissenschaftliche Methodik. Um zu beweisen, dass eine chemische Struktur stimmt, ist es heute allgemein übliche Praxis, die betreffende Substanz synthetisch herzustellen und dann zu zeigen, dass die synthetische Form alle Eigenschaften eines natürlichen Produkts hat. Zehntausende von wissenschaftlichen Fachartikeln gehen von dieser Voraussetzung aus oder enthalten die Formulierung »Beweis durch Synthese«. Auch mit meiner eigenen Forschung habe ich mich von den Prinzipien, die Wöhler 1828 in seinem Brief formulierte, leiten lassen. Als meine Arbeitsgruppe am J. Craig Venter Institute (JCVI) im Mai 2010 aus einem Computercode und vier Flaschen mit Chemikalien ein ganzes Bakterienchromosom synthetisierte und dann dieses Chromosom in einer Zelle aktivierte, um so den ersten synthetischen Organismus zu schaffen, zogen wir Parallelen zu Wöhlers Arbeiten[22] und seiner »Synthese als Beweis«.

Die materialistische Sichtweise für das Leben als Maschine führte in einigen Fällen zu Versuchen, künstliches Leben außerhalb der Biologie mit mechanischen Systemen und mathematischen Modellen zu schaffen. Als in den 1950er Jahren schließlich anerkannt war, dass die DNA das genetische Material ist, hatte man den mechanistischen Ansatz in der wissenschaftlichen Literatur bereits erörtert. In dieser Version sollte Leben nicht aus einer komplizierten *Chemie*, sondern aus komplizierten *Mechanismen* erwachsen. Im Jahr 1929 malte sich der junge irische Kristallforscher John Desmond Bernal (1901–1971) Maschinen aus, die wie Lebewesen in der Lage sind, sich selbst zu vervielfältigen; diese »postbiologische Zukunft« beschrieb er in seinem Buch *The World, The Flesh & The Devil* so: »Das Leben als solches zu erzeugen, wird nur ein vorläufiges Stadium sein. Die schiere Herstellung von Leben wäre nur dann wichtig, wenn wir ihm gestatten wollen, selbst eine neue Evolution durchzumachen.«

Eine logische Vorgehensweise zur Schaffung solcher komplexen Mechanismen wurde im darauffolgenden Jahrzehnt entwickelt. Alan Turing, der Kryptograph und Pionier der künstlichen Intelligenz, beschrieb 1936 die Turing-Maschine, wie sie später genannt werden sollte: Diese ist durch eine Reihe von Anweisungen definiert, die auf einem Band aufgeschrieben sind. Turing definierte auch die universelle Turing-Maschine, die jede Berechnung vornimmt, wenn man für diese einen Satz von Anweisungen schreiben kann. Damit legte er die theoretischen Grundlagen für den Digitalcomputer.

Weiterentwickelt wurden Turings Gedanken in den 1940er Jahren von dem bemerkenswerten amerikanischen Mathematiker und Universalgelehrten John von Neumann, der sich eine sich selbst verdoppelnde Maschine ausdachte. Hatte Turing sich eine universelle Maschine vorgestellt, so malte sich von Neumann einen universellen Konstrukteur aus. Seine Gedanken skizzierte das in Ungarn geborene Genie 1948 auf dem Hixon Symposium im kalifornischen Pasadena; sein Vortrag trug den Titel »Die allgemeine und logische Theorie der Automaten«. Er betonte, natürliche Lebewesen seien »in der Regel komplizierter und subtiler, und deshalb in den Einzelheiten viel weniger gut verstanden als künstliche Automaten«; dennoch behauptete er, manche Regelmäßigkeiten, die wir an den Lebewesen beobachten, könnten uns Anhaltspunkte für unsere Gedanken über Automaten und ihrer Planung liefern.

Zu von Neumanns Maschine gehört ein »Band« aus Zellen, in dem die Abfolge der auszuführenden Aktionen codiert ist. Mit einem Schreibkopf (den er »Konstruktionsarm« nennt) kann die Maschine ein neues Muster aus Zellen ausdrucken (konstruieren) und auf diese Weise eine vollständige Kopie ihrer selbst und des Bandes erzeugen. Von Neumanns Replikator war ein klobiges Gebilde: Er bestand aus einem einfachen Kasten aus 80 × 400 Quadraten, dem Konstruktionsarm und einem »Turing-Schwanz«, einem Streifen mit codierten Anweisungen, der aus weiteren 150 000 Quadraten bestand. (»[Turings] Automaten sind reine Rechenmaschinen«, erklärte von Neumann. »Gebraucht wird … ein Automat, dessen Erzeugnis weitere Automaten sind.«)[23] Insgesamt bestand das Geschöpf aus ungefähr 200 000 solcher »Zellen«. Um sich fortzupflanzen, nutzte die Maschine »Neuronen«, welche die logische Steuerung übernahmen, Übertragungszellen für den Transport der Nachrichten aus den Steuerungszentren, und »Muskeln«, mit denen die Zellen in der Umgebung verändert wurden. Nach den Anweisungen des Turing-Schwanzes streckte die Maschine den Arm aus und bewegte ihn dann vorwärts und rückwärts, wobei sie durch eine Reihe logischer Manipulationen eine Kopie ihrer selbst herstellte. Die Kopie konnte dann wiederum eine Kopie erzeugen, und so immer weiter.

Um was für Anweisungen es sich dabei handelt, wurde klarer, als die digitale und die biologische Welt sich in der Wissenschaft während dieser Phase parallel zueinander weiterentwickelten. Dann erwähnte Erwin Schrödinger offenbar als Erster in schriftlicher Form den »Code«, wie er ihn nannte: »In diesen Chromosomen – oder wahrscheinlich nur in einer achsenförmigen Skelettfaser von dem, was sich uns unter dem Mikroskop als Chromosom darstellt – ist in einer Art Code das vollständige Muster der zukünftigen Entwicklung des Individuums und seines Funktionierens im Reifezustand enthalten.« Und im weiteren Verlauf erklärt er: »In der Tat braucht die Zahl der Atome in einer solchen Struktur nicht sehr groß zu sein, um eine beinahe unbegrenzte Zahl möglicher Anordnungen zu gestatten. Man stelle sich zur Erläuterung den Morsecode vor. Die zwei verschiedenen Zeichen, Punkt und Strich, gestatten in Vierergruppen bereits dreißig verschiedene Abwandlungen.«[24]

Von Neumann dachte sich seine selbstverdoppelnden Automaten bereits einige Jahre vor der Entdeckung des genetischen Codes in der DNA-Doppelhelix aus, aber auch er betonte bereits, dass sie eine Evolution durchmachen können. In seinem Vortrag in Hixon erklärte er den Zuhörern, jede von der Maschine ausgeführte Anweisung wirke sich »grob auf die Funktion eines Gens aus«, und im weiteren Verlauf beschrieb er, wie Fehler des Automaten »bestimmte typische Merkmale aufweisen können, die in Verbindung mit Mutationen auftreten, wobei diese in der Regel tödlich sind, aber auch die Möglichkeit bergen, dass die Fortpflanzung sich mit abgewandelten Merkmalen fortsetzt«. Wie der Genetiker Sydney Brenner anmerkte, kann man die Ansicht vertreten, dass die Biologie die besten praktischen Beispiele für die Maschinen von Turing und von Neumann bietet: »Die Vorstellung vom Gen als symbolischer Darstellung des Organismus – als Code – ist ein grundlegendes Merkmal der Welt des Lebendigen.«[25]

Von Neumann verfolgte seine ursprünglichen Gedanken über den Replikator weiter und dachte sich einen ausschließlich auf Logik basierenden Automaten aus, der weder einen physischen Körper noch eine Fülle von Teilen benötigt, sondern auf den wechselnden Zuständen der Zellen in einem Gitternetz beruht. Stanislaw Ulam, sein Kollege in Los Alamos in New Mexico (wo die beiden an der Atombombe arbeiteten) schlug vor, von Neumann solle seine Konstruktion mit Hilfe einer mathematischen Abstraktion weiterentwickeln, wie auch Ulam selbst sie in ähnlicher Form zur Untersuchung des Kristallwachstums verwendet hatte. Den daraus entstandenen »selbstverdoppelnden Automaten« – den ersten zellulären Automaten – stellte von Neumann zwischen dem 2. und dem 5. März 1953 an der Princeton University in New Jersey im Rahmen der Vanuxem Lectures über »Maschinen und Organismen« vor.

Während sich die Bemühungen zur modellhaften Darstellung des Lebens fortsetzten, wandelten sich unsere Kenntnisse über die dahinterstehenden, tatsächlichen biologischen

Gesetzmäßigkeiten: Am 25. April 1953 veröffentlichten James Watson und Francis Crick in dem Fachblatt *Nature* einen bahnbrechenden Artikel.[26] Der Titel lautete »Molecular Structure of Nucleic Acids: A Structure for Deoxyribose Nucleic Acid« (»Molekulare Struktur der Nukleinsäuren: eine Struktur für die Desoxyribonukleinsäure«). Nach ihren Untersuchungen, die sie im englischen Cambridge durchgeführt hatten, hat die DNA eine Doppelhelixstruktur; diesen Schluss zogen sie aus den Ergebnissen der Röntgenstrukturanalyse, die Rosalind Franklin am Londoner King's College vorgenommen hatte. Watson und Crick beschrieben die elegante, funktionsorientierte Molekülstruktur der Doppelhelix und erklärten, wie die DNA so verdoppelt wird, dass ihre Anweisungen von Generation zu Generation weitergegeben werden können. Sie ist der selbstverdoppelnde Automat der Natur.

Ungefähr in die gleiche Zeit, in der auch die ersten modernen Computer in Gebrauch genommen wurden, reichen auch Bemühungen zur Schaffung einer anderen Form selbstverdoppelnder Automaten und die Anfänge der Erforschung künstlichen Lebens zurück. Nachdem man wusste, wie die genetische Information des Lebendigen codiert ist, lagen die Parallelen zu den Turing-Maschinen auf der Hand. Turing selbst ging in seinem 1950 erschienenen, wegweisenden Artikel über künstliche Intelligenz der Frage nach, wie man dem Überleben des Geeignetsten als »langsamer Methode« nicht zuletzt dadurch einen Schub verleihen könnte, dass ein experimentierender Mensch sich nicht auf Zufallsmutationen beschränken muss.[27] Nun setzte sich vielfach die Überzeugung durch, dass aus den komplexen logischen Wechselbeziehungen in einem Computer eines Tages künstliches Leben erwachsen würde.

Als es so weit war, flossen verschiedene gedankliche Strömungen zusammen: die Theorien von Neumanns mit seinen Arbeiten an den ersten Computern und selbstverdoppelnden

Automaten, die Gedanken von Turing, der grundlegende Fragen nach der Intelligenz von Maschinen stellte,[28] und die Überlegungen des amerikanischen Mathematikers Norbert Wiener, der Ideen aus der Kybernetik über Information und selbstregulierende Prozesse auf Lebewesen anwandte[29] und dies in seinem 1948 veröffentlichten Buch *Cybernetics* beschrieb. Später gab es viele lobenswerte Versuche, Leben in einem Computer in Gang zu setzen. Eines der ersten derartigen Experimente fand 1953 am Institute for Advanced Study in Princeton (New Jersey) statt: Dort experimentierte der norwegisch-italienische Virusforscher Nils Aall Barricelli »mit dem Ziel, die Möglichkeit einer Evolution zu bestätigen, die der von Lebewesen ähnelt und sich in einem künstlich erschaffenen Universum abspielt«.[30] Er berichtete über verschiedene »Biophänomene«, darunter die erfolgreiche Kreuzung von Eltern-»Organismen«, die Bedeutung der Sexualität für den evolutionären Wandel und die Rolle der Kooperation in der Evolution.[31]

Das vielleicht überzeugendste Experiment zur Schaffung künstlichen Lebens fand mehrere Jahrzehnte später statt: Im Jahr 1990 programmierte Thomas S. Ray an der University of Delaware den ersten beeindruckenden Versuch, die darwinistische Evolution im Computer nachzuvollziehen: Lebewesen – Abschnitte des Computercodes – kämpften in einem abgegrenzten »Naturschutzgebiet« in der Maschine um Speicherplatz (Raum) und Prozessorleistung (Energie). Um dieses Ziel zu erreichen, musste er ein wichtiges Hindernis überwinden: Programmiersprachen sind »brüchig«, das heißt, schon eine einzige Mutation – eine Zeile, ein Buchstabe oder ein Punkt am falschen Ort – bringt sie zum Stillstand. Ray baute einige Veränderungen ein, durch die es viel unwahrscheinlicher wurde, dass Mutationen sein Programm zum Absturz brachten. Es folgten weitere Versionen der Computerevolution, darunter insbesondere die Software Avida:[32] Sie wurde Anfang der 1990er Jahre von einem Team am California Institute of Technology zu dem Zweck entwickelt, die Evolutionsbiologie selbstverdoppelnder Computerprogramme zu studieren. Die Wissenschaftler glaubten, es werde ihnen mit größerer Rechenleistung gelingen, komplexere Geschöpfe zu formen – je reichhaltiger die Umwelt im Computer ist, desto reichhaltiger sind auch die künstlichen Lebewesen, die darin gedeihen und sich vermehren können.

Selbst heute vertreten manche Autoren wie George Dyson in seinem 2012 erschienenen Buch *Turing's Cathedral* die Ansicht, die primitiven Stückchen aus selbstverdoppelndem Code in Barricellis Universum seien die Urahnen der viele Megabyte großen Codeabschnitte, die sich im digitalen Universum unserer Tage, das heißt im World Wide Web und darüber hinaus, vermehren.[33] Er weist darauf hin, dass es heute einen ganzen Kosmos des selbstverdoppelnden digitalen Codes gibt, der jede Sekunde um Billiarden Bits wächst – »ein Universum aus Zahlen mit einem Eigenleben«.[34] Diese virtuellen Landschaften wachsen exponentiell, und wie Dyson selbst beobachtet, werden sie auch zum digitalen Universum der DNA.

Aber diese virtuellen Weidegründe sind in Wirklichkeit relativ öde. Schon 1953, nur ein halbes Jahr nachdem Barricelli versucht hatte, die Evolution in einem künstlichen Universum nachzuvollziehen, stellte er fest, dass es bei jedem Versuch, künstliches Leben im Computer zu schaffen, bedeutende Hürden zu überwinden gilt. Er berichtete: »Wenn man die Bildung von Organen und Fähigkeiten erklären will, die so komplex sind wie jene der Lebewesen, fehlt etwas … Ganz gleich, wie viele Mutationen wir herstellen, die Zahlen werden immer Zahlen bleiben. Zahlen allein werden nie zu lebenden Organismen werden!«[35]

Das künstliche Leben, wie man es sich ursprünglich vorgestellt hatte, führt heute eine neue virtuelle Existenz in Form von Spielen und Filmen, von dem mörderischen Hal 9000 aus *2001: Odyssee im Weltraum* über den völkermordenden Skynet der *Terminator*-Filme bis zu den bösartigen Maschinen von *Matrix*. Die Realität bleibt dahinter jedoch bisher weit zurück. Beim computerbasierten künstlichen Leben gibt es keine Unterscheidung zwischen der genetischen Sequenz oder dem Genotyp des künstlichen Lebewesens und seinem Phänotyp, der körperlichen Ausdrucksform dieser Sequenz. In einer lebenden Zelle dagegen wird der DNA-Code in Form von RNA, Proteinen und Zellen ausgeprägt, und diese bilden die gesamten physischen Lebenssubstanzen. Den Systemen des künstlichen Lebens geht schnell die Luft aus, denn in einem Computermodell sind die genetischen Möglichkeiten nicht ergebnisoffen, sondern im Vorhinein definiert. Anders als in der biologischen Welt ist das Ergebnis der Computerevolution durch die Programmierung bereits vorgegeben.

In meinem wissenschaftlichen Fachgebiet, der Genomforschung, fließen Chemie, Biologie und Informatik fruchtbar zusammen. Von DNA-Maschinen (Menschen) konstruierte Digitalcomputer dienen heute dazu, in der DNA die codierten Anweisungen abzulesen, zu analysieren und so niederzuschreiben, dass man daraus neuartige DNA-Maschinen (synthetische Lebewesen) erzeugen kann. Als wir bekanntgaben, dass wir die erste synthetische Zelle geschaffen hatten, wurde manchmal die Frage gestellt, ob wir »Gott spielen« würden. In einem eingeschränkten Sinn war das vermutlich der Fall: Wir hatten mit dem Experiment gezeigt, dass Gott für die Erschaffung neuen Lebens unnötig ist. Nachdem wir aus Chemikalien synthetische Lebensformen erschaffen hatten, glaubte ich, wir hätten endlich alle noch verbliebenen Vorstellungen von Vitalismus ein für alle Mal begraben. Anscheinend hatte ich aber unterschätzt, in welchem Umfang der Glaube an den Vitalismus immer noch im Denken der modernen Wissenschaft verankert ist. Glaube ist der Feind wissenschaftlicher Fortschritte. Der Glaube, Proteine seien das genetische Material, verhinderte vielleicht bis zu einem halben Jahrhundert lang die Entdeckung, dass DNA der Informationsträger ist.

In der zweiten Hälfte des 20. Jahrhunderts begriffen wir, dass die DNA Schrödingers »Code« ist. Wir entschlüsselten ihre komplizierten Inhalte und fanden nach und nach genau heraus, wie sie die Lebensprozesse steuert. Dieses große Abenteuer des Erkenntnisgewinns kennzeichnete die Geburt einer neuen Ära der Wissenschaft, einer Ära, die am Schnittpunkt von Biologie und Technologie liegt.

3. DAS DIGITALE ZEITALTER DER BIOLOGIE BRICHT AN

Wenn wir recht haben – und das ist natürlich
noch nicht bewiesen –, bedeutet es, dass
Nucleinsäuren nicht nur eine Bedeutung für die
Struktur haben, sondern auch Substanzen mit
aktiver Funktion sind, die über die biochemischen Abläufe und besonderen Eigenschaften
der Zellen bestimmen, und dass es möglich ist,
auf dem Weg über eine bekannte chemische
Substanz in den Zellen vorhersagbare, erbliche
Veränderungen zu verursachen. Dies ist schon
seit langem der Traum der Genetiker.
Oswald Avery in einem Brief an seinen
Bruder Roy, 1943[1]

Im gleichen Jahr, in dem Schrödinger in Dublin seine historisch-
schen Vorlesungen hielt, wurde endlich die chemische Natur
seines »Codes« und der gesamten Vererbung aufgeklärt. Damit gewann man neue Einblicke in ein Thema, das unsere
Vorfahren seit Anbeginn des menschlichen Bewusstseins ge-
fesselt, fasziniert, zum Grübeln veranlasst und verwirrt hatte.
Ein großer Krieger hat viele Kinder, aber keines von ihnen
verfügt über den Körperbau oder die Neigung zum Kampf.
Manche Familien sind von einer bestimmten Krankheit betroffen, aber sie tritt im Laufe der Generationen scheinbar
zufällig auf – der eine Nachkomme erkrankt, ein anderer
nicht. Warum zeigen sich bestimmte körperliche Merkmale
von Eltern und entfernteren Verwandten bei den Kindern,

oder – vielleicht noch rätselhafter – warum erscheinen sie nicht? Seit Jahrtausenden hatte man die gleichen Fragen gestellt, und das nicht nur im Hinblick auf unsere eigene Spezies, sondern auch bei Rindern, Getreide und anderen Pflanzen, Hunden und so weiter.

Viele Erkenntnisse über solche Geheimnisse entwickelten sich seit der Geburt der Landwirtschaft und der Domestizierung von Tieren vor etlichen Jahrtausenden. Aristoteles hatte eine vage Vorstellung von den Grundprinzipien, als er schrieb, der »Begriff« eines Huhns sei bereits im Ei der Henne vorhanden, und eine Eichel habe »Kenntnis« von der Form eines Eichenbaumes. Im 18. Jahrhundert, als zusammen mit der biologischen Systematik auch die Kenntnisse über die Vielfalt von Pflanzen und Tieren wuchsen, erschienen neue Gedanken über die Vererbung auf der Bildfläche. Charles Darwins Großvater Erasmus Darwin (1731–1802), im England des 18. Jahrhunderts einer der bedeutendsten Intellektuellen, formulierte im ersten Band seiner 1794 bis 1796 erschienenen *Zoonomia; or the Laws of Organic Life*[2] eine der ersten formalen Evolutionstheorien; darin erklärte er: »Alle lebenden Tiere sind aus einem lebenden Faden hervorgegangen.« Die klassische Genetik, wie wir sie kennen, hat ihre Ursprünge in den 1850er und 1860er Jahren, als der böhmische Mönch Gregor Mendel (1822–1884) den Versuch unternahm, die Regeln der Vererbung bei der Kreuzung von Pflanzen nachzuzeichnen. Aber erst in den letzten 70 Jahren machten Wissenschaftler die bemerkenswerte Entdeckung, dass der »Faden«, den Erasmus Darwin sich vorstellte, in Wirklichkeit dazu dient, alle Lebewesen auf der Erde mit Hilfe molekularer Roboter zu programmieren.

Bis zur Mitte des vergangenen Jahrhunderts glaubten die meisten Wissenschaftler, nur Proteine könnten genetische Information enthalten. Da das Leben so komplex ist, hielt man die DNA – ein Polymer aus nur viererlei chemischen Bausteinen – für viel zu einfach zusammengesetzt, als dass sie ausreichend viele Daten in die nächste Generation übertragen könnte; man glaubte, sie sei nur eine Stützstruktur für das genetisch aktive Proteinmaterial. Proteine bestehen aus 20 verschiedenen Aminosäuren und haben eine komplizierte Primär-, Sekundär-, Tertiär- und Quartärstruktur, die DNA dagegen ist ein Polymerfaden. Nur Proteine, so schien es, sind so komplex, dass sie als Schrödingers »aperiodische Kristalle« die gesamte Information übermitteln können, die bei der Zellteilung von einer Zelle zur anderen übertragen werden muss.

Diese Haltung änderte sich seit 1944, als die Details eines wunderschönen, einfachen Experiments veröffentlicht wurden. Die Entdeckung, dass in Wirklichkeit nicht Proteine, sondern DNA-Moleküle die Träger der genetischen Information sind, machte Oswald Avery (1877–1955) an der New Yorker Rockefeller University. Er isolierte eine Substanz, die einige Eigenschaften eines Bakterienstammes durch einen als Transformation bezeichneten Prozess auf einen anderen übertragen konnte, und entdeckte dabei, dass es sich bei diesem »transformierenden Faktor«, der die Zellen mit neuen Eigenschaften ausstattete, in Wirklichkeit um das DNA-Polymer handelte.

Avery war damals 65 und stand kurz vor der Pensionierung. Zusammen mit seinen Kollegen Colin Munro MacLeod und Maclyn McCarthy war er einer rätselhaften Beobachtung nachgegangen, die der Bakteriologe Frederick Griffith (1879–1941) fast zwei Jahrzehnte zuvor in London gemacht hatte. Griffith hatte sich mit den Pneumokokken (*Streptococcus pneumoniae*) beschäftigt, einer Bakterienart, die Epidemien der Lungenentzündung verursacht und in zwei verschiedenen Formen vorkommt: Die R-Form sieht unter dem Mikroskop rau aus und ist nicht infektiös, die glatte S-Form dagegen (von engl. *smooth* = glatt) ruft die Krankheit hervor und kann tödliche Folgen haben. Bei Patienten mit Lungenentzündung findet man sowohl die R- als auch die S-Form.

Griffith wollte wissen, ob die tödliche und die gutartige Form der Bakterien ineinander übergehen können. Um diese Frage zu beantworten, dachte er sich ein kluges Experiment aus: Er spritzte Mäusen die nicht infektiösen R-Zellen zusammen mit S-Bakterien, die er mit Hitze abgetötet hatte. Man hätte damit gerechnet, dass die Mäuse in diesem Fall überleben: Wenn er ausschließlich die gefährliche S-Form in abgetöteter Form spritzte, blieben die Nager am Leben. Seltsamerweise starben sie aber, wenn die toten S-Zellen von der lebenden, nicht infektiösen R-Form begleitet waren. Aus den toten Mäusen konnte Griffith lebende R- und S-Zellen gewinnen. Demnach, so seine Überlegung, war irgendeine Substanz von den durch Hitze abgetöteten S-Zellen auf die R-Zellen übergegangen und hatte sie in den Typ S verwandelt. Da diese Veränderung auf die nächsten Bakteriengenerationen weitervererbt wurde, ging man davon aus, dass es sich bei dem Faktor um genetisches Material handelte. Den Vorgang bezeichnete er als »Transformation«, aber er hatte keine Ahnung, worum es sich bei dem »transformierenden Faktor« in Wirklichkeit handelte.

Die Antwort gaben Avery und seine Kollegen fast 20 Jahre später: Sie wiederholten Griffith' Experiment und wiesen mit einem Ausschlussverfahren nach, dass es sich bei dem Faktor um DNA handelte. Nacheinander hatten sie Proteine, RNA und DNA mit Enzymen entfernt, die jeweils nur einen dieser Zellbestandteile abbauen: Proteasen, RNasen und DNasen.[3] Der Artikel, den sie daraufhin veröffentlichten, entfaltete aber seine Wirkung durchaus nicht sofort: Die Wissenschaftlergemeinde gab erst ganz allmählich die Überzeugung auf, die Genetik lasse sich nur mit der Komplexität der Proteine erklären. Erling Norrby, der frühere Generalsekretär der Königlich Schwedischen Wissenschaftsakademie, setzt sich in seinem 2010 erschienenen Buch *Nobel Prizes and Life Sciences* mit den Widerständen gegen Averys Entdeckung auseinander. Sein Team hatte zwar überzeugende Arbeit geleistet, Skeptiker vermuteten aber immer noch, dass irgendeine andere Substanz – vielleicht ein Protein, das den Proteasen widerstand – in winzigen Mengen erhalten geblieben war und die Transformation bewirkt hatte.[4]

In der Erforschung der Proteine machte man weiterhin große Fortschritte; insbesondere klärte der Brite Frederick Sanger 1949 die Reihenfolge der Aminosäuren in dem Hormon Insulin auf, eine bemerkenswerte Leistung, die mit einem Nobelpreis belohnt wurde. Mit seinen Arbeiten zeigte er, dass ein Protein keine Kombination sehr ähnlicher Substanzen ohne einheitliche Struktur ist, sondern tatsächlich eine einzige Verbindung.[5] Sanger, vor dem ich den größten Respekt habe, ist mit seiner Vorliebe für die Entwicklung neuer Methoden zweifellos einer der meisterhaftesten wissenschaftlichen Neuerer aller Zeiten.[6] (»Von den drei Haupttätigkeiten in der wissenschaftlichen Forschung, dem Denken, Reden und Tun, bevorzuge ich die letzte und beherrsche sie vermutlich am besten. Im Denken bin ich einigermaßen gut, im Reden aber überhaupt nicht.«)[7] Seine Vorgehensweise brachte ihm einen hübschen Lohn ein.

Die Vorstellung, dass der Schlüssel zur Vererbung in den Nukleinsäuren liegt, setzte sich Ende der 1940er und Anfang der 1950er Jahre allmählich durch; damals stellte man weitere erfolgreiche Transformationsexperimente an – so wurde beispielsweise nachgewiesen, dass die RNA aus dem Tabakmosaikvirus auch allein infektiös ist. Dennoch fasste die Erkenntnis, dass DNA das genetische Material ist, nur langsam Fuß. Die wahre Bedeutung der Experimente von Avery, McLeod und McCarthy zeigte sich erst, als im Laufe der nächsten zehn Jahre immer neue Befunde hinzukamen. Einen wichtigen Beleg lieferten Alfred Hershey und Martha Cowles Chase 1952: Wie sie zeigen konnten, ist DNA das genetische Material des Bakteriophagen T2, eines Virus, das Bakterien infiziert.[8] Den größten Schub erhielt die Vorstellung, dass DNA das genetische Material ist, im Jahr 1953: Watson und Crick, die damals im englischen Cambridge arbeiteten, klärten ihre Struktur auf. Aus früheren Studien wusste man bereits, dass die DNA aus Nucleotiden besteht, Bausteinen, die jeweils einen Zuckerbestandteil (Desoxyribose), eine Phosphatgruppe und eine von vier stickstoffhaltigen Basen enthalten: Adenin (A), Thymin (T), Guanin (G) und Cytosin (C). Phosphat- und Zuckergruppen benachbarter Nucleotide verbinden sich zu einem langen Polymer. Watson und Crick fanden heraus, wie diese Teile in einer eleganten dreidimensionalen Struktur zusammenpassen.

Um zu ihrem Durchbruch zu gelangen, hatten sie entscheidende Befunde anderer Wissenschaftler genutzt. Von dem Biochemiker Erwin Chargaff hatten sie erfahren, dass die vier chemischen Basen in der DNA stets paarweise vorkommen – eine wichtige Erkenntnis, wenn man die »Sprossen« in der Lebensleiter verstehen will. (Zu der wissenschaftshistorischen Sammlung meines gemeinnützigen J. Craig Venter Institute gehört Cricks Labor-Notizbuch aus jener Zeit, in dem er seine erfolglosen Versuche festgehalten hat, Chargaffs Experiment zu wiederholen.) Von Maurice Wilkins, der Watson mit seinen bahnbrechenden Röntgenstrukturanalysen der DNA erstmals angeregt hatte, und von Rosalind Franklin erhielten sie den Schlüssel zur Lösung des Rätsels. Wilkins hatte Watson die besten DNA-Röntgenaufnahmen von Franklin gezeigt. Das Foto Nummer 51 (das ebenfalls Teil der Sammlung am Venter Institute ist) wurde im Mai 1952 aufgenommen und zeigt eine kreuzförmige Anordnung schwarzer Reflexe; damit erwies es sich als Schlüssel zur Aufklärung der Molekülstruktur der DNA, denn es zeigte, dass es sich um eine Doppelhelix handelt, in der die Buchstaben des DNA-Codes den Sprossen entsprechen.[9]

Am 25. April 1953 erschien in *Nature* der Artikel »Molecular Structure of Nucleic Acids: A Structure for Deoxyribose Nucleic Acid«.[10] Die Helixstruktur der DNA, so erklärte Watson, sei eine Erleuchtung gewesen, »viel schöner, als wir

jemals erwartet hatten«; der Grund: Wegen der Komplemen-
tarität der DNA-Buchstaben – der Nucleotidbausteine – (A
paart sich immer mit T und G mit C) war sofort klar, wie
Gene kopiert werden, wenn Zellen sich teilen. Damit kannte
man zwar den lange gesuchten Mechanismus der Vererbung,
die Reaktion auf den Artikel von Watson und Crick folgte jedoch keineswegs augenblicklich. Aber schließlich setzte
die Anerkennung ein, und neun Jahre später, 1962, erhielten
Watson, Crick und Wilkins den Nobelpreis für Physiologie
oder Medizin »für ihre Entdeckungen betreffend die Molekülstruktur der Nucleinsäuren und ihre Bedeutung für die
Informationsübertragung in lebendem Material«.

Die beiden Wissenschaftler, die entscheidende Daten beigesteuert hatten, wurden jedoch nicht geehrt: Erwin Chargaff
war verbittert,[11] und Rosalind Franklin war bereits 1958 mit
37 Jahren an Eierstockkrebs gestorben. Oswald Avery wurde
mehrmals für den Nobelpreis nominiert, er starb aber 1955,
bevor seine Leistungen so weit anerkannt waren, dass man
ihm die Auszeichnung verliehen hätte. Erling Norrby zitiert
Göran Liljestrand, den Sekretär des Nobelkomitees des Ka-
rolinska-Instituts, der 1970 in einer zusammenfassenden
Darstellung der Nobelpreise für Physiologie oder Medizin
erklärte: »Averys Entdeckung von 1944, dass die DNA der
Träger der Vererbung ist, stellt eine der wichtigsten Errungenschaften in der Genetik dar, und es ist bedauerlich, dass er
den Nobelpreis nicht erhielt. Als die abweichenden Stimmen
verstummten, war er bereits verstorben.«[12]

Eines zeigt Averys Geschichte ganz deutlich: Selbst im
Labor, wo man einen rationalen, evidenzbasierten Blick auf
die Wissenschaft richten sollte, kann der Glaube an eine bestimmte Theorie oder Hypothese die Wissenschaftler über
Jahre oder sogar Jahrzehnte hinweg blind machen. Die Experimente von Avery, MacLeod und McCarthy waren so einfach
und elegant, dass man sie ohne weiteres hätte wiederholen
können; dass dies nicht früher geschah, ist für mich bis heute

ein Rätsel. Die Naturwissenschaft unterscheidet sich von anderen Wissensgebieten dadurch, dass man alte Vorstellungen fallenlässt, wenn ausreichend viele Daten ihnen widersprechen. Aber leider braucht dieser Prozess manchmal viel Zeit.

Eigentlich ist das Leben der Zellen sogar von zweierlei Nucleinsäuren abhängig: von der Desoxyribonucleinsäure (DNA) und der Ribonucleinsäure (RNA). Nach der derzeit gängigen Theorie begann das Leben in einer Welt aus RNA, denn diese ist vielseitiger als die DNA. Die RNA hat eine Doppelfunktion: Sie ist einerseits Informationsträger und andererseits auch ein Enzym (Ribozym), das chemische Reaktionen katalysieren kann. Wie die DNA, so besteht auch RNA aus einer linearen Kette chemischer Buchstaben. Diese werden mit A, C und G sowie mit T in der DNA und U in der RNA gekennzeichnet. C bindet stets an G; A verbindet sich ausschließlich mit T oder U. Wie die DNA, so kann auch ein einzelner RNA-Strang an einen anderen Strang binden, der aus komplementären Buchstaben besteht. Watson und Crick äußerten die Vorstellung, dass die RNA eine Kopie der DNA-Information in den Chromosomen ist und diese »Nachricht« zu den Ribosomen transportiert, wo dann die Proteine hergestellt werden. Die DNA-Software wird also kopiert oder »transkribiert« und nimmt damit die Form eines Messenger-RNA-Moleküls (mRNA) an. Der Code in der mRNA wird dann im Cytoplasma in Proteine übersetzt oder »translatiert«.

Erst in den 1960er Jahren war die DNA endgültig als »das« genetische Material allgemein anerkannt, aber um den genetischen Code mit Hilfe synthetischer Nucleinsäuren zu entschlüsseln, bedurfte es der Arbeiten von Marshall Warren Nirenberg (1927–2010) an den National Institutes of Health in Bethesda und von Har Gobind Khorana (1922–2011), der aus Indien stammte und an der University of Wisconsin in Madison tätig war. Sie fanden heraus, dass die vier verschiedenen Basen der DNA in Dreiergruppen, die man auch Codons nennt, jeweils eine der 20 Aminosäuren codieren, die in den Zellen als Bausteine der Proteine dienen. In diesem Triplettcode sind also 64 Codons möglich; manche davon dienen als »Satzzeichen« (Stoppcodons), die das Ende einer Proteinsequenz anzeigen. Robert W. Holley (1922–1993) von der Cornell University klärte die Struktur einer anderen RNA-Form auf, der Transfer-RNA (tRNA); diese transportiert die einzelnen Aminosäuren zum Ribosom, einem komplizierten molekularen Apparat, der sie zu Proteinen zusammensetzt. Für ihre aufschlussreichen Studien teilten sich Nirenberg, Khorana und Holley 1968 den Nobelpreis.

Mir war es vergönnt, alle drei Männer zu verschiedenen Zeitpunkten kennenzulernen, besonders gut kannte ich aber Marshall Nirenberg in der Zeit, als ich an den National Institutes of Health tätig war. Nirenbergs Labor und Büro lagen eine Etage unter meinen im Gebäude 36 des weitläufigen NIH-Geländes; in der Frühzeit meiner DNA-Sequenzierungs- und Genomforschung besuchte ich ihn häufig. Er war ein genialer Mensch, hatte großes Interesse an allen Gebieten der Naturwissenschaft und freute sich bis zu seinem Tod stets über neue technische Möglichkeiten. Dass er zusammen mit Khorana den genetischen Code entschlüsselte, wird als eine der bedeutendsten Entdeckungen der gesamten Biowissenschaften in Erinnerung bleiben: Damit war erklärt, wie das lineare DNA-Polymer die lineare Polypeptidsequenz der Proteine codiert. Dieser Vorgang ist das Kernprinzip des »zentralen Dogmas« der Molekularbiologie: Information wandert von der Nucleinsäure zu den Proteinen.

Dass in den 1960er Jahren die molekularbiologische Revolution begann, lag unter anderem daran, dass man jetzt in der Lage war, DNA mit Restriktionsenzymen zu spalten. Die Restriktionsenzyme wurden unabhängig voneinander von Werner Arber in Genf und Hamilton O. Smith in Baltimore entdeckt. »Ham« Smith, einer meiner langjährigen Freunde und Kollegen, beschrieb 1970 in zwei wichtigen Artikeln ein Restriktionsenzym, das er aus dem Bakterium *Haemophilus influenzae* isoliert hatte. Einer der entscheidenden biochemischen Mechanismen, mit denen sich Bakterien vor fremder DNA schützen, sind Enzyme, die DNA anderer biologischer Arten schnell zerstückeln können, wenn sie in die Zelle eingedrungen ist; dabei schneiden sie die Stränge stets an einem ganz bestimmten Sequenzabschnitt und nirgendwo sonst. Daniel Nathans, der bei Smith in Baltimore tätig war, leistete Pionierarbeit bei der Verwendung von Restriktionsenzymen zur Erstellung genetischer Fingerabdrücke und Karten. Die Enzyme versetzen den Wissenschaftler in die Lage, DNA ganz ähnlich zu handhaben, wie man mit einem Textverarbeitungsprogramm einzelne Abschnitte ausschneidet und einfügt. Die Möglichkeit, genetisches Material genau an ganz bestimmten Stellen zu schneiden, ist die Grundlage der gesamten Gentechnik und DNA-Typisierung. Letztere bedeutete eine Revolution für die forensische Wissenschaft und die kriminaltechnische Identifizierung anhand von DNA, die an einem Tatort beispielsweise in Form von Fingerabdrücken, Haaren, Haut, Sperma oder Speichel zurückgeblieben ist. Für ihre Entdeckungen erhielten Smith, Nathans und Arber 1978 gemeinsam den Nobelpreis; ohne sie gäbe es die Gentechnik vielleicht bis heute nicht.

In den 1970er Jahren begann die gentechnische Revolution, eine Entwicklung, die vielleicht ebenso umwälzend war wie die Geburt der Landwirtschaft in der Jungsteinzeit. Wenn man DNA aus einem Organismus künstlich in das Genom eines anderen einschleust und dafür sorgt, dass sie sich dort vermehrt und von diesem anderen Organismus genutzt wird, bezeichnet man sie als rekombinierte DNA. Die Erfindung der Methodik war im Wesentlichen das Werk von Paul Berg, Herbert Boyer und Stanley Norman Cohen. Berg ging an der Stanford University der Frage nach, ob man fremde Gene in ein Virus einbauen und so einen »Vektor« schaffen kann, der dann Gene auch in neue Zellen trägt. Sein bahnbrechendes Experiment machte er 1971: Er baute einen DNA-Abschnitt des Bakterienvirus Lambda in die DNA des Affenvirus SV40 ein.[13]

Berg erhielt 1980 für seine Arbeit den Nobelpreis in Chemie, aber den nächsten Schritt, rekombinierte DNA in Tiere einzuschleusen, vollzog er nicht. Das erste transgene Säugetier wurde 1974 von Rudolf Jaenisch und Beatrice Mintz geschaffen, die fremde DNA in Mausembryonen einschleusten.[14] Da in der Öffentlichkeit mittlerweile das Unbehagen wegen der potentiellen Gefahren gentechnischer Experimente wuchs, beteiligte sich Berg aktiv an der Diskussion der Frage, inwieweit man solche Untersuchungen einschränken sollte. Im Jahr 1974 empfahl eine Gruppe amerikanischer Wissenschaftler ein Moratorium derartiger Forschungsarbeiten. Auf einer höchst einflussreichen Tagung, die Berg im folgenden Jahr an den Asilomar Conference Grounds im kalifornischen Pacific Grove organisierte, wurden freiwillige Richtlinien beschlossen. Manche Teilnehmer äußerten die Befürchtung, gentechnisch veränderte Lebewesen könnten unerwartete Wirkungen haben und beispielsweise Krankheiten verursachen oder sogar töten, oder sie könnten aus den Labors entkommen und sich ausbreiten. Das Gegengewicht zu solchen Bedenken waren Argumente, die für das Potential der Gentechnik sprachen und vor allem von Joshua Lederberg, einem Professor an der Stanford University und Nobelpreisträger, vertreten wurden.[15] Die National Institutes of Health erhielten 1976 eigene Sicherheitsrichtlinien für die gentechnische Forschung; die Auswirkungen dieser Vorschriften sind noch heute spürbar, wenn über gentechnisch veränderte Nutzpflanzen diskutiert wird oder wenn es in jüngerer Zeit um den Gebrauch und Missbrauch von Befunden über die Genetik des Influenza-Erregers geht.

Nach Bergs erstem Gen-Neukombinationsexperiment von 1971 folgte der nächste Fortschritt der molekularen Klonierung: das Einschleusen von DNA aus einer Bakterienart in eine andere, wo sie sich dann mit jeder Teilung der Bakterienzelle verdoppelte. Diesen Schritt vollzog Boyer 1972 an der University of California in San Francisco in Zusammenarbeit mit Cohen von der Stanford University. In ihren Untersuchungen vermehrten sie die DNA aus *Staphylococcus* in *E. coli* und wiesen damit nach, dass genetisches Material tatsächlich entgegen einer alten Überzeugung von einer biologischen Art zur anderen übertragen werden kann. Einen noch größeren Triumph feierte die artübergreifende Klonierung, als man Gene aus dem südafrikanischen Klauenfrosch *Xenopus*, einem beliebten Versuchstier, in *E. coli* einschleusen konnte. Trotz der unguten Gefühle in der Öffentlichkeit wurde sehr schnell eine ganze Reihe von Unternehmen gegründet, die es sich zum Ziel setzten, die DNA-Rekombinationstechnik kommerziell zu nutzen.

An vorderster Front der Biotechnologie-Revolution stand das Unternehmen Genentech, das 1976 von Boyer und dem Risikokapitalgeber Robert A. Swanson gegründet wurde. Im folgenden Jahr, noch bevor Genentech in eigene Räumlichkeiten eingezogen war, war es Boyer und Keiichi Itakura am Klinikum City of Hope im kalifornischen Duarte in Zusammenarbeit mit Arthur Riggs gelungen, mit Hilfe der DNA-Rekombinationstechnik in *E. coli* das Somatostatin herzustellen, ein menschliches Protein, das für die Regulation des Wachstumshormons eine wichtige Rolle spielt. Nach diesem Meilenstein hatten sie sich dem komplizierteren Insulinmolekül zugewandt, für das potentiell ein gewaltiger Markt bestand: Es konnte das Schweineinsulin ersetzen, das damals zur Behandlung von Diabetes verwendet wurde. Zur Entwicklung des Produktionsprozesses unterzeichnete Eli Lilly and Company ein Joint-Venture-Abkommen mit Genentech, und 1982 kam das rekombinante Insulin unter dem Markennamen Humulin als erstes biotechnologisches Produkt auf den Markt. Mittlerweile hatte Genentech viele Konkurrenten, darunter eine Reihe kleiner, junger Unternehmen, hinter denen große Pharmakonzerne standen.

Seit diesen ersten Entdeckungen ist die Molekularbiologie explosionsartig gewachsen; heute wird das Fachgebiet weltweit an allen Universitäten betrieben, und es bildet die Grundlage für eine viele Milliarden Dollar schwere Branche, die Untersuchungsbestecke, Tests, Reagenzien und wissenschaftliche Instrumente herstellt. Jeden Tag werden Gene nahezu aller biologischen Gruppen, darunter Bakterien, Hefe, Pflanzen und Säugetiere, kloniert und untersucht. In Forschungslabors und Biotechnologieunternehmen werden Stoffwechselwege künstlich abgewandelt, damit die Zellen alle möglichen Produkte herstellen, von Medikamenten über Nahrungsmittel und Industriechemikalien bis zu energieliefernden Molekülen.

Parallel zu den wachsenden Kenntnissen über die DNA-Software des Lebens machte man auch mit der Beschreibung der Protein-Hardware beträchtliche Fortschritte. Proteine sind die Grundbausteine der Zelle, die grundlegenden Struktureinheiten aller bekannten Lebewesen vom einzelligen Bakterium bis zum menschlichen Körper mit seinen mehr als 100 Billionen Zellen. Wie bereits erwähnt, wurde die Welt der Zellen erstmals von Robert Hooke sichtbar gemacht, den manche als den englischen Leonardo da Vinci bezeichnen. Als erster wichtiger Brite zeigte Hooke, wie die Methode, Experimente zu machen und Instrumente zu benutzen, funktioniert und immer weiterführende Kenntnisse liefert. In seinem Meisterwerk, der 1665 erschienenen *Micrographia*,[16] beschrieb Hooke die Zellen (das Wort »Zelle« kommt vom lateinischen *cellula* = »kleiner Raum«), nachdem er die Bienenwabenstruktur dünner Korkscheiben in seinem Mikroskop betrachtet hatte. Jedes Lebewesen der Erde ist aus einer oder mehreren Zellen aufgebaut, die von einer Membran umhüllt sind und deshalb ein abgegrenztes Inneres haben. Dieser Innenraum enthält das genetische Material und den Apparat, mit dem die Zelle es verdoppelt.

In den ersten beiden Jahrzehnten des 20. Jahrhunderts

waren die Bemühungen, die molekularen Grundlagen dieser Hardware mit den Methoden der Mikrobiologie zu identifizieren, durch die sogenannte »Kolloidtheorie« beherrscht. Damals gab es keine eindeutigen Belege dafür, dass große Moleküle existieren, und die »Biokolloidisten« vertraten die Ansicht, Antikörper, Enzyme und Ähnliches seien in Wirklichkeit »Kolloide«, Mischungen kleiner Moleküle in wechselnden Anteilen.[17] Für sie lag das Schwergewicht nicht auf riesengroßen organischen Molekülen, die durch starke kovalente Bindungen zusammengehalten werden, sondern auf Ansammlungen kleiner Moleküle, zwischen denen nur relativ schwache Bindungen bestehen. Diese Vorstellung wurde jedoch Anfang der 1920er Jahre durch den deutschen organischen Chemiker Hermann Staudinger (1881–1965) in ihren Grundfesten erschüttert: Er wies nach, dass große Moleküle wie Stärke, Cellulose und Proteine tatsächlich lange Ketten aus kurzen, sich wiederholenden Moleküleinheiten sind, die durch kovalente Bindungen verknüpft werden. Staudingers Begriff der Makromoleküle, wie er sie nannte, stieß anfangs auf nahezu geschlossene Ablehnung. Sogar Staudingers Kollegen an der Eidgenössischen Technischen Hochschule (ETH) in Zürich, wo er bis zu seinem Umzug nach Freiburg 1926 als Professor tätig war, lehnten die Theorie der Makromoleküle ab. Erst 1953 (dem Jahr, in dem die Doppelhelix entdeckt wurde) erhielt Staudinger für seine wichtige Erkenntnis endlich den Nobelpreis.

In den letzten Jahren betrachten wir die Grundeinheit des Lebendigen, die Zelle, zunehmend als Fabrik, das heißt als System ineinandergreifender Fließbänder, die von Proteinmaschinen angetrieben werden[18] und sich in der Evolution über Tausende, Millionen oder sogar Milliarden von Jahren hinweg für ihre jeweiligen Aufgaben entwickelt haben. Mit diesem Modell wird eine Idee wiederbelebt, die bereits im 17. Jahrhundert verbreitet war, als insbesondere der italienische Arzt Marcello Malpighi (1628–1694) mit dem Mikroskop Pionierarbeit leistete.[19] Malpighi vertrat die Ansicht, die Körperfunktionen würden durch winzige »organische Maschinen« gesteuert.

Heute kennen wir viele gut charakterisierte Klassen von Proteinen. Die Katalysatoren zum Beispiel beschleunigen eine schwindelerregende Vielfalt chemischer Reaktionen, und Faserproteine wie das Kollagen sind wichtige Strukturelemente, die bei Wirbeltieren einschließlich der Säugetiere ein Viertel aller Proteine ausmachen. Das gummiähnliche Elastin ist der Hauptbestandteil des Gewebes von Lunge und Blutgefäßwänden. Die Hüllmembranen unserer Zellen enthalten Proteine, die den Transport von Molekülen in die Zelle und aus ihr heraus ermöglichen und an der Kommunikation zwischen den Zellen mitwirken; globuläre Proteine binden chemische Substanzen, verändern sie und setzen sie frei. Und so weiter.

Die DNA-Sequenz codiert unmittelbar die Struktur jedes Proteins, und die wiederum bestimmt über dessen Aktivität. Der genetische Code legt die lineare Abfolge der Aminosäuren fest, die ihrerseits über die komplexe dreidimensionale Struktur des fertigen Proteins bestimmt. Das lineare Polypeptid faltet sich nach der Synthese aufgrund seiner Sequenz zu der richtigen, charakteristischen Form: Manche Teile bilden Flächen, andere sind übereinandergestapelt, bilden Schleifen, Wirbel oder Spiralen (Helices) und andere komplizierte Formen, die für die Funktionsfähigkeit der Maschine sorgen. Manche Teile der Proteinmaschine biegen sich, andere sind starr. Manche Proteine sind ihrerseits Untereinheiten größerer, räumlich angeordneter Komplexe.

Ein bemerkenswertes, eindringliches Beispiel für eine solche Molekülmaschine ist die ATP-Synthase. Dieses Enzym, das ungefähr ein Zweihunderttausendstel der Größe eines Stecknadelkopfes hat, besteht aus 31 Proteinen, rotiert mit ungefähr 60 Umdrehungen in der Sekunde und erzeugt dabei die Energiewährung der Zellen, Moleküle mit der Bezeichnung Adenosintriphosphat oder kurz ATP. Ohne diese Maschine könnten wir uns weder bewegen noch denken oder atmen. Andere Proteine, wie beispielsweise das Dynein, sind Motoren und versetzen Samenzellen in die Lage, sich zu schlängeln; das Myosin bewegt die Muskeln; und das Kinesin »geht« auf zwei Füßen (wenn der ATP-Brennstoff andockt, schwingt ein Fuß nach vorn und heftet sich fest, dann folgt der nächste Schritt) und hat einen Schwanz, mit dem es Fracht durch die Zelle ziehen kann. Manche dieser Transportroboter sind auf eine ganz bestimmte Form von Fracht spezialisiert; ein solcher Transporter ist das Hämoglobin: Es besteht aus vier Proteinketten (zwei Alpha- und zwei Beta-Ketten), die jeweils eine ringförmige Häm-Gruppe mit einem Eisenatom in der Mitte festhalten und Sauerstoff durch den Körper tragen. Eisen würde normalerweise sehr fest an den Sauerstoff binden, aber diese Maschine hat sich in der Evolution so entwickelt, dass die Bindung an den vier Häm-Komponenten eines Hämoglobinmoleküls reversibel bleibt.

Das Geheimnis einer der wichtigsten Maschinen überhaupt – nämlich derjenigen, die den Haushalt des Lebendigen in Ozeanen und an Land antreibt – ist ein lichtabsorbierendes Pigment. Verschiedene Pflanzen-, Algen- und Bakterienarten haben in der Evolution zwar unterschiedliche Mechanismen zum Sammeln von Lichtenergie entwickelt, ihnen allen ist aber ein Molekülteil gemeinsam, den man als Reaktionszentrum der Photosynthese bezeichnet. Dort befinden sich Antennenproteine, die aus mehreren lichtabsorbierenden Chlorophyllfarbstoffen bestehen. Sie fangen Sonnenlicht in Form der »Lichtteilchen« oder Photonen ein und übertragen deren Energie über eine Reihe von Molekülen an das Reaktionszentrum, wo sie dazu dient, Kohlendioxid sehr effizient in Zucker umzuwandeln. Die Räume, in denen die Photosynthesereaktionen stattfinden, sind so dicht mit Pigmentmolekülen vollgepackt, dass sogar quantenmechanische Effekte ins Spiel kommen.[20] (Die von Erwin Schrödinger und vielen anderen begründete Quantenmechanik, die einem wie kein anderes Teilgebiet der Physik den Kopf brummen lässt, befasst sich mit Phänomenen im Bereich des Allerkleinsten.) Lebewesen verfügen über mehrere solche Quantenmaschinen, die dem Sehen, den Transport von Elektronen und Protonen, der Geruchswahrnehmung und der magnetischen Wahrnehmung dienen.[21] Auch dieser außergewöhnliche Befund zeugt von Schrödingers Weitsicht: Er hatte bereits die Möglichkeit in Betracht gezogen, dass Quantenschwankungen in der Biologie eine Rolle spielen.[22]

Alle molekularen Maschinen haben sich in der Evolution so entwickelt, dass sie automatisch ganz bestimmte Aufgaben erfüllen können, von der Aufzeichnung optischer Bilder bis zur Bewegung der Muskeln. Deshalb kann man sie sich als kleine Roboter vorstellen. Charles Tanford und Jacqueline Reynolds schreiben in ihrem 2001 erschienenen Buch *Nature's Robots*: »Es hat kein Bewusstsein; es wird nicht vom Geist oder einem höheren Zentrum gesteuert. Alles, was ein Protein tut, ist in seinen linearen Code eingebaut, und der leitet sich vom DNA-Code ab.«

Abgesehen von der Aufklärung des genetischen Codes war es der wichtigste Durchbruch der Molekularbiologie, dass man die Arbeitsweise der Ribosomen im Einzelnen kennenlernte; diese Oberroboter führen die Proteinsynthese aus und lenken damit die Herstellung aller anderen Roboter in der Zelle. Dass das Ribosom im Mittelpunkt der Choreographie der Proteinherstellung steht, wissen die Molekularbiologen schon seit Jahrzehnten. Damit ein Ribosom funktionieren kann, braucht es zwei Dinge: ein Messenger-RNA- oder mRNA-Molekül, das die kopierten Anweisungen für die Proteinherstellung aus dem Speicher der genetischen Information in der DNA herantransportiert, und die Transfer-RNA oder tRNA, die huckepack die Aminosäuren zum Aufbau des Proteins trägt. Das Ribosom liest die Sequenz der mRNA Codon für Codon ab und führt sie mit dem »Anticodon« der tRNA zusammen, so dass ihre Aminosäurefracht in der richtigen Reihenfolge aufgereiht ist. Gleichzeitig wirkt das Ribosom als Katalysator oder Ribozym: Es knüpft die Aminosäure durch eine kovalente chemische Bindung an die wachsende Proteinkette an. Beendet wird die Synthese, wenn die Sequenz der mRNA ein »Stopp« codiert; anschließend muss das Polymer aus Aminosäuren sich noch zu der notwendigen dreidimensionalen Struktur falten, dann ist das biologisch aktive Protein fertig.

Eine Bakterienzelle enthält bis zu 1000 Ribosomenkomplexe; diese sorgen für eine ununterbrochene Proteinsynthese zum Ersatz abgebauter Proteine und zur Herstellung neuer Moleküle für die Tochterzellen während der Zellteilung. Man kann ein Ribosom unter dem Elektronenmikroskop beobachten und zusehen, wie es sich bei der Arbeit biegt und verformt. An einem entscheidenden Punkt in der Proteinsynthese findet tief in seinem Inneren eine Art Sperrklinkenrotation statt.[23] Insgesamt läuft die Proteinsynthese ungeheuer schnell ab: Die Synthese einer Kette von rund 100 Aminosäuren dauert nur wenige Sekunden.

Wie bei der Doppelhelix, so war die Röntgenstrukturanalyse auch zur Aufklärung der Feinstruktur von Ribosomen unentbehrlich. Zunächst jedoch musste jemand es schaffen, dass die Ribosomen kristallisierten wie Salz in einer Lösung, wenn das Wasser verdunstet. Nur solche gut organisierten Kristalle, in denen Millionen von Ribosomen zu einem regelmäßigen Muster angeordnet sind, kann man mit Röntgenstrahlen untersuchen. Einen entscheidenden Fortschritt erzielte Ada E. Yonath in Israel in Zusammenarbeit mit Heinz-Günter Wittmann in Berlin in den 1980er Jahren: Sie konnten Kristalle aus Bakterienribosomen züchten, nachdem man die Mikroorganismen aus heißen Quellen und dem Toten Meer isoliert hatte. Völlig offengelegt wurden die Geheimnisse des Bakterienribosoms im Jahr 2005, und die (bis auf drei Ångström genaue) hochauflösende Struktur eines

Eukaryontenribosoms – dem der Hefe – wurde im Dezember 2011 von einer französischen Arbeitsgruppe veröffentlicht.[24]

Das Bakterienribosom hat zwei Hauptbestandteile, die als 30S- und 50S-Untereinheit bezeichnet werden. Diese Bausteine trennen sich während der Tätigkeit des Ribosoms und finden sich wieder zusammen. Die kleinere 30S-Untereinheit liest die genetische Information ab; an der größeren 50S-Untereinheit werden die Proteine zusammengesetzt. Die 30S-Untereinheit wurde in ihren atomaren Einzelheiten von Yonath und unabhängig auch von Venkatraman Ramakrishnan am Laboratory of Molecular Biology des Medical Research Council im englischen Cambridge untersucht. Dabei entdeckte man unter anderem eine »Akzeptorstelle«, einen Teil der 30S-Untereinheit, der die genaue Übereinstimmung zwischen Messenger- und Transfer-RNA erkennt und überwacht. An den Einzelheiten der Molekularstruktur ist zu erkennen, wie das Ribosom die Paarung der ersten beiden Buchstaben im RNA-Code erzwingt: Seine Moleküle »klappen aus« und »tasten« in der Doppelhelix der gut gepaarten RNAs nach einer Vertiefung, die anzeigt, dass die Information sehr exakt abgelesen wird. Eine »Wackelbewegung« sorgt dafür, dass der Mechanismus bei der Überprüfung der dritten Position in der Buchstaben-Dreiergruppe, die einem Proteinbaustein entspricht, weniger streng vorgeht; das steht im Einklang mit der Beobachtung, dass eine einzige Transfer-RNA einschließlich ihrer Aminosäure sich mit mehreren Nucleotid-Dreiergruppen der mRNA paaren kann. So sorgen beispielsweise die Dreiergruppen UUU und UUC für den Einbau der Aminosäure L-Phenylalanin.

Ergänzende Forschungsarbeiten kamen von Harry F. Noller an der University of California in Santa Cruz (der mit seinen Untersuchungen angefangen hatte, weil es ihn faszinierte, wie Moleküle sich bewegen). Er veröffentlichte 1999 die ersten detaillierten Bilder eines vollständigen Ribosoms, die er 2001 mit weiteren Einzelheiten verfeinerte. Seine Befunde zeigten, wie während der Tätigkeit des Ribosoms molekulare Brücken entstehen und wieder aufgelöst werden.[25] Die Ribosomenmaschine enthält Kompressions- und Torsionsfedern aus RNA, welche die Untereinheiten zusammenhalten, während sie sich zueinander verschieben und drehen. Die kleinere Untereinheit bewegt sich an der Messenger-RNA entlang und bindet auch an die Transfer-RNA, die zwischen der genetischen Information an ihrem einen Ende und den Aminosäuren am anderen die Verbindung herstellt. Die Aminosäuren werden von der größeren Untereinheit, die ebenfalls an die Transfer-RNA bindet, zu Proteinen verknüpft. Auf diese Weise ist das Ribosom in der Lage, in jeder Sekunde 15 mit Aminosäuren beladene RNA-Moleküle durch ihr Zentrum zu schleusen und gleichzeitig ihre Ankopplung an das wachsende Proteinmolekül zu koordinieren.

Viele Antibiotika wirken, weil sie diese Funktionen bei Bakterienribosomen stören. Die Ribosomen von Bakterien und Menschen ähneln sich zwar, aber glücklicherweise sind ihre Unterschiede so groß, dass Antibiotika an Bakterienribosomen effizienter binden und sie blockieren können. Die Aminoglykoside Tetracyclin, Chloramphenicol und Erythromycin töten Bakterienzellen ab, indem sie die Ribosomenfunktion lahmlegen.

Für ihre Arbeiten, mit denen sie die Funktionsweise dieser großartigen Maschine enträtselten, erhielten Yonath, Ramakrishnan und Thomas A. Steitz 2009 gemeinsam den Nobelpreis für Chemie.

Mit dem Fortschritt der Genomforschung ist die RNA immer stärker ins Zentrum der Aufmerksamkeit gerückt. Dem zentralen Dogma zufolge fungiert sie nur als Vermittler, der die in der DNA codierten Anweisungen ausführt. Nach diesem Modell windet sich die DNA-Doppelhelix auseinander, und die in ihr enthaltene genetische Information wird in einen mRNA-Einzelstrang umkopiert. Die mRNA transportiert die Information dann vom Genom zu den Ribosomen. DNA-

Abschnitte, die keine Proteine codieren, hielt man früher allgemein für »DNA-Schrott«. Beide Vorstellungen wandelten sich 1998: Damals veröffentlichten Andrew Fire von der Carnegie Institution for Science in Washington, Craig Cameron Mello von der University of Massachusetts und ihre Kollegen neue Befunde, wonach doppelsträngige RNA, die an nichtcodierender DNA entstanden ist, bestimmte Gene abschalten kann; damit hatte man eine Erklärung für einige rätselhafte Beobachtungen, die man insbesondere an Petunien angestellt hatte.[26] Heute ist klar, dass manche DNA-Abschnitte kleine RNA-Moleküle codieren, die wie Schalter wirken und entscheidend mit darüber bestimmen, wie und in welchem Umfang Gene genutzt werden. Alle Informationen in einer lebenden Zelle liegen letztlich in der genauen Reihenfolge der Nuclein- und Aminosäuren – in DNA, RNA und Proteinen. Die Aufrechterhaltung dieses außergewöhnlich großen Maßes an Ordnung in einem Genom unterliegt den heiligen Gesetzen der Thermodynamik. Damit molekulare Maschinen thermische Bewegungen nutzbar machen können, muss chemische Energie durch Verbrennung gewonnen werden. Mit dieser Energie muss die Zelle auch ständig versorgt werden, damit die kovalenten Bindungen zwischen den Untereinheiten entstehen können und diese Untereinheiten in der richtigen Reihenfolge oder Sequenz angeordnet werden. Und im Mittelpunkt der ganzen chemischen Umwälzungen liegen relativ felsenfest die Anweisungen, die im Code der DNA festgeschrieben sind.

In seinen Überlegungen zum genetischen Code der Vererbung malte Schrödinger sich mit gutem Grund einen »aperiodischen Kristall« aus: Er wollte darauf hinweisen, dass Erbinformation gespeichert wird, und mit dem Wort »Kristall« wollte er »der dauerhaften Natur des Gens Rechnung tragen«. Für die Proteinroboter, die in unseren Genen codiert sind, gilt das nicht: Sie sind instabil und zerfallen schnell. Die Lebensdauer aller Proteine liegt im Bereich von Sekunden bis zu einigen Tagen. Sie müssen das Durcheinander in der Zelle aushalten, in der Wärmeenergie die Moleküle hin und her schießen lässt. Außerdem können Proteine sich auch falsch falten und bilden dann inaktive, häufig sogar giftige Ansammlungen – solche Prozesse sind die zentrale Ursache einiger allgemein bekannter Krankheiten.

Eine typische menschliche Zelle enthält zu jedem beliebigen Zeitpunkt Tausende verschiedene Proteine; manche davon werden neu gebildet, andere werden abgebaut, je nachdem, wie es für das fortgesetzte Wohlergehen der Zelle notwendig ist. In einer aktuellen Studie an 100 Proteinen aus menschlichen Krebszellen[27] stellte sich heraus, dass ihre Halbwertszeit zwischen 45 Minuten und 22,5 Stunden liegt. Auch Zellen werden umgeschlagen. In jedem einzelnen Menschen sterben täglich 500 Milliarden Blutzellen ab. Außerdem schätzt man, dass während der normalen Organentwicklung ungefähr die Hälfte unserer Zellen zugrunde geht. Jeder von uns schabt jeden Tag rund 500 Millionen Hautzellen ab. Deshalb erneuert sich die gesamte äußere Schicht unserer Haut alle 2 bis 4 Wochen. Das ist der Staub, der sich in unserer Wohnung ansammelt; das sind wir. Würde unser Organismus nicht ständig neue Proteine und Zellen produzieren, würden wir sterben. Leben ist ein Prozess der dynamischen Erneuerung. Ohne unsere DNA, ohne die Software des Lebendigen, gehen Zellen sehr schnell zugrunde, und mit ihnen stirbt der gesamte Organismus.

Dass die gestreckten Aminosäureketten, die durch die genetische Information definiert werden, sich in die richtige Form falten und dann ihre jeweiligen Funktionen erfüllen, erscheint auf den ersten Blick ein wenig wundersam. Die Regeln, nach denen Proteine sich falten, sind bis heute nicht vollständig aufgeklärt; das ist nicht verwunderlich angesichts der Tatsache, dass eine typische Aminosäurekette, auch Polypeptid genannt, sich auf Millionen bis Billiarden verschiedene Arten falten kann. Um alle möglichen, thermodynamisch stabilen Konformationen eines Proteins zu berechnen, entwickelte das Lawrence Livermore National Laboratory in Zusammenarbeit mit IBM eine Reihe von Supercomputern mit Namen Blue Gene; diese können in jeder Sekunde ungefähr eine Billion Fließkomma-Berechnungen vornehmen (das heißt, ihre Rechenleistung liegt bei einem Petaflop).

Ein Protein aus 100 Aminosäuren kann sich auf ungeheuer viele Arten falten: Die Zahl der möglichen Strukturen oder Konformationen liegt zwischen 2^{100} und 10^{100}. Bis jedes Protein jede mögliche Konformation ausprobiert hätte, würden einige Dutzend Milliarden Jahre vergehen. In die lineare Information des Proteins sind aber Anweisungen für die Faltung eingebaut, und die wiederum werden durch die lineare genetische Information festgelegt. Deshalb spielen sich diese Vorgänge unter Mithilfe der unaufhörlichen, von Wärmeenergie angetriebenen Brown'schen Molekularbewegung sehr schnell ab – in wenigen Tausendstelsekunden. Sie werden vorangetrieben, weil ein richtig gefaltetes Protein die geringstmögliche freie Energie hat; deshalb nimmt das Protein wie Wasser, das zum tiefsten Punkt fließt, von Natur aus seine bevorzugte Form an.

Wenn ein Protein die richtig gefaltete Konformation annimmt und deshalb als Enzym ordnungsgemäß arbeiten kann, geht es von einem Zustand hoher Entropie und freier Energie in den thermodynamisch stabilen Zustand niedriger Entropie und freier Energie über. Bei einem Protein namens Villin kann man diesen Prozess dank einer Computersimulation sogar beobachten.[28] Diese dehnt einen Vorgang, der in Wirklichkeit in sechs Millionstelsekunden abläuft, auf mehrere Sekunden aus und zeigt, dass die ursprünglich gestreckte Kette aus 87 Aminosäuren durch die Wärmeenergie zum Zittern gebracht wird; das zitternde Protein durchläuft in einem Zeitraum von nur sechs Mikrosekunden viele verschiedene Konformationen, bis die endgültige Faltung erreicht ist. Man kann sich vorstellen, wie viel evolutionäre

Selektion in diesen zitternden Tanz eingeflossen sein muss – denn die Aminosäuresequenz des Proteins bestimmt nicht nur über die Geschwindigkeit, mit der es sich faltet, sondern auch über seine endgültige Struktur und damit über seine Funktion.

Die Konkurrenz zwischen der produktiven Proteinfaltung und potentiell schädlichen Formen der Proteine führte dazu, dass sich in der Evolution schon frühzeitig eine »Qualitätskontrolle« für Proteine entwickelte; sie ist die Aufgabe einer weiteren Gruppe spezialisierter molekularer Maschinen: Die Chaperone oder »Gouvernantenproteine«, wie sie genannt werden, unterstützen die Proteinfaltung und verhindern, dass gefährliche Verbindungen entstehen; außerdem zerlegen sie Aggregate, die sich dennoch bilden. Die Chaperone Hsp70 und Hsp100 lösen beispielsweise Aggregate auf, Hsp60 dagegen besteht aus mehreren Proteinen, die eine Art Fass mit Deckel bilden; ein gefaltetes Protein, das sich in dem Fass befindet, kann die richtige Form annehmen. Entsprechend ist es auch nicht verwunderlich, dass Fehlfunktionen von Chaperonen die Ursache einer ganzen Reihe von Nervenverfallskrankheiten und Krebsformen sind.

Die häufigste von einem einzigen Gen verursachte Erbkrankheit ist bei Weißen europäischer Abstammung die Cystische Fibrose oder Mukoviszidose, von der in den Vereinigten Staaten ungefähr eines von 3500 Neugeborenen betroffen ist; sie ist ein Beispiel für ein Protein, das sich falsch faltet und falsch verhält. Die Ursache ist ein Defekt in dem Gen, das ein Protein namens CFTR (*cystic fibrosis transmembrane conductance regulator*, »Cystische-Fibrose-Transmembran-Leitfähigkeitsregulator«) codiert. CFTR steuert den Transport von Chloridionen durch die Zellmembran; arbeitet es fehlerhaft, ist ein breites Spektrum von Symptomen die Folge. Unter anderem führt das Ungleichgewicht von Salz und Wasser dazu, dass die Lunge der Patienten von klebrigem Schleim verstopft ist, der einen guten Nährboden für pathogene Bakterien darstellt. Eine Schädigung der Lunge durch immer wiederkehrende Infektionen ist bei Menschen, die an der Krankheit leiden, die häufigste Todesursache. Wie man in jüngster Zeit nachweisen konnte,[29] verhindert die weitaus häufigste Mutation, die zur Cystischen Fibrose führt, dass das Transport-Regulatorprotein sich von einem seiner Chaperone löst. Deshalb können die letzten Schritte der normalen Proteinfaltung nicht stattfinden, und das aktive Protein entsteht nicht in normaler Menge.

Der Abbau von Proteinaggregaten und Proteinbruchstücken ist lebenswichtig, denn solche Substanzen können sich sonst ansammeln und giftige sogenannte Plaques bilden. Wenn die Müllabfuhr streikt und übelriechender Abfall sich auf den Straßen häuft, verlangsamt sich der Verkehr, das Krankheitsrisiko steigt, und die Stadt funktioniert schon nach kurzer Zeit nicht mehr. Für Zellen und Organe gilt das Gleiche. Die Alzheimer-Krankheit, das Zittern bei der Parkinson-Krankheit und der erbarmungslose geistige Verfall, durch den die Creutzfeld-Jacob-Krankheit (die Form des Rinderwahnsinns bei Menschen) gekennzeichnet ist, haben ihre Ursache in der Anreicherung giftiger und löslicher Proteinaggregate.

Eine ganze Reihe von Proteinmaschinen ist dazu konstruiert, mit Fehlern bei Proteinsynthese und -faltung umzugehen. Das Proteasom beseitigt anormale Proteine durch Proteolyse, eine Reaktion, die von Enzymen aus der Gruppe der Proteasen vollzogen wird und zur Auflösung von Peptidbindungen führt. Diese Maschine besteht aus einem zylinderförmigen Komplex, in dessen Mitte vier Ringe aus jeweils sieben Proteinen wie Bagels übereinandergestapelt sind. Innerhalb dieses zentralen Kerns werden die Proteine, die abgebaut werden sollen, durch Ubiquitin markiert, ein Protein, dessen kleine Moleküle überall in der Zelle vorhanden sind. Dieser grundlegende Abfallbeseitigungsmechanismus der Zellen wurde vor rund 30 Jahren von den Wissenschaftlern Aaron Ciechanover, Avram Hershko und Irwin A. Rose aufgeklärt, eine Leistung, die 2004 mit dem Chemie-Nobelpreis belohnt wurde.

Die Lebensdauer jedes Proteinroboters in einer Zelle ist in der genetischen Information vorprogrammiert. Das Programm entfaltet seine Wirkung in den verschiedenen Gruppen der Lebewesen ein wenig unterschiedlich. So enthalten beispielsweise sowohl *E. coli* als auch Hefezellen das Enzym Beta-Galactosidase, das am Abbau komplexer Zuckermoleküle mitwirkt; seine Halbwertszeit hängt aber stark von der sogenannten N-terminalen Aminosäure ab, das heißt von dem Baustein an einem Ende des Proteinmoleküls. Handelt es sich bei der N-terminalen Aminosäure der Beta-Galactosidase um Arginin, Lysin oder Tryptophan, liegt die Halbwertszeit des Proteins in *E. coli* bei 120 und in Hefe bei 180 Sekunden. Dagegen steigt sie mit Serin, Valin oder Methionin als N-terminaler Aminosäure beträchtlich an: auf mehr als zehn Stunden bei *E. coli* und über 30 Stunden bei Hefe. Dies wird als »Regel des N-Endes«[30] für den Proteinabbau bezeichnet.

Die Instabilität und der Umsatz der Proteine machen deutlich, dass das Leben der Zellen auch insgesamt sehr kurz wäre, wenn eine Zelle ausschließlich ein Membransäckchen oder Vesikel wäre, das Proteine enthält, aber keine genetische Programmierung. Alle Zellen sterben ab, wenn sie nicht ständig neue Proteine herstellen könnten, die ihre geschädigten oder falsch gefalteten Vorgänger ersetzen. Eine Bakterienzelle muss in einer Stunde oder weniger ihre sämtlichen Proteine neu bilden, sonst stirbt sie. Das Gleiche gilt für Strukturen wie die Zellmembran: Ihre Phospholipidmoleküle und Transportproteine werden ständig umgesetzt; wenn sie nicht erneuert werden, löst die Membran sich auf, und der Zellinhalt läuft aus. Ob Gewebekulturen im Labor eine ausreichende Zahl lebensfähiger Zellen enthalten, kann man ganz einfach testen: Man stellt fest, ob die Membranen so durchlässig sind, dass ein Farbstoff in die Zellen eindringen kann. Ist das der Fall, sind die Zellen tot.

Auch für den Abbau und die Zerstörung alter oder versagender Zellen in vielzelligen Organismen gibt es einen Proteinapparat. Der programmierte Zelltod, auch Apoptose genannt, ist ein unverzichtbarer Teil von Leben und Entwicklung. Die Zerlegung eines so komplexen Gebildes wie einer Zelle erfordert natürlich eine große Koordinationsleistung. Das Apoptosom, ein Proteinkomplex, der auch den Spitznamen »siebenstachelige Todesmaschine« trägt, setzt die Zerstörung mit einer Lawine von Caspasen in Gang – auch diese proteinabbauenden Enzyme gehören zu den Proteasen. Die Caspasen sorgen für den Abbau wichtiger Proteine in den Zellen, darunter die Proteine des Cytoskeletts; damit führen sie die typischen Formveränderungen herbei, die man an Zellen während der Apoptose beobachtet. Ein weiteres Kennzeichen des programmierten Zelltodes ist die Zerstückelung der DNA-Software. Auch dabei spielen die Caspasen eine wichtige Rolle: Sie aktivieren die DNase, ein Enzym, das DNA spaltet. Gleichzeitig hemmen sie die DNA-Reparaturenzyme, indem sie im Zellkern für den Abbau von Strukturproteinen sorgen.

Wir können uns unseren Körper als räumliche Anordnung von Proteinen vorstellen, aber da seine Bestandteile ständig umgesetzt werden, ist es eine dynamische Anordnung. Das begriff schon Schrödinger, als er von »der erstaunlichen Gabe eines Organismus« sprach, »einen ›Strom von Ordnung‹ auf sich zu ziehen und damit dem Zerfall in atomares Chaos auszuweichen, aus einer geeigneten Umwelt ›Ordnung zu trinken‹«.

Und schließlich sollten wir überlegen, welche Triebkraft letztlich hinter der gesamten hektischen Aktivität in jeder einzelnen Zelle steht. Wenn es einen Kandidaten für die Lebenskraft gibt, die allen Organismen ihr Leben einhaucht, dann ist es die, welche Robert Brown (1773–1858) im Jahr 1827 zum ersten Mal erwähnte. Der schottische Botaniker war damals fasziniert von den unaufhörlichen Zickzackbewegungen, die Bruchstücke von Pollenkörnern aufführten – ein Phänomen, das später nach ihm benannt wurde (es sei denn, man ist Franzose – über ähnliche Beobachtungen berichtete der Botaniker Adolphe-Théodore Brongniart (1801–1876) im Jahr 1828). Brown fand die mikroskopisch kleine Bewegung vor allem deshalb rätselhaft, weil sie nicht auf Strömungen in der Flüssigkeit, Verdunstung oder eine andere naheliegende Ursache zurückzuführen war. Anfangs glaubte er, er habe einen Blick auf »das Geheimnis des Lebens« geworfen, aber nachdem er die gleichen Bewegungen auch an Mineralkörnern beobachtet hatte, gab er diese Vermutung auf.

Den ersten Schritt zu unseren heutigen Kenntnissen über Browns Beobachtung konnte man erst mehr als 75 Jahre später vollziehen; Albert Einstein (1879–1955) wies nach, dass die winzigen Teilchen von den unsichtbaren Molekülen im umgebenden Wasser hin und her gestoßen wurden. Bevor Einsteins Artikel 1905 erschien, hatte eine Minderheit der Physiker (darunter auch Ernst Mach [1838–1916]) immer noch an der physikalischen Realität von Atomen und Molekülen gezweifelt. Bestätigt wurde Einsteins Vorstellung schließlich durch sorgfältige Experimente, die Jean Baptiste Perrin (1870–1942) in Paris durchführte; für diese und andere Leistungen wurde er 1926 mit dem Physik-Nobelpreis ausgezeichnet.

Wenn man die Funktionsweise lebender Zellen verstehen will, ist die Brown'sche Bewegung von großer Bedeutung. Viele lebenswichtige Bestandteile einer Zelle, darunter auch die DNA, sind größer als einzelne Atome, aber immer noch so klein, dass sie von den vielen umgebenden Atomen und Molekülen hin und her gestoßen werden können. Die DNA ist zwar tatsächlich wie eine Doppelhelix geformt, aber sie ist eine Helix, die sich wegen der zufälligen Brown'schen Bewegungen windet, wendet und dreht. Die Proteinroboter der lebenden Zellen können nur deshalb ihre richtige Form annehmen, weil sie aus beweglichen Ketten, Flächen und Spiralen bestehen, die innerhalb der schützenden Außenmembran der Zelle ständig angestoßen werden. Die Brown'sche Bewegung ist die Triebkraft des Lebendigen, von den Protein-»Lastwagen« des Kinesins, die winzige Säcke voller chemischer Substanzen an den Mikrotubuli entlangziehen, bis zu der rotierenden ATP-Synthase.[31] Das Entscheidende dabei: Die Stärke der Brown'schen Bewegung hängt von der Temperatur ab – ist sie zu niedrig, reicht die Bewegung nicht aus, ist sie zu hoch, nehmen alle Strukturen aufgrund der kräftigen Stöße eine Zufallsform an. Leben kann also nur in einem engen Temperaturbereich existieren.

Innerhalb dieses Temperaturbereichs wütet im Inneren der Zellen ständig die Entsprechung zu einem Erdbeben der Stärke 9. »Man braucht nicht einmal in die Pedale des Fahrrades zu treten: Vielmehr bringt man einfach am Rad eine Sperrklinke an, die verhindert, dass es sich rückwärts dreht, und schüttelt sich dann vorwärts«, schreiben George Oster und Hongyun Wang vom Department of Molecular and Cellular Biology der University of California in Berkeley.[32] Eine vergleichbare Leistung mit Sperrklinken und Kraftschlägen vollbringen Proteinroboter, wenn sie die Kraft der Brown'schen Bewegung ausnutzen. Wegen der unaufhörlichen Zufallsbewegungen und Vibrationen der Moleküle verläuft die Diffusion über kurze Entfernungen sehr schnell; das ermöglicht in dem äußerst begrenzten Volumen der meisten Zellen biologische Reaktionen mit sehr geringen Mengen an Reaktionsteilnehmern.

Wir wissen also, dass die lineare Information in der DNA über die Struktur der Proteinroboter und RNAs bestimmt und dass die Struktur ihrerseits die Funktionen der Proteine und RNAs festlegt. Damit liegt die nächste Frage auf der Hand: Wie können wir die codierte Information so ablesen und interpretieren, dass wir die Software des Lebendigen verstehen?

4. DAS DIGITALISIERTE LEBEN

> In ihrer Anfangszeit war die Molekular-
> biologie durch die vielfach als arrogant
> empfundene Abtrennung der neuen
> Wissenschaft von der Biochemie
> gekennzeichnet. In unserer Argumen-
> tation ging es aber nicht um
> die Methoden der Biochemie, sondern
> nur um die Blindheit, mit der sie das
> neue Fachgebiet der Informations-
> chemie ignorierte.
> Sydney Brenner, 2005[1]

Damit sind wir im neuen Zeitalter der digitalen Biologie: Proteine und andere interagierende Moleküle kann man jetzt als die Hardware einer Zelle betrachten, und die in ihrer DNA codierte Information ist die Software. Alle Informationen, die zur Erzeugung einer lebenden, sich selbst verdoppelnden Zelle gebraucht werden, sind in den Spiralen ihrer Doppelhelix eingeschlossen. Wenn wir diese Information ablesen und interpretieren, sollten wir auf längere Sicht in der Lage sein, die Funktionsweise einer Zelle vollständig zu verstehen und sie dann zu verbessern, indem wir neue Zellsoftware schreiben. Aber das ist natürlich viel einfacher gesagt als getan: Wie sich bei der Untersuchung der Zellsoftware herausgestellt hat, ist sie viel komplexer, als wir noch vor zehn Jahren geglaubt hatten.

Während die lineare Aminosäuresequenz des ersten Proteins (Insulin) bereits 1949 von Fred Sanger aufgeklärt wurde, dauerte die Entwicklung von Verfahren zum Lesen von DNA wesentlich länger. In den 1960er und 1970er Jahren kam man nur langsam voran; die Sequenzierungsgeschwindigkeit bemaß sich damals nach wenigen Basenpaaren im Monat oder sogar im Jahr. Im Jahr 1973 beispielsweise beschrieben Allan Maxam und Walter Gilbert von der Harvard University in einem Artikel, wie sie mit ihrem neuen Sequenzierungsverfahren die Reihenfolge von 24 Basenpaaren ermittelt hatten.[2] Zur gleichen Zeit wurde auch RNA sequenziert, und dabei kam man ein wenig schneller voran. Aber im Vergleich zu den heutigen technischen Möglichkeiten bedurfte es heroischer Anstrengungen, um auch nur wenige Buchstaben der genetischen Information zu lesen.

Ins Bewusstsein der meisten Menschen rückte die Genomforschung durch die Entschlüsselung des ersten menschlichen Genoms, die ihren Höhepunkt fand, als ich zusammen mit meinen Kollegen/Konkurrenten und dem Präsidenten Clinton im Weißen Haus auftrat, um die Sequenz des menschlichen Genoms vorzustellen. Die ersten Überlegungen zur Entschlüsselung der DNA reichen aber mehr als ein halbes Jahrhundert zurück bis in die Zeit, als Watson und Crick die Struktur des Erbmaterials aufklärten. Einen wichtigen Sprung machten unsere Kenntnisse 1965, als eine Arbeitsgruppe der Cornell University unter Leitung von Robert Holley im Rahmen von Bestrebungen, die Rolle der tRNAs beim Zusammensetzen der Proteine aufzuklären, die Sequenz der Alanin-Transfer-RNA (tRNA) aus der Hefe *Saccharomyces cerevisiae* mit ihren 77 Nucleotiden veröffentlichte.[3] Die RNA-Sequenzierung ebnete auch später den Weg: 1967 klärte Fred Sangers Arbeitsgruppe die Nucleotidsequenz der ribosomalen 5S-RNA aus *E. coli* auf, einer kleinen RNA von 120 Nucleotiden.[4] Auch das erste ganze Genom, das man entschlüsseln konnte, bestand aus RNA: der Bakteriophage MS2 wurde 1976 im Labor von Walter Fiers an der Universität Gent in Belgien sequenziert. Fiers hatte Bakteriophagen (Viren, die Bakterien unter ihre Kontrolle bringen und sich in ihnen vermehren) zusammen mit Robert L. Sinsheimer am California Institute of Technology untersucht und später in Madison (Wisconsin) mit Har Gobind Khorana zusammengearbeitet.

Die DNA-Sequenzierungstechnik, die mir die Möglichkeit gab, die Sequenz des menschlichen Genoms zu ermitteln, entstand Mitte der 1970er Jahre. Damals entwickelte die Arbeitsgruppe von Fred Sanger in Cambridge neue DNA-Sequenzierungsverfahren: zuerst die »Plus-Minus-Technik«, danach ein Verfahren, das Sanger selbst als Didesoxymethode bezeichnete; heute sprechen wir ihm zu Ehren von der Sanger-Methode. Bei der Sanger-Sequenzierung hindern Didesoxynucleotide, auch Terminatornucleotide genannt, die RNA-Polymerase am Einbau weiterer Nucleotide in die wachsende DNA-Kette; den Didesoxynucleotiden fehlt eine Hydroxyl-(OH-)Gruppe, so dass an sie kein weiteres Nucleotid mehr angeheftet werden kann, nachdem sie an die DNA-Kette angekoppelt wurden. Bindet man zur Markierung der Fragmente jeweils eine radioaktive Phosphatgruppe an eines der Nucleotide, kann man die Reihenfolge der As, Ts, Cs und Gs ablesen; dazu braucht man nur noch mit dem Gel, in dem man die Basen getrennt hat, einen Röntgenfilm zu belichten.

Mit dem neuen Sequenzierungsverfahren klärte Sangers Team erstmals die Sequenz eines Virus mit DNA-Genom auf; sie gehörte zu dem Bakteriophagen Phi X 174 und wurde 1977 in *Nature* veröffentlicht.[5] Clyde Hutchison, der heute am Venter Institute arbeitet, war damals als Gastwissenschaftler in Sangers Labor tätig (eigentlich hatte er seit 1968 eine Stelle an der University of North Carolina) und wirkte dort an der Sequenzierung von Phi X 174 mit. Sinsheimer hatte die Größe des Phi-X-174-Genoms schon in den 1950er Jahren mit Lichtbrechungsexperimenten auf rund 5400 Basen geschätzt und wurde bestätigt, als Sanger die genaue Zahl mit 5386 ermittelte.[6]

Zwei Jahre bevor Sangers Artikel erschien, hatte ich an der University of California in San Diego (UCSD) promoviert; danach war ich an die State University of New York in Buffalo gegangen und hatte meine eigenständige Laufbahn in Forschung und Lehre begonnen. Die Sanger-Veröffentlichung verpasste ich zunächst, weil der Artikel während des tödlichen Schneesturmes von 1977 erschien und weil zwei Wochen danach mein Sohn geboren wurde.[7] Mein Labor arbeitete damals an der Isolierung und Charakterisierung der Neurotransmitterrezeptoren – diese Proteine sind an den Stellen tätig, an denen Signale zwischen den Nervenzellen weitergegeben werden.

In den zehn Jahren nach der Entschlüsselung des Phi-X-174-Genoms machte die DNA-Sequenzierung allmählich Fortschritte. Die Sanger-Sequenzierung wurde weltweit zur Standardmethode, aber sie war ein langsames, mühsames Verfahren und erforderte beträchtliche Mengen von radioaktivem Phosphor, der nur eine Halbwertszeit von wenigen Wochen hat. Außerdem war das Ablesen der Sequenzgele mehr Kunst als Wissenschaft. In seinem zweiten Nobelpreisvortrag schilderte Sanger die mühsame Arbeit der DNA-Sequenzierung und schloss mit den Worten: »Offensichtlich war eine neue Methode zur Sequenzierung genetischen Materials wünschenswert.«[8]

Ich selbst war 1984 mit meiner Arbeitsgruppe an die National Institutes of Health umgezogen, und mit Hilfe einiger guter molekularbiologischer Kochbücher sowie durch meine Beziehungen zu Marshall Nirenberg und seinem Labor, das im Gebäude 36 eine Etage unter uns lag, brachten wir uns selbst molekularbiologische Methoden bei. In meinem ersten Jahr an den NIH sequenzierten wir mit der radioaktiven Sanger-Methode nur ein einziges Gen, nämlich das für den Adrenalinrezeptor aus dem menschlichen Gehirn,[9] aber schon das dauerte weit mehr als ein halbes Jahr. Wie Sanger war ich überzeugt, dass es eine bessere Methode geben musste.

Und dieses Mal passte ich glücklicherweise besser auf: Leroy Hood und sein Team vom California Institute of Technology beschrieben in einem wichtigen Artikel, wie sie die vier radioaktiven Phosphatgruppen an den Terminatorbasen der DNA durch vier verschiedene fluoreszierende Farbstoffe ersetzt hatten, die man mit einem Laserstrahl aktivieren und dann mit dem Computer ablesen konnte.[10] Die ersten automatischen DNA-Sequenziermaschinen der neuen Firma Applied Biosystems erhielt ich gerade zu einer Zeit, als die ersten ernsthaften Diskussionen um den kühnen Vorschlag geführt wurden, das gesamte Genom des Menschen zu sequenzieren.

Mit der neuen DNA-Sequenzierungstechnologie in Verbindung mit Computeranalysen sequenzierten wir in meinem Labor sehr schnell Tausende von menschlichen Genen. Im Mittelpunkt der neuen Methode, die ich zu diesem Zweck entwickelt hatte, standen relativ kurze Sequenzen, die meine Arbeitsgruppe auf den Namen *expressed sequence tags* (»exprimierte Sequenzanhängsel«, ESTs) getauft hatte.[11] Bei dieser Methode sequenzierte man das exprimierte genetische Material, das heißt die Messenger-RNA, die man zuvor in komplementäre DNA umgeschrieben hat. Mit der EST-Methode gelang uns die Entdeckung mehrerer tausend menschlicher Gene, mein Verfahren wurde aber nicht überall sofort anerkannt: Viele sahen darin eine Bedrohung für den traditionellen Weg der Genforschung, denn wir konnten jeden Tag mehr neue Gene entdecken als die gesamte Wissenschaftlergemeinde während der vorangegangenen zehn Jahre. Die Lage wurde auch dadurch nicht besser, dass die US-Regierung sich entschied, auf alle von meinem Team identifizierten Gene Patente anzumelden. Unsere Entdeckungen provozierten also Angriffe und Kontroversen, sie führten aber auch zu einigen reizvollen Angeboten, darunter dem, mein eigenes Institut für Grundlagenforschung zu gründen; 1992 nahm ich es an. Ich gab ihm den Namen The Institute for Genomic Research (TIGR), und dort, in Rockville in Maryland, bauten wir mit den neuesten Modellen der automatischen Sequenzierungs-maschinen die größte DNA-Sequenzierungsfabrik der Welt auf.

Die Geschichte der Genomforschung änderte ihren Ver-lauf 1993 nach einer Zufallsbegegnung auf einer wissen-schaftlichen Tagung im spanischen Bilbao, auf der ich unsere schnellen Fortschritte bei der Entdeckung von Genen skiz-ziert hatte. Viele Zuhörer waren offensichtlich erschrocken über die umfangreichen Befunde, die wir mit unserem EST-Verfahren erzielt hatten, und auch über den Inhalt unserer Entdeckungen – insbesondere im Hinblick auf Gene, die für den nichtpolypösen Dickdarmkrebs verantwortlich sind und die wir in Zusammenarbeit mit Bert Vogelstein vom Johns Hopkins Kimmel Cancer Center in Baltimore entdeckt hat-ten. Nachdem sich die vielen Menschen, die mir unmittel-bare Fragen stellen wollten, zerstreut hatten, sprach mich ein großer, freundlich aussehender Mann mit silbernen Haaren und Brille an. »Ich hatte gedacht, Sie würden Hörner tragen«, sagte er in Anspielung auf die Pressemeldungen, in denen ich häufig geradezu als Satan dargestellt wurde. Er stellte sich als Hamilton Smith von der Johns Hopkins University vor. Den Namen kannte ich bereits: Ham genoss auf dem Fachgebiet ein ungeheures Ansehen und hatte einen Nobelpreis. Ich mochte ihn sofort – er hatte sich offensichtlich entschlossen, sich eine eigene Meinung über mich und meine wissenschaft-lichen Methoden zu bilden und sich von anderen keine Vor-schriften machen zu lassen.[12]

Ham hatte damals bereits eine lange, fruchtbare Laufbahn hinter sich und dachte mit seinen 62 Jahren daran, sich zur Ruhe zu setzen. Als wir uns nach meinem Vortrag an der Bar und später beim Abendessen unterhielten, machte er einen interessanten Vorschlag: Sein Lieblingsbakterium *Haemo-philus influenzae*, aus dem er die ersten Restriktionsenzyme isoliert hatte, war nach seiner Ansicht ein idealer Kandidat für eine Genomsequenzierung mit meinem Verfahren.

Unser erstes gemeinsames Projekt kam nur langsam in Gang: Wie Ham mir erklärte, gab es Probleme bei der Herstellung der Klonbibliotheken mit den Genomfragmenten von *H. influenzae*. Erst Jahre später eröffnete er mir, dass seine Kollegen an der Johns Hopkins University von unserem Projekt alles andere als begeistert waren: Sie beäugten mich wegen der Aufregung um die EST-Methode mit Misstrauen und befürchteten, die Zusammenarbeit mit mir werde seinen Ruf ruinieren. Obwohl viele von ihnen sich während ihrer Berufslaufbahn mit *H. influenzae* beschäftigt hatten, war ihnen nicht sofort klar, welchen Wert es haben solle, die Sequenz des gesamten Genoms aufzuklären. Am Ende war Ham gezwungen, seine eigene Arbeitsgruppe zu übergehen, wie auch ich es Jahre zuvor bei meiner Arbeit mit den ESTs getan hatte.[13]

Ham arbeitete nun am TIGR mit mir zusammen. Das Gemeinschaftsprojekt, an dem der größte Teil meines Wissenschaftlerteams beteiligt war, begann 1994. Anders als Sangers Arbeitsgruppe es Jahre zuvor mit Phi X 174 getan hatte, sequenzierten wir einzelne, isolierte Restriktionsfragmente und verließen uns dabei völlig auf den Zufall. Wir zerstückelten das Genom zu Fragmenten, die eine gemischte Bibliothek bildeten, und wählten daraus nach dem Zufallsprinzip 25 000 Stücke aus, aus denen wir jeweils Sequenzabschnitte von ungefähr 500 Buchstaben ablesen konnten. Mit einem neuen, von Granger Sutton entwickelten Algorithmus machten wir uns an die Lösung der damals schwierigsten biologischen Aufgabe: das Zusammensetzen der Stücke zum ursprünglichen Genom. Im Laufe dieser Tätigkeit entwickelten wir eine ganze Reihe neuer Methoden. Jedes einzelne Basenpaar des Genoms wurde exakt sequenziert, und die 25 000 Fragmente wurden präzise zusammengesetzt. Das Ergebnis waren 1,8 Millionen Basenpaare des Genoms, die in der richtigen Reihenfolge im Computer gespeichert waren.

Im nächsten Schritt mussten wir das Genom interpretieren und die darin enthaltenen Gene identifizieren. Da ich als Erster die vollständige Genausstattung eines sich selbst verdoppelnden Lebewesens untersuchen konnte, wollte ich mehr tun, als nur einfach über die Sequenz zu berichten. Die Arbeitsgruppe verwendete viel Zeit auf die Beantwortung der Frage, was ein Gen über das Leben des Organismus aussagt. Was *bedeutet* die Software, die Strukturen und Funktionen programmiert? Unsere Befunde schrieben wir in einen Fachartikel, der von der Zeitschrift *Science* sehr schnell zur Veröffentlichung angenommen wurde und im Juni 1995 erscheinen sollte. Aber schon Wochen zuvor kursierten Gerüchte über unseren Erfolg. Deshalb wurde ich eingeladen, auf der Jahrestagung der American Society of Microbiology am 24. Mai 1995 in Washington die President's Lecture zu halten; ich sagte unter der Voraussetzung zu, dass Ham mit mir auf dem Podium stehen würde. Unter welchem Druck wir standen, wurde mir klar, als der Präsident der Gesellschaft, David Schlessinger von der Washington University in St. Louis, ein »historisches Ereignis« ankündigte.

Mit *Haemophilus influenzae* hatten wir die biologische Doppelhelix in die digitale Welt der Computer übertragen, aber damit begann der Spaß gerade erst. Anhand des Genoms hatten wir die biologischen Eigenschaften des Bakteriums untersucht, und wir waren der Frage nachgegangen, wie es Gehirnhautentzündung und andere Infektionskrankheiten verursacht. Zur Bestätigung der Methode hatten wir aber in Wirklichkeit bereits ein zweites Genom sequenziert: Es gehörte zu *Mycoplasma genitalium*, dem kleinsten bekannten Bakterium überhaupt. Als ich meinen Vortrag beendet hatte, standen die Zuhörer ausnahmslos auf und spendeten mir langen, ehrlichen Beifall. Eine so starke, spontane Reaktion hatte ich auf einer wissenschaftlichen Tagung noch nie erlebt.[14]

Es war ein sehr angenehmer Augenblick. Mein Team hatte als Erstes die genetische Information eines Lebewesens sequenziert; genauso bedeutsam war aber auch die Tatsache, dass wir zu diesem Zweck eine neue Methode entwickelt hatten, die wir als »Ganzgenom-Schrotschusssequenzierung« bezeichneten. Unsere Errungenschaft wurde zum Beginn einer neuen Ära, in der man die DNA von Lebewesen routinemäßig ablesen und dann analysieren, vergleichen und verstehen konnte.

Nachdem wir mit dem Genom von *Haemophilus influenzae* fertig waren, wollte ich das genetische Material eines zweiten Organismus sequenzieren; dann konnten wir die beiden Genome vergleichen und neue Erkenntnisse darüber gewinnen, welche Grundausstattung mit Genen für das Leben notwendig ist. Clyde Hutchison von der University of North Carolina in Chapel Hill hatte zu jener Zeit einen attraktiven Kandidaten mit dem kleinsten bekannten Genom vorgeschlagen: die Bakterienart *Mycoplasma genitalium* mit ihren knapp 500 Genen. Da die Spezies zu einer anderen Bakteriengruppe gehörte, sah es so aus, als könnten wir mit diesem Genom unsere Untersuchungen an *H. influenzae* ergänzen. Mit dem Verfahren der Gramfärbung, das nach seinem Erfinder Christian Gram (1853–1938) benannt ist, kann man alle Bakterienarten je nachdem, wie sie auf einen Farbstoff reagieren, in zwei Gruppen einteilen: Grampositive Arten (beispielsweise *Bacillus subtilis*) nehmen eine violettblaue Färbung an, gramnegative (darunter auch *H. influenzae*) sehen anschließend rosarot aus. *M. genitalium* stammt nach heutiger Kenntnis evolutionär von einer *Bacillus*-Art ab und wird deshalb den grampositiven Bakterien zugerechnet.

Für die Sequenzierung des vollständigen Genoms brauchten wir nur drei Monate, und 1995 veröffentlichten wir die Sequenz der 580000 Basen des Genoms von *Mycoplasma genitalium* in *Science*.[15] Unsere Leistung wurde langfristig zur Grundlage für die Bestrebungen zur Schaffung einer synthetischen Zelle, sie hatte aber auch unmittelbare Auswirkungen. In ihrem Gefolge konnten wir ein neues Fachgebiet begründen, die vergleichende Genomforschung. Durch den Vergleich der beiden ersten jemals sequenzierten Genome konnten wir nach gemeinsamen Elementen suchen, die bei sich selbst verdoppelnden Lebensformen vorhanden sein müssen. Die vergleichende Genomforschung nutzt einen der spannendsten biologischen Befunde aus: Wenn die Evolution eine Proteinstruktur hervorgebracht hat, die eine wichtige biologische Funktion erfüllt, wird diese gleiche Struktur/Sequenz immer und immer wieder verwendet.

So bestimmen beispielsweise bei Hefe und in unseren eigenen Zellen ganz ähnliche Gene über den grundlegenden Prozess der Zellteilung.[16] Da man das Gen, das bei dem Bakterium *E. coli* die DNA-Polymerase codiert, bereits identifiziert, sequenziert und in seiner Funktion charakterisiert hatte, konnte unsere Arbeitsgruppe anhand dieser Informationen in den mutmaßlichen Genen von *H. influenzae* nach ähnlichen Sequenzen suchen. Stimmte eine dieser Sequenzen relativ gut mit der des Gens für die DNA-Polymerase aus *E. coli* überein, konnten wir daraus den Schluss ziehen, dass das Gen von *H. influenzae* ebenfalls eine DNA-Polymerase codiert. Problematisch war dabei nur, dass die Gen-Datenbanken 1995 noch sehr spärlich bestückt waren; es gab also nicht viel, womit wir unser Genom hätten vergleichen können. Entsprechend fanden wir in den Datenbanken zu fast 40 Prozent unserer mutmaßlichen Gene keine Entsprechungen.

In unserem *Science*-Artikel über *M. genitalium* beschrieben wir, wie wir anhand der Erkenntnisse über beide sequenzierten Genome grundlegende Fragen nach dem Rezept des Lebendigen stellten: Wo lagen die entscheidenden *Unterschiede* in der Genausstattung der beiden Arten? *H. influenzae* besitzt rund 1740 Proteine, von denen jedes von einem ganz bestimmten Gen codiert wird; weitere 80 Gene codieren RNAs. Bei *M. genitalium* gibt es nur 482 proteincodierende Gene und 42 RNA-Gene. Das Genom von *M. genitalium* ist unter anderem deshalb kleiner, weil ihm sämtliche Gene zur Herstellung eigener Aminosäuren fehlen – diese kann es von seinem Wirt, dem Menschen, aufnehmen. Wie für *M. genitalium*, so gibt es auch für uns »essentielle Aminosäuren« wie Valin und Tryptophan, die unsere Zellen nicht selbst herstellen können, sondern mit der Nahrung aufnehmen müssen.

Vielleicht noch interessanter ist die Frage, welche Gene diese ganz unterschiedlichen Mikroorganismen *gemeinsam* haben. Findet man die gleichen Gene bei vielen verschiedenen Arten von Lebewesen, erlangen sie eine viel größere Bedeutung. Gemeinsame Gene lassen auf einen gemeinsamen Vorfahren schließen und könnten für den Lebensprozess als solchen von zentraler Bedeutung sein. In einem wichtigen Abschnitt unseres Artikels von 1995 steht: »Ein Überblick über die Gene und ihre Organisation bei *M. genitalium* erlaubt die Beschreibung einer Mindestausstattung mit Genen, die für das Überleben notwendig sind.«

Nun dachten wir verstärkt über die Grundausstattung des Lebendigen mit Genen nach. Wie viele Gene sind mindestens erforderlich, damit eine Zelle überleben und gedeihen kann? Wir hofften, dass die gemeinsamen Gene dieser Bakterien aus zwei verschiedenen Gruppen uns eine Vorstellung von der unentbehrlichen Genausstattung verschaffen würden.

Der schlechte Zustand unserer biologischen Kenntnisse im Jahr 1995 spiegelte sich unter anderem darin wider, dass wir keine Ahnung hatten, welche Funktion 736 Gene oder 43 Prozent der Gesamtzahl bei *H. influenzae* und 152 Gene oder 32 Prozent der Gene von *M. genitalium* erfüllen. Als die Artikel geschrieben wurden, diskutierten wir häufig über das Leben und über die Frage, ob *M. genitalium* tatsächlich eine Minimalausstattung mit Genen repräsentiert. Am Ende des Artikels über *M. genitalium* spielten wir auf diese Überlegungen an: »Der Vergleich [neu sequenzierter Genome] mit der Genomsequenz von *M. genitalium* sollte eine genauere Definition der grundlegenden Ausstattung eines sich selbst verdoppelnden Organismus ermöglichen und uns umfassendere Kenntnisse über die Vielfalt des Lebendigen verschaf-

fen.« Mit unseren Befunden über die beiden ersten veröffentlichten Genome arbeiteten nun auch andere Arbeitsgruppen.
Eugene Koonin von den NIH pries diese Entwicklung als Beginn einer neuen Ära in der Genomforschung und gelangte auf der Grundlage einer Computerstudie zu dem Schluss,
es gebe bei Mikroben nur eine sehr geringe Genvielfalt; als
Basis diente ihm dabei die Ähnlichkeit zwischen den Genaus-
stattungen des gramnegativen *H. influenzae* und des grampositiven *M. genitalium*.[17] Mit unserem nächsten Genompro-
jekt jedoch sollten sich die Vorstellungen von der Vielfalt der
Gene mit einem Schlag verändern.

Für die Analyse unseres dritten Genoms suchten wir uns
1996 mit Absicht eine ungewöhnliche Spezies aus: *Methanococcus jannaschii*. Dieser Einzeller lebt in einer ganz besonderen Umwelt: an hydrothermalen Schloten, an denen hei-
ßes, mineralreiches Wasser aus dem Tiefseeboden quillt. In
diesem höllischen Umfeld überstehen die Zellen einen Druck
von mehr als 245 Atmosphären – was einer Kraft von rund
670 Kilogramm je Quadratzentimeter entspricht – und Temperaturen von etwa 85 Grad. Schon das ist bemerkenswert:
Die meisten Proteine denaturieren bei 50 bis 60 Grad – das ist
der Grund, warum Eiweiß beim Kochen undurchsichtig wird.
Im Gegensatz zu den Lebensformen an der Erdoberfläche, die
auf das Sonnenlicht angewiesen sind, ist *Methanococcus* ein
chemoautotropher Organismus, das heißt, er stellt alles, was
er zum Leben braucht, selbst aus anorganischen Substanzen
her. Der Kohlenstoff aller Proteine und Lipide in einer *Methanococcus*-Zelle stammt aus dem Kohlendioxid, und auch
ihren Energiebedarf deckt sie durch Umwandlung von Kohlendioxid in Methan. Damit gehört *Methanococcus* zu dem
neudefinierten dritten Zweig der Lebewesen, den Archaea,
die Carl Woese von der University of Illinois in Urbana 1977
entdeckte.[18] *Methanococcus* suchten wir in Zusammenarbeit
mit Woese als ersten Vertreter der Archaea aus, dessen Genom sequenziert und analysiert werden sollte.

Die Sequenz enttäuschte uns nicht. Das Genom von *Methanococcus*[19] erweiterte unseren Blick auf die Biologie und den Genbestand auf unserem Planeten. Fast 60 Prozent der Gene von *Methanococcus* waren für die Wissenschaft neu und erfüllten unbekannte Funktionen; nur 44 Prozent erinnerten an irgendwelche Sequenzen, die man zuvor bereits charakterisiert hatte. Manche *Methanococcus*-Gene, darunter die für den grundlegenden Energiehaushalt, ähnelten solchen aus dem Reich der Bakterien. In krassem Gegensatz dazu standen aber viele andere, darunter solche, die mit der Informationsverarbeitung sowie mit der Verdoppelung von Genen und Chromosomen in Verbindung stehen: Hier fanden wir die stärkste Übereinstimmung mit Genen von Eukaryonten, darunter Menschen und Hefe. Über unsere Genomanalyse wurde auf den Titelseiten aller großen US-amerikanischen Zeitungen berichtet, und auch in anderen Teilen der Welt machte sie Schlagzeilen: *The Economist* sah darin »Heißen Stoff«, *Popular Mechanics* glaubte »außerirdisches Leben auf der Erde« zu erkennen; dem gleichen Thema widmeten sich auch die *San Jose Mercury News* unter der Überschrift »Wie aus der Science-Fiction«.[20] Neuere Untersuchungen legen die Vermutung nahe, dass die Eukaryonten ein Zweig der Archaea sind, womit wir wieder bei zwei großen Zweigen des Lebendigen wären.[21]

Im gleichen Jahr 1996 machte auch die NASA auf der ganzen Welt Schlagzeilen mit der Veröffentlichung von Beobachtungen, die manche Fachleute für Spuren mikrobiologischer Lebensformen auf dem Mars hielten. Everett Gibson von der Behörde und seine Kollegen gaben bekannt, sie hätten in einem Meteoriten namens ALH84001 ein Fossil mit einem Durchmesser von nur einem Nanometer gefunden. Das war ein sensationeller Befund, denn ALH84001 war aus der Oberfläche des Roten Planeten herausgesprengt worden und vor ungefähr 13 000 Jahren auf die Erde gestürzt.

Die Berichte über mikroskopisch kleine Marsbewohner in

Verbindung mit faszinierenden Bildern von winzigen Blasen und winzig kleinen Würstchen gaben den Anlass zu weiteren Diskussionen über die Frage, was ein Minimalgenom ausmacht. Mit einer einfachen Berechnung überschlugen wir das Volumen des angeblichen »Nanobakteriums«: Wie sich herausstellte, war es so klein, dass es vermutlich weder DNA- noch RNA-Moleküle enthalten konnte. Heute ist klar, dass die in ALH84001 gefundenen Strukturen nicht von Lebewesen stammen: Auch Kristallwachstumsmechanismen können zur Ablagerung von Gebilden führen, die primitiven Zellen ähneln.[22]

Im Laufe der nächsten Jahre sequenzierte meine Arbeitsgruppe die Genome einer großen Zahl ungewöhnlicher biologischer Arten; in einem Fall ging die Anregung dabei auf die Pionierarbeiten von Barry Marshall in Australien zurück. Er und der Pathologe Robin Warren waren überzeugt, dass spiralförmige Bakterien, die später auf den Namen *Helicobacter pylori* getauft wurden, die Ursache von Magengeschwüren sind. Ich war beeindruckt davon, wie hartnäckig Marshall geblieben war, obwohl seine Arbeiten von anderen ständig in Frage gestellt wurden. Die Kollegen mochten einfach nicht glauben, dass nicht Stress, sondern Bakterien die Ursache von Magengeschwüren sein könnten. Im Jahr 1984 hatte Marshall seine Überzeugung mit einem mutigen Experiment unter Beweis gestellt: Er schluckte eine Bakterienlösung. Wenig später wurde ihm übel, und er bekam eine Magenentzündung. Am Ende zahlte sich seine Hartnäckigkeit aus. Wegen seiner Forschungsarbeiten mussten nun Millionen von Patienten keine säurereduzierenden Medikamente mehr einnehmen, sondern man konnte sie mit Antibiotika behandeln, was gleichzeitig auch das Magenkrebsrisiko verringerte. Wir veröffentlichten 1997 die Sequenz des Genoms von *Helicobakter pylori*,[23] und Marshall bekam 2005 den Nobelpreis für Medizin.[24]

Da es einzellige Lebensformen schon seit nahezu vier Milliarden Jahren gibt, haben sie sich vielgestaltig auseinanderentwickelt und ein breites Spektrum verschiedener Umgebungen besetzt, von den eisigen Wüsten der Antarktis bis zu heißen Säurequellen. Die Fähigkeit, auch unter Extrembedingungen zu leben, hat den Organismen, die unter außergewöhnlichen Bedingungen zurechtkommen, den Namen »Extremophile« eingetragen. Durch die Untersuchung von Organismen, die wie der von uns bereits analysierte *Methanococcus* am Limit leben, wollten wir aus der vergleichenden Genomforschung möglichst großen Nutzen ziehen. Der nächste Extremophile, dessen Genom wir sequenzierten, war *Archaeoglobus*, ein Einzeller, der in Öllagerstätten und heißen Quellen zu Hause ist. Dieser Organismus nutzt Sulfat als Energiequelle, kann sich aber von nahezu allem ernähren.[25] Bei der ersten Analyse der mehr als 2 Millionen Buchstaben seines Genoms stellte sich heraus, dass ein Viertel seiner Gene unbekannte Funktionen erfüllte (wobei er zwei Drittel dieser rätselhaften Gene mit *M. jannaschii* gemeinsam hatte); ein weiteres Viertel codiert ganz neue Proteine.

Unsere Sequenzierung der ersten beiden Bakteriengenome und des ersten Genoms aus dem Reich der Archaea sowie die Veröffentlichung des Hefegenoms[26] durch ein großes Konsortium mehrerer Institute verschafften der Welt erstmals einen Blick auf Genome aus allen drei Zweigen der Lebewesen. Was verrieten uns diese Daten über das Grundrezept des Lebendigen? Unsere Bestrebungen, die unentbehrlichen Gene des Lebens zu identifizieren, führten uns auf mehrere experimentelle Wege. Von Anfang an hatten wir vorgehabt, uns dem Ziel, eine sich selbst verdoppelnde Minimal-Lebensform zu definieren, von mehreren Seiten zu nähern. Die Lösung lag zwar letztlich in der Synthese des Genoms, wir brauchten aber über die Lebensgrundlagen von Zellen noch zahlreiche Informationen, die in der wissenschaftlichen Literatur nicht vorhanden waren.

Die naheliegendste Methode bestand darin, Gene im Genom von *M. genitalium* zu inaktivieren und auf diese Weise herauszufinden, welche von ihnen unentbehrlich sind: Wenn man ein Gen beseitigt oder seiner Funktion beraubt und der Organismus dennoch weiterlebt, kann man davon ausgehen, dass dieses Gen keine unentbehrliche Aufgabe erfüllt; stirbt der Organismus ab, war das Gen eindeutig lebenswichtig. Diese einfache Idee hatte man schon früher bei einem ganzen Spektrum biologischer Arten mit Erfolg angewandt. Mario Capecchi von der University of Utah, Oliver Smithies von der University of North Carolina in Chapel Hill und Martin Evans von der Universität im britischen Cardiff teilten sich 2007 den Nobelpreis, weil sie in den 1980er Jahren mit der gleichen Methode sogenannte Knockout-Mäuse erzeugt hatten, in denen ein Gen oder auch mehrere gezielt abgeschaltet waren.

Ein anderes Thema waren die praktischen Hindernisse, die der Anwendung dieser Methode auf *M. genitalium* im Weg standen. Bei einer Spezies wie der Hefe ist die Ausschaltung von Genen dank verschiedener genetischer Hilfsmittel, die für diese Art zur Verfügung stehen, relativ einfach. Für Mycoplasmen gab es solche Hilfsmittel nicht, und ebenso wenig verfügten wir über Mittel, um nacheinander mehrere Gene zu verändern.

Zu den grundlegenden Methoden der Molekularbiologie gehört die Antibiotikaselektion. Mit ihr werden Zellen selektiert, in denen man Gene verändert hat: Dazu tötet man alle nicht veränderten Zellen mit einem Antibiotikum ab. Die abgewandelten Zellen überleben, weil die DNA-Plasmide, mit denen man die neuen Gene einschleust, außerdem auch Gene für Enzyme enthalten, die gegen das Antibiotikum resistent machen. Das Verfahren bildet zwar die Grundlage für die meisten molekularbiologischen Experimente, leider stehen aber nur wenige Antibiotika-Selektionssysteme zur Verfügung, so dass die Zahl der Genveränderungen, die man nacheinander einführen kann, sehr begrenzt ist.

Zur Lösung eines dieser Probleme entwickelte Clyde

Hutchison ein besonderes Verfahren, das wir als »Ganz-genom-Transposon-Mutagenese« bezeichneten: Ein kleines, als Transposon bezeichnetes DNA-Stück unterbricht ein Gen, so dass wir erkennen können, ob dieses Gen unentbehrlich ist. Transposons sind relativ kurze DNA-Sequenzen; sie enthalten die notwendigen genetischen Elemente, mit denen sie sich selbst entweder in ganz bestimmte andere Sequenzen oder an zufällige Stellen im Genom einbauen können. Im Rahmen von Arbeiten, die ihr 1983 den Nobelpreis einbrachten, hatte die Amerikanerin Barbara McClintock die transponierbaren Elemente beim Mais entdeckt, wo sie das Farbmuster der Maiskörner verändern.[27] Man kann sich die Transposons als virusähnliche egoistische Gene vorstellen, die ein Genom »infizieren«. Wie sich mittlerweile herausgestellt hat, machen solche DNA-Parasiten einen beträchtlichen Anteil unseres Genoms aus. Von Bedeutung sind sie nicht zuletzt deshalb, weil sie genetisch bedingte Erkrankungen verursachen können, wenn sie sich in ein wichtiges Gen einbauen und seine Funktion beeinträchtigen.

Wir entschieden uns für ein Transposon namens Tn4001, das wir aus *Staphylococcus aureus* isoliert hatten. Es baute sich nach dem Zufallsprinzip ins Genom von *M. genitalium* ein und störte dort die Genfunktionen. Die Zellen, die einen solchen Einbau überlebten, ließen wir heranwachsen; dann isolierten und sequenzierten wir ihre DNA, wobei wir von einem Sequenz-Primer ausgingen, der ausschließlich an das Transposon ankoppelt; auf diese Weise konnten wir genau feststellen, an welcher Stelle des Genoms das Transposon gelandet war. Wenn Tn4001 sich in der Mitte eines Gens befand und die Zellen dennoch überlebten, stuften wir dieses Gen als nicht lebensnotwendig ein.

Nachdem wir das Genom mit Transposons bombardiert hatten, definierten wir alle Gene, die in lebenden Zellen kein eingebautes Transposon enthielten, als unentbehrlich. Als wir die Daten ausgewertet hatten, wurde uns klar, dass dieses System einer absoluten Einstufung naiv war; Gene und Genome wirken im Zusammenhang, und Gene allein können das Leben nicht definieren. Da alle Zellen wichtige Nährstoffe und andere Substanzen aus ihrer Umwelt beziehen, verändert sich bei einer äußeren Veränderung auch das Spektrum der Gene, die zum Leben gebraucht werden.

Für den Transport wichtiger Nährstoffe aus der Umwelt in die Zellen sorgen Membrantransportproteine. *M. genitalium* kann beispielsweise mit zwei Zuckerverbindungen – Glucose und Fructose – eigenständig wachsen; für jeden der beiden Zucker gibt es spezifische Transporterproteine, die von unterschiedlichen Genen codiert werden. In unseren Transposon-Einbaustudien fanden sich beide Gene in der nicht lebenswichtigen Gruppe wieder, was uns anfangs überraschte, weil sie für die Ernährung des Organismus eine zentrale Rolle spielen. Dann jedoch wurde uns klar, dass das Nährmedium, in dem wir die *M.-genitalium*-Zellen züchteten, sowohl Glucose als auch Fructose enthielt; wenn also das Gen für einen der beiden Transporter ausgeschaltet war, schaltete die Zelle einfach auf die Ernährung mit dem anderen Zucker um. Ließen wir die Zellen dagegen mit nur einem Zucker wachsen, starben sie ab, sobald der zugehörige Transporter inaktiviert wurde. Bei manchen Funktionen, so beim Zuckerstoffwechsel, sind die »konditional essentiellen Gene« ohne weiteres zu erkennen; handelt es sich aber um unbekannte Zellfunktionen und Gene, gibt es keinen naheliegenden Weg, auf dem man sich vergewissern könnte, ob es für das beeinträchtigte Gen einen Ersatz gibt.

Besonders deutlich wurde uns diese Tatsache, als wir die Untersuchungen auf *Mycoplasma pneumonia* erweiterten, den engsten bekannten Verwandten von *M. genitalium*. Das Genom von *M. pneumonia* ist mit 816 000 Basenpaaren rund 236 000 Basenpaare länger als das von *M. genitalium*. Auch hier wollten wir mit einer Kombination aus Transposon-Einbaustudien und vergleichender Genomik herausfinden, welche Mindestzahl von Genen für das Leben notwendig ist. Zum Genom von *Mycoplasma pneumonia* gehören Gene, die in der Evolution mit praktisch jedem der 480 proteincodierenden Gene von *M. genitalium* einen gemeinsamen Vorfahren (orthologes Gen) haben; außerdem enthält es weitere 197 Gene. Damit erhob sich eine faszinierende Frage: War es denkbar, dass die 480 Gene, die beiden Arten gemeinsam sind, bereits eine Minimal-Genausstattung darstellen? Ursprünglich waren wir davon ausgegangen, dass die 197 zusätzlichen Gene im Genom von *M. pneumonia* sich ausnahmslos durch den Einbau von Transposons inaktivieren lassen, denn schon die Tatsache, dass es *M. genitalium* gibt, legt ja den Schluss nahe, dass sie für das Leben nicht unentbehrlich sind. Die Ergebnisse waren aber weder befriedigend noch aufschlussreich; wir fanden bei *M. pneumonia* 179 Gene, die durch eingebaute Transposons unterbrochen waren, aber nur 140 davon gehörten zu den 197 zusätzlich vorhandenen Genen.

Insgesamt schätzten wir aufgrund unserer Studien, dass 180 bis 215 Gene von *M. genitalium* nicht lebenswichtig sind und dass die Zahl der unentbehrlichen Gene zwischen 265 und 350 liegt. Bei 111 davon kennt man die Funktion nicht. Damit hatten wir sicher nicht die präzise Definition des Lebens, nach der wir gesucht hatten. Außerdem wurde bei der Auswertung der Daten immer deutlicher, dass Gene, die einzeln entbehrlich sind, unter Umständen nicht alle gemeinsam entfernt werden dürfen.

Angesichts der begrenzten molekularbiologischen Hilfsmittel und unserer begrenzten Befunde mit den Transposons gelangten wir zu dem Schluss, dass es nur einen Weg zu einem Minimalgenom gab: Wir mussten uns darum bemühen, das gesamte Bakteriengenom aus dem Nichts neu zu synthetisieren. Wir mussten chemisch das gesamte Chromosom aufbauen und dabei nur die lebensnotwendigen Gene hinzufügen. Das aber war eine gewaltige Herausforderung. Zwar schrieben Wissenschaftler schon seit fast einem halben

Jahrhundert kleine Abschnitte der genetischen Information, aber noch nie hatte jemand ein DNA-Konstrukt hergestellt, das auch nur ein Hundertstel der von uns benötigten Größe hatte.

Die Bemühungen zur chemischen Synthese von DNA reichen bis in die 1950er Jahre sowie zu den Erfolgen von Har Gobind Khorana und Marshall Nirenberg zurück, aber nennenswerte Fortschritte machte man erst in den 1980er Jahren, nachdem Marvin Caruthers von der University of Colorado in Boulder den automatischen DNA-Synthesizer erfunden hatte. Sein Gerät bezieht aus vier Flaschen die DNA-Basen A, T, C und G und fügt eine nach der anderen in einer vorgegebenen Reihenfolge zusammen. Auf diese Weise können DNA-Synthesizer kurze DNA-Abschnitte herstellen, die man als Oligonucleotide bezeichnet. Mit zunehmender Länge des Oligonucleotids gehen aber Ausbeute und Genauigkeit zurück. Um die Synthese von Oligonucleotiden und ihren Versand an Wissenschaftler hat sich eine ganze Branche entwickelt, denn synthetische DNA wird in der Molekularbiologie sowohl für die DNA-Sequenzierung als auch für die PCR (Polymerasekettenreaktion) gebraucht.

Die synthetischen Oligonucleotide kann man dann mit chemischen Methoden zu längeren DNA-Stücken verbinden. Als wir zum ersten Mal über die Synthese eines ganzen Genoms diskutierten, waren die längsten DNA-Moleküle, die man bis dahin vermessen hatte, nur wenige tausend Nucleotide lang. Um das Genom eines lebensfähigen Organismus aufzubauen, mussten wir fast 600 000 Basenpaare chemisch synthetisieren und zusammensetzen; wenn wir dieses Ziel erreichen wollten, mussten wir neue Methoden entwickeln, das war uns klar. Um herauszufinden, ob die Idee auch nur entfernt umzusetzen war, entschlossen wir uns, zuerst ein kleineres Pilotprojekt in Angriff zu nehmen. Wir wollten das Genom des Bakteriophagen Phi X 174 synthetisieren. Phi X 174 war nicht nur das erste DNA-Virus, das man sequenziert hatte, sondern eine andere Arbeitsgruppe hatte sogar schon drei Jahrzehnte zuvor einen bemerkenswerten, erfolgreichen Versuch unternommen, das einzelsträngige Genom enzymatisch zu kopieren.

5. DER SYNTHETISCHE PHI X 174

Es wird eine der wichtigsten Geschich-
ten sein, die Sie jemals gelesen haben,
die Ihr Papa jemals gelesen hat, oder die
Ihr Großpapa jemals gelesen hat ...
Diese Männer haben ein grundlegendes
Geheimnis des Lebens entschlüsselt. Es
ist eine atemberaubende Leistung. Sie
eröffnet einen breiten Weg zu neuen
Entdeckungen bei der Bekämpfung von
Krankheiten, beim Aufbau eines viel
gesünderen Lebens für alle Menschen.
Es könnte – das sagen diese großen
Genies aus den Labors – der erste
Schritt zur zukünftigen Kontrolle über
bestimmte Formen von Krebs sein.
Präsident Lyndon B. Johnson,
Dezember 1967[1]

Die meisten Menschen haben nie von Phi X 174 gehört, aber
dieser einfache Bakteriophage hat seinen Platz in der Geschichte bereits sicher. Er war das erste DNA-Virus, das man
sequenzierte, und das erste, dessen Genom künstlich kopiert
und aktiviert wurde. Phi X 174 wurde in den Abwasserkanä-
len von Paris entdeckt[2] und befällt *Escherichia coli*, ein Darm-
bakterium des Menschen. Man kann sich fragen, warum sich
so viel Aufmerksamkeit auf ein Virus konzentriert hat, das
so unspektakulär erscheint, aber der Grund ist einfach: Wenn

man es auf der molekularen Ebene untersucht, ist an dem Virus nicht viel dran.

Phi X 174 besteht aus einem ringförmigen Chromosom aus DNA, das insgesamt nur elf Gene enthält und in eine ikosaederförmige »Hülle« aus Proteinen verpackt ist, zu denen auch ein Dutzend fünfeckige »Spikes« gehören. Unter dem Elektronenmikroskop sieht der Phage so schön aus wie eine Blume, in Wirklichkeit ist er aber eine kalte, geometrische Form. Das Virus ist nicht lebendiger als ein Salzkristall. Sein Lebenszyklus – wenn man davon sprechen kann – läuft folgendermaßen ab: Der Phage schleust seine DNA durch die Spikes in eine Bakterienzelle ein und bringt ihren biochemischen Apparat unter seine Kontrolle, um viele neue Viren zu erzeugen. Die Nachkommen brechen dann aus der Zelle aus und können anschließend weitere E.-coli-Bakterien infizieren.

Schon in den 1960er Jahren, lange bevor die DNA-Sequenzierung entwickelt wurde und sogar bevor man überhaupt die Struktur des Phagengenoms kannte, hatte eine Arbeitsgruppe an der Stanford University unter Leitung des Biochemikers Arthur Kornberg das Virus nachgebaut. Der Schlüssel zu dieser Leistung lag in der von Kornberg entdeckten DNA-Polymerase, dem Hauptenzym der DNA-Verdoppelung. Mit Hilfe des neu entdeckten Enzyms kopierte Kornbergs Arbeitsgruppe DNA im Reagenzglas. Nach seinen Fachartikeln zu schließen, versuchte sein Team anfangs, ein Bakteriengenom zu kopieren, aber das gelang nicht, weil die Polymerase nicht in der Lage ist, das gesamte Genom, das aus mehreren Millionen DNA-Basen besteht, ununterbrochen abzulesen.

Nach diesem fehlgeschlagenen Experiment entschloss sich Kornberg zu dem gleichen Versuch, den auch meine Arbeitsgruppe 30 Jahre später unternahm: Er wählte für die Verdoppelung der DNA ein weniger ehrgeiziges Ziel, nämlich Phi X 174. Robert Sinsheimer, einer der ersten Pioniere der Gensynthese und -sequenzierung, hatte damals bereits einige wichtige Einzelheiten aus dem Lebenszyklus des Phagen entdeckt. Die DNA von Phi X 174 besteht aus einem einzelnen, ringförmigen Strang, aber wie Sinsheimer festgestellt hatte, wird dieser DNA-Ring unmittelbar nach der Infektion der Wirtszelle von den Enzymen des Bakteriums in die altbekannte, lineare Doppelhelix umgewandelt. Diese Entdeckung brachte Licht in ein Problem, auf das Kornberg bei seinen ersten Versuchen zur Herstellung einer Kopie des Virusgenoms gestoßen war: Die DNA-Polymerase konnte zwar das gesamte Genom von Phi X 174 (5386 Basenpaare) in linearer Form kopieren, sie erzeugte aber nicht die infektiöse Ringform. Wie man aus einem geraden Faden einen Ring macht, wissen wir alle, aber das Gleiche auf molekularer Ebene zu tun, war für die Wissenschaftler vor einem halben Jahrhundert alles andere als einfach.

Die Natur hatte das Kunststück natürlich vollbracht, und mehrere Wissenschaftlerteams, darunter auch das von Kornberg, suchten nach dem Bakterienenzym, das die Enden der gestreckten, doppelsträngigen DNA nach Art einer Schlange, die sich in den Schwanz beißt, zum Ring schließen konnte. Ihr Ende fand die Suche 1967: Damals entdeckten fünf Arbeitsgruppen die DNA-Ligase, ein Enzym, das DNA zum Ring schließen kann. Schon am Ende des gleichen Jahres hatte Kornberg mit dem neuentdeckten Enzym die Enden der Phi-X-174-DNA, die er mit der DNA-Polymerase kopiert hatte, verbunden. Die so verdoppelte DNA konnte nun Bakterien infizieren. Es war Kornberg also gelungen, das Genom von Phi X 174 zu kopieren und zum Ring zu schließen, mit der enzymatisch kopierten DNA *E.-coli*-Zellen zu infizieren und viele Kopien des Virus herzustellen.

In groben Umrissen wusste er zwar, dass er diese Leistung vollbracht hatte, aber wie das Genom von Phi X 174 im Hinblick auf seine DNA-Sequenz aussieht, war ihm nicht bekannt. Was er da »zum Leben erweckt« hatte, wurde Kornberg erst zehn Jahre später klar: 1977 setzte Fred Sangers

Arbeitsgruppe die DNA-Polymerase in ihrer neuen Sequenzierungsmethode ein, die sie auf das Phi-X-174-Genom anwandte. Dennoch waren Kornbergs Arbeiten eine Sensation. Am 14. Dezember 1967 veranstaltete die Stanford University für ihn eine Pressekonferenz, und zum gleichen Zeitpunkt erschien sein Artikel auch in der Fachzeitschrift *Proceedings of the National Academy of Sciences*. Im Vorfeld hatte man die Journalisten gebeten, seine Leistung nicht als »synthetisches Leben« zu bezeichnen, denn Viren sind keine Lebewesen; um sich zu vermehren, sind sie auf echte Lebewesen angewiesen. An die Anweisung hielt sich aber nicht jeder.

Am gleichen Tag sollte der US-Präsident Lyndon B. Johnson bei der Smithsonian Institution anlässlich des 200. Geburtstages der *Encyclopaedia Britannica* einen Vortrag halten,[3] und sein Redenschreiber hatte in Stanford wegen eines Absatzes über die DNA-Forschung angefragt. Dieser wurde auch zur Verfügung gestellt, aber kurz nachdem Johnson begonnen hatte, die vorbereitete Rede zu verlesen, legte er das Manuskript plötzlich beiseite; er konnte seine Aufregung nicht verbergen, als er seinem Publikum von den Neuigkeiten berichtete, die kurz danach Schlagzeilen machen sollten:

Es wird eine der wichtigsten Geschichten sein, die Sie jemals gelesen haben, die Ihr Papa jemals gelesen hat, oder die Ihr Großpapa jemals gelesen hat … Diese Männer haben ein grundlegendes Geheimnis des Lebens entschlüsselt. Es ist eine atemberaubende Leistung. Sie eröffnet einen breiten Weg zu neuen Entdeckungen bei der Bekämpfung von Krankheiten, beim Aufbau eines viel gesünderen Lebens für alle Menschen. Es könnte – das sagen diese großen Genies aus den Labors – der erste Schritt zur zukünftigen Kontrolle über bestimmte Formen von Krebs sein.

Der Präsident machte sich auch Gedanken darüber, ob eine Regierung »Leben verordnen« könne, wenn ein Staat über

Fähigkeiten verfüge, die man zuvor für die Domäne der Natur oder sogar eines Gottes gehalten hatte: »Dies wird eines der großen Probleme werden – und eine der großen Entscheidungen. Wenn man über manche Entscheidungen nachdenkt, die der derzeitige Präsident trifft – das ist Kindergarten im Vergleich zu den Entscheidungen, die ein zukünftiger Präsident wird treffen müssen.« Nach dieser Rede war es alles andere als verwunderlich, dass die Schlagzeilen rund um die Welt die Geburt der ersten synthetischen Lebensform verkündeten.[4]

Das Zitat über das »Geheimnis des Lebens« lernte ich Jahrzehnte später durch einen glücklichen Zufall kennen: Nachdem wir 2010 die Synthese der ersten Zelle bekanntgegeben hatten, gab ich dem Wissenschaftskorrespondenten Joe Palca von dem Rundfunksender National Public Radio ein Interview. (Als die Nachricht von der seit Generationen wichtigsten Geschichte, wie der Präsident sie nannte, erstmals verbreitet wurde, war sie an mir vorübergegangen, weil ich zu jener Zeit als Marinesoldat im vietnamesischen Da Nang im Einsatz war.) Die Anekdote war in meinen Augen ein hübscher Fund: Sie verdeutlicht auf wunderschöne Weise die Kontinuität des wissenschaftlichen Denkens – in diesem Fall das Ziel, das Leben letztlich durch Neuerschaffung zu verstehen – und die allgegenwärtigen Schwierigkeiten, wenn man echte wissenschaftliche Spannung in der Öffentlichkeit vermitteln will, ohne zu übertreiben und in Sensationsmache zu verfallen. Ich hatte Kornberg vor langer Zeit durch meinen Doktorvater Nathan (»Nate«) O. Kaplan kennengelernt. Heute frage ich mich, was er von den bemerkenswerten Entwicklungen in der Genomforschung gehalten hätte, die sich im Kielwasser seiner ersten Experimente abgespielt haben.

Die Bestrebungen, DNA-Viren mit dem ursprünglichen Virusgenom als Matrize neu zu erschaffen, erweiterten sich später auf andere einfache Viren mit RNA-Genom wie das Poliovirus, aber auch auf Retroviren wie HIV, die ebenfalls ein RNA-Genom besitzen, in der Wirtszelle aber mit Hilfe eines Enzyms verdoppelt werden, das RNA in DNA umschreibt. Dass man dieses Enzym, Reverse Transkriptase genannt, 1970 entdeckte, war die Folge der Erforschung von RNA-Tumorviren, und es stellte das zentrale Dogma »DNA macht RNA macht Protein« auf dramatische Weise in Frage. Für die unabhängige Entdeckung der Reversen Transkriptase erhielten Howard Martin Templin von der University of Wisconsin in Washington und David Baltimore vom Massachusetts Institute of Technology 1975 gemeinsam den Nobelpreis für Physiologie oder Medizin.

Unter den RNA-Viren sind auch Bakteriophagen; einer davon, der Phage Qbeta, wurde als erstes Virus im Labor mit der Reversen Transkriptase neu erschaffen. Diese Leistung war der Höhepunkt bemerkenswerter Arbeiten des Schweizer Molekularbiologen Charles Weissmann, der vielleicht am bekanntesten wurde, weil er an der Universität Zürich an Prionen geforscht und 1980, wenige Jahre nach Gründung des ersten Biotechnologieunternehmens Genentech, mit der DNA-Rekombinationstechnik das Protein Interferon hergestellt hatte.[5] Zuvor, 1969, hatte Weissmann zusammen mit Martin Billeter bei der RNA-Sequenzierung Pionierarbeit geleistet,[6] die zur Anregung für Fred Sanger wurde.[7] Im Jahr 1974 eröffnete Weissmann dann zusammen mit Richard Flavell den Weg zur »reversen Genetik«, wie sie später genannt wurde; der Begriff bedeutet, dass man beobachtet, wie sich eine Veränderung der genetischen Information auf den Organismus auswirkt; in der klassischen Genetik dagegen geht man von einem mutierten Organismus aus und macht dann die zugrunde liegende Mutation in der DNA ausfindig.

Im gleichen Jahr 1974 machte man auch Fortschritte beim Kopieren von RNA-Viren: Weissmann gelang es in Zusammenarbeit mit Tadatsugu Taniguchi, eine komplementäre, doppelsträngige DNA-Kopie (cDNA) der Qbeta-RNA herzustellen und in einen Plasmidvektor einzubauen. Als dieses Plasmid mit in E. coli eingeschleust wurde, ließ es zu Weissmanns »Überraschung und Entzücken« infektionsfähige Qbeta-Phagen entstehen. Damit war dieses Kunststück zum ersten Mal gelungen.[8] Nachdem man nun cDNA von Viren herstellen konnte, wurden genetische Manipulationen möglich, die man auf der Ebene der RNA nicht durchführen konnte, und die DNA-Rekombinationstechnik ließ sich auch auf RNA-Viren anwenden. Wenige Jahre später wiederholten Vincent Racaniello und David Baltimore das Experiment am Massachusetts Institute of Technology mit gereinigter RNA von Polioviren und menschlichen Krebszellen: Auch dieses Mal entstanden echte Virusteilchen.[9] Seit jener Zeit wurde über die genetische Information von Mitgliedern nahezu aller Virusfamilien berichtet, darunter Hepatitis C,[10] Tollwut, Respiratory-Syncytial-Virus, Influenza A, Masern, Ebola, Bunyavirus und das Influenzavirus, das für die Pandemie von 1918 verantwortlich war.[11]

Reverse Transkriptase und DNA-Polymerase trugen auch dazu bei, dass sich die Methoden zum Ablesen der genetischen Information verbesserten. Die Reverse Transkriptase dient routinemäßig dazu, cDNA-Klone von mRNA herzustellen, was die DNA-Sequenzierung exprimierter Gene ermöglicht. Diese Methode nutzte ich bei meiner Untersuchung der exprimierten Sequenzanhängsel (ESTs). Und die DNA-Polymerasen spielten von Sangers Phi X 174 über *H. influenzae* bis zum menschlichen Genom eine entscheidende Rolle für die DNA-Sequenzierung. Um die 3 Milliarden Basen des menschlichen Genoms abzulesen, entwickelte meine Arbeitsgruppe die Ganzgenom-Schrotschussmethode, bei der man Genome in kleine Stücke zerlegt, die von den DNA-Sequenzierungsautomaten leicht gelesen werden können. Im Jahr 1999 dauerte es neun Monate, bis man 25 Millionen Einzelsequenzen zu einem vollständigen menschlichen Genom zusammengesetzt hatte. Mittlerweile hat sich die DNA-Sequenzierung bemerkenswert stark weiterentwickelt; eine Fülle neuer Methoden ist entstanden, so dass heute eine einzige Apparatur, die auf einen Labortisch passt, innerhalb eines Tages das Genom eines Menschen sequenzieren kann.

Nachdem wir bei dem Unternehmen Celera die Sequenzierung des menschlichen Genoms abgeschlossen hatten, verschob sich meine Tätigkeit wieder zur Erforschung der Elemente, die für eine Minimalform des Lebens notwendig sind, und zu weiteren Arbeiten in der synthetischen Genomik. Ham Smith verließ Celera und schloss sich mir an; zur Finanzierung unserer Vorhaben stellten wir gemeinsam einen Stipendienantrag beim Energieministerium. Das Ministerium betrieb ein Programm mit dem Namen Genomes to Life, das aus dem Human-Genomprojekt hervorgegangen war. Beim Energieministerium hatte man schon frühzeitig die Bemühungen meiner Arbeitsgruppe unterstützt, die Sequenzierung einiger der ersten Genome abzuschließen, darunter *M. genitalium* und *Methanococcus jannaschii*. Am Ende erhielten wir 5 Millionen Dollar in einem Zeitraum von fünf Jahren – eine großartige Anschubfinanzierung zur Erkundung neuer Wissensgebiete, die nach unserer Überzeugung spannende Aussichten boten.

Die erste war eine radikale Erweiterung meiner früheren Arbeiten zur Sequenzierung von Genomen, ein Gebiet, das man nun als Metagenomik bezeichnete. Dabei konzentrierten wir uns nicht mehr auf einzelne biologische Arten, sondern wir bemühten uns um eine genetische Momentaufnahme der gesamten Mikroorganismenvielfalt in einer bestimmten Umwelt, beispielsweise im Ozean oder im Darm des Menschen. Viele meiner Kollegen zweifelten daran, dass die Schrotschusssequenzierung aller Organismen in einer Meerwasserprobe gelingen konnte, denn wir hatten es dabei mit einer Suppe zu tun, die eine Riesenzahl verschiedener biologischer Arten enthielt. Die Skepsis erhob sich, weil wir im Laufe des komplizierten Verfahrens gleichzeitig Tausende von Genomen in einer Probe sequenzieren mussten, um anschließend im Computer nur die richtigen Fragmente wieder miteinander zu verknüpfen, wie wir es beim Genom des Menschen getan hatten. Ich war zuversichtlich, dass die genetische Information jeder Spezies ein ausreichendes Maß an Einzigartigkeit besaß, so dass wir sie im Computer aus einer komplizierten Mischung nicht verwandter Sequenzen rekonstruieren konnten.

Meine neue Methode der umweltbasierten Schrotschusssequenzierung erwies sich als höchst erfolgreich. Wir begannen mit Wasserproben aus der Sargassosee rund um die Bermudainseln, die kaum Nährstoffe enthält und deshalb vielfach als »Wüste im Ozean« galt. In nur einer Probe aus diesem »öden« Meeresgebiet fanden wir mehr als 1,2 Millionen bis dahin unbekannte Gene und mindestens 1800 Arten.[12] Das nährstoffarme Meerwasser war voller Lebewesen, weil diese ihre Energie unmittelbar aus dem Sonnenlicht beziehen. Wie wir entdeckten, betreiben die Mikroorganismen in den oberen Schichten des Meeres nicht nur Photosynthese, sondern fast alle besitzen zusätzlich einen Rhodopsin-Photorezeptor, ein lichtempfindliches Protein, das dem in unseren Augen ähnelt. Im Rahmen unserer Expedition mit der Yacht *Sorcerer II*, die in den letzten sechs Jahren mehr als 60 000 Seemeilen zurückgelegt hat, entnahmen wir alle 200 Meilen eine Wasserprobe und entdeckten darin insgesamt über 80 Millionen Gene. Was man früher für eine einzige Spezies gehalten hatte, war nach den neuen Erkenntnissen eine Ansammlung von Tausenden eng verwandter Lebewesen. Aufgrund zahlreicher Studien schätzten wir, dass es in den Ozeanen in der Größenordnung von 10^{30} einzellige Lebewesen und 10^{31} Viren gibt. Damit kommen auf jeden Menschen eine Milliarde Billionen andere Lebewesen.

Mit der zweiten vom Energieministerium finanzierten Forschungsrichtung konnten wir uns erneut auf den Weg zur Schaffung der ersten synthetischen Lebensform machen. Clyde Hutchison hatte aufgrund seiner früheren Arbeiten mit Robert Sinsheimer und Fred Sanger den Bakteriophagen

Phi X 174 als erstes Pilotprojekt vorgeschlagen. Der Phage war aus mehreren Gründen ein attraktives Objekt. Er hat ein kleines Genom und verträgt nicht viele genetische Veränderungen, das heißt, man kann an ihm gut die Genauigkeit der Synthese überprüfen. Außerdem besaßen wir dank der Arbeiten von Kornberg, Sanger und natürlich Sinsheimer eine Fülle von Informationen über das Virus; die Anregung, sich mit Phagen zu beschäftigen, hatte Sinsheimer von Max Delbrück bezogen, und dann hatte er aus verständlichen Gründen den kleinsten Phagen gewählt, den er finden konnte.[13]

Um ein einfaches Syntheseverfahren zu testen, unternahmen wir 1997 den ersten Versuch, das Genom von Phi X 174 aus einer Reihe überlappender Oligonucleotide von jeweils 50 Basenpaaren zusammenzusetzen; Kopien des Genoms stellten wir anschließend mit der Polymerasekettenreaktion her. Anfangs sah alles so aus, als hätte das Experiment geklappt. Am 22. April hielt Clyde Hutchison in seinem Labortagebuch fest, wir hätten DNA-Moleküle mit der richtigen Größe hergestellt, die dem gesamten Genom von Phi X 174 entsprachen. Die entscheidende Frage lautet nun: War die Synthese so präzise abgelaufen, dass wir Viren herstellen konnten? Wir hatten vor, E. coli mit der synthetischen DNA zu infizieren. Wenn diese keine tödlichen Fehler enthielt, würde das Bakterium die in ihr codierten Proteine produzieren, die sich dann von selbst zu neuen Exemplaren des Virus zusammenfinden würden. Leider entfaltete unser synthetisches Genom aber keinerlei Wirkung. Dass die DNA-Synthese fehleranfällig ist, wussten wir, aber wir hatten gehofft, wir würden mit der Infektion einen Selektionsprozess in Gang setzen und noch unter einer Million DNA-Strängen den einen mit der richtigen Sequenz finden. Diese Hoffnung zerstob, als uns klarwurde, welche Folgerungen sich aus dem Fehlschlag ergaben. Schon die DNA eines kleinen Virus präzise zu synthetisieren, war eine viel anspruchsvollere Aufgabe, als wir geglaubt hatten, von dem viel größeren Vorhaben, ein ganzes Bakteriengenom und damit eine lebende Zelle herzustellen, ganz zu schweigen. Im Team berieten wir darüber, mit welcher Strategie wir weiter vorgehen wollten, und stellten uns auch die weiter gefasste Frage, ob unser Endziel, synthetisches Leben herzustellen, überhaupt erreichbar war. Dann aber führte die Gelegenheit zur Sequenzierung des menschlichen Genoms dazu, dass wir solche kritischen Überlegungen für einige Jahre hintanstellten. Als wir dann im Zuge unseres Erfolges mit dem Human-Genomprojekt zu der Herausforderung des synthetischen Genoms zurückkehrten, waren wir entschlossen, Erfolg zu haben.

Einige Jahre zuvor waren unsere ersten Versuche zur Synthese von Phi X 174 eindeutig daran gescheitert, dass sich bei der Oligonucleotidsynthese zwangsläufig Fehler einschleichen. Wenn automatische DNA-Synthesizer reine, fehlerfreie Oligonucleotide mit den vorprogrammierten Sequenzen erzeugen konnten, war der Zusammenbau langer, doppelsträngiger DNA-Moleküle relativ einfach. In der Praxis jedoch hat nur ungefähr die Hälfte der synthetisierten Moleküle überhaupt die richtige Länge; alle anderen sind verkürzt. Dass die Sequenzen kürzer sind als erwartet, liegt in der Regel daran, dass irgendeine Base von den Automaten nicht eingebaut wird; dies bezeichnet man als N-1-Problem. Die fehlerhaften Moleküle bringen den Zusammenbau der Oligonucleotide entweder völlig zum Stillstand, oder sie führen dazu, dass die zusammengesetzte DNA eine fehlerhafte genetische Information enthält.

Mit einer einfachen Berechnung fanden wir heraus, warum wir keinen Erfolg gehabt hatten. Da im Durchschnitt nur jedes zweite für den Zusammenbau der Phagen-DNA verwendete Molekül fehlerfrei war, wurde auf bedrückende Weise sehr deutlich, warum unser Zusammenbau Jahre vorher fehlgeschlagen war. Die Wahrscheinlichkeit, dass durch zufällige Auswahl aus 130 nicht gereinigten Oligonucleotiden ein fehlerfreier Strang unseres Phi-X-174-Genoms entstand, lag bei $(\frac{1}{2})^{130}$ oder 10^{-39} – eine ungeheuer kleine Zahl. Selbst wenn wir die Selektion aufgrund der Infektionsfähigkeit ausnutzten, war es nach unseren Schätzungen unentbehrlich, den Anteil der fehlerhaften Nucleotide auf weniger als zehn Prozent der Gesamtzahl zu drücken; nur dann konnten wir einigermaßen sicher sein, dass eine ausreichende Zahl korrekter Moleküle entstand.

Nun fingen wir wieder ganz von vorn an. Zuerst betrachteten wir noch einmal das Genom, das wir konstruieren wollten, damit wir absolut sicher sein konnten, dass wir von der richtigen Virussequenz ausgingen. Wir legten genau die Sequenz in dem 1978 erschienenen, historischen Artikel von Fred Sanger und Kollegen zugrunde. Zu unserem Glück besaß Clyde Hutchison noch eine Probe von dem Virus, das man damals sequenziert hatte, so dass wir die Richtigkeit der Arbeit von Sangers Team mit den neuen Methoden überprüfen konnten. In den 5384 Basenpaaren fanden wir nur drei Abweichungen, und dabei war nicht klar, ob diese auf Fehler in der ursprünglichen Sequenz oder auf Variationen des Virus bei der erneuten Zucht der Probe zurückzuführen waren. Wie dem auch sei: Sangers Sequenz erwies sich als bemerkenswert genau und legte damit Zeugnis von der Qualität der Arbeit in seiner Gruppe ab.

Die Genauigkeit von Sequenzen war auf dem Gebiet der Genomforschung immer ein wichtiges Thema. In der Frühzeit hatte die DNA-Sequenzierung in vielen Fällen eine Genauigkeit von weniger als 99 Prozent (ein Fehler je 100 Basen). Nur wenige Institute entsprachen einem »hohen« Standard von einem Fehler je 1000 Basen, den man für das menschliche Genom aufgestellt hatte. Für das Schreiben von genetischen Informationen ist der Standard um Zehnerpotenzen höher als der derzeitige Standard zum Ablesen der DNA-Software. Da digitale DNA-Sequenzen die Grundlage für die Konstruktion und Synthese von Genomen bilden, muss die Sequenz, auf die sie sich stützen, außerordentlich genau sein, wenn sie zu Lebewesen führen soll. (Wie wir später entdeckten, bedeutete bei der Erschaffung der ersten synthetischen Zelle schon ein einziger »Buchstabierfehler« – das Fehlen einer einzigen Base – in den 1,1 Millionen Buchstaben der genetischen Information den Unterschied zwischen Leben und Tod.)

Seit Sinsheimers Arbeiten wissen wir, dass das Genom von Phi X 174 ringförmig sein muss, damit es Bakterien infizieren kann.[14] Um synthetisch ein funktionsfähiges ringförmiges Genom herzustellen, zerlegten wir die Aufgabe in mehrere Schritte. Wir gingen von einer Computerdatei mit der DNA-Sequenz aus und unterteilten das Genom in überlappende Abschnitte, die so klein waren, dass man sie mit einem DNA-Synthesizer herstellen konnte. Zur Synthese des Phagen konstruierten wir 259 Oligonucleotide mit einer Länge von jeweils 42 Basen, die das gesamte Genom abdeckten und sich dabei überschnitten. Den oberen Strang des Genoms bildeten 130 Oligonucleotide, der untere bestand aus weiteren 129. Da das Genom von Phi X 174 insgesamt 5384 Basenpaare enthält, musste unsere Konstruktion nicht nur die Abschnitte berücksichtigen, in denen sich die Stücke von jeweils 42 Basen – wir bezeichneten sie als 42-Mere (von griechisch *meros* = Teil, womit hier die einzelnen Basen gemeint waren) – überlappen, sondern auch zusätzliche Sequenzen, die wir an den Enden des Genoms anfügten, um eine Restriktionsstelle zu verdoppeln, die im Genom nur einmal vorhanden war; dort konnte das Restriktionsenzym PstI die DNA schneiden, so dass überlappende Enden entstanden, die sich verbinden konnten und die DNA zum Ring schlossen.

Da wir wussten, dass nur die Hälfte der synthetisierten DNA-Fragmente die richtige Länge von jeweils 42 Basen haben würde, nahmen wir an, dass wir die Genauigkeit des Zusammenbaus durch eine einfache Reinigung der Oligonucleotide stark steigern konnten. DNA-Sequenzierungsgele sortieren DNA-Moleküle nach ihrer Größe, so dass man auch Moleküle mit einem Längenunterschied von nur einem

Nucleotid unterscheiden kann. Bei diesem Verfahren, der Gelelektrophorese, wandern die negativ geladenen Nucleinsäuremoleküle unter dem Einfluss eines elektrischen Feldes durch ein Agarosegel. Die verstümmelten Oligonucleotide sind kleiner und wandern entsprechend schneller als solche mit der richtigen Größe. Nun brauchten wir das Gen nur noch mit einer Rasierklinge in Scheiben zu schneiden, dann konnten wir die Bande mit der richtigen Größe, die wir zum Zusammenbau des oberen und unteren Stranges von Phi X 174 verwenden wollten, isolieren.

Damit besaßen wir alle Bausteine zum Zusammenbau des Phagengenoms in Form gereinigter Oligonucleotidstränge. Wir mischten die Oligonucleotide für oberen und unteren Strang, und da sie überlappend konstruiert waren, ordneten sie sich von selbst in der richtigen Reihenfolge an wie Legosteine, die sich zusammenfinden. Nun schufen wir mit dem Enzym DNA-Ligase dauerhafte Verbindungen zwischen den Fragmenten. Dazu verwendeten wir aber nicht das gleiche Enzym wie Kornberg, sondern wir entschieden uns für eine robustere Ligase aus einem Einzeller, der bei hohen Temperaturen lebt; dieses Enzym war über längere Zeit aktiv. Nachdem die vereinigten Oligonucleotide 18 Stunden bei 55 Grad miteinander reagiert hatten, waren wir von den 42 Basen langen DNA-Stücken zu Anordnungen mit einer Durchschnittsgröße von rund 700 Basen gelangt; einige Fragmente maßen sogar 2000 bis 3000 Basen.

Die vollständige Sequenz des Genoms von Phi X 174 erzeugten wir aus diesen längeren DNA-Abschnitten mit einer Methode, die als Polymerase-Zykluszusammenbau (*polymerase cycling assembly*, PCA) bezeichnet wird; sie ist eine Abwandlung der Polymerasekettenreaktion (*polymerase chain reaction*, PCR), eines häufig verwendeten Verfahrens zur Vervielfältigung von DNA. Mit der PCR können wir winzige DNA-Mengen vervielfältigen; dazu erhitzen wir die Probe, so dass die DNA denaturiert oder schmilzt, das heißt, die Stränge des DNA-Doppelstranges trennen sich, so dass die hitzestabile Taq-Polymerase die entstandenen Einzelstränge als Matrizen nutzen und an ihnen neue DNA-Stränge aufbauen kann. Damit wird die ursprüngliche DNA verdoppelt, wobei jedes neue Molekül einen alten und einen neuen DNA-Strang enthält. An diesen Strängen kann man erneut zwei Kopien herstellen, und so immer weiter.

Bei der als PCA bezeichneten Variante des Verfahrens gehen wir von sämtlichen längeren DNA-Stücken aus unserem ersten Stadium des Zusammenbaus mit ihrer Durchschnittslänge von 700 Basenpaaren aus. Auch hier wird die doppelsträngige DNA geschmolzen; die dabei entstehenden Einzelstränge werden aber nicht mit DNA-Polymerase kopiert, sondern wir lassen den Reaktionsansatz abkühlen, so dass die Einzelstränge sich wieder mit beliebigen komplementären Strängen verbinden; dabei nutzen wir die Tatsache aus, dass komplementäre Basen stets Paare bilden. Das funktioniert häufig deshalb, weil zwei DNA-Stränge sich nur an einem Ende in ihrer Sequenz überlappen, als würde man nur die ersten Glieder der Zeigefinger aufeinanderlegen; auf diese Weise entsteht ein viel längeres Molekül. Die fehlenden Basen an den Enden füllen wir dann mit DNA-Polymerase auf, so dass die einzelsträngige DNA zum Doppelstrang wird. Wiederholt man den Zyklus mehrfach, kann man relativ schnell ein mehrere tausend Basenpaare langes DNA-Molekül aufbauen. Der Kreislauf setzt sich so lange fort, bis die durch zufällige Verbindung entstandenen Moleküle das gesamte Genom enthalten. Am Ende vervielfältigt man die vollständige Genomsequenz mit einer herkömmlichen Polymerasekettenreaktion. Um die Enden dieser gestreckten Phagengenome zu der infektionsfähigen Ringform zu verbinden, wurden die vervielfältigten Moleküle mit dem Enzym PstI geschnitten, so dass sie an ihren Enden Sequenzen trugen, die aneinander haften blieben und den Ring schlossen.

Jetzt kam der entscheidende Test: War es uns gelungen,

ein originalgetreues, funktionsfähiges synthetisches Genom zu erzeugen? Damit infektionsfähige Viren entstehen, müssen die Enzymsysteme von *E. coli* die synthetische DNA erkennen; dazu muss sie zuerst in mRNA umgeschrieben und dann vom Proteinsyntheseapparat in Virusproteine umgesetzt werden. Um sicherzustellen, dass unsere synthetische DNA auch in die *E.-coli*-Wirtsbakterien gelangte, bedienten wir uns des Verfahrens der Elektroporation, bei dem ein elektrisches Feld vorübergehend winzige Löcher in der Wand von *E. coli* entstehen lässt. Nachdem wir die Bakterien mit dem synthetischen Phi X 174 infiziert hatten, strichen wir sie in einer Petrischale auf Agar, ein geleeartiges Gemisch aus Agarose und Agaropectin, und bebrüteten sie für 6 bis 18 Stunden bei 37 Grad.

Ob unsere neue Strategie funktioniert hatte, konnten wir daran erkennen, ob auf dem Rasen der *E.-coli*-Zellen verräterische durchsichtige Kreise auftauchten, sogenannte Plaques. Sie wären ein Hinweis, dass die Virusproteine in den Bakterienzellen entstanden waren und sich so zusammengelagert hätten, dass eine ausreichende Zahl von Kopien des Phi-X-174-Virus entstanden war; die Wirtszellen wären dann am Ende aufgeplatzt und hätten Viren freigesetzt, die weitere *E.-coli*-Zellen infizierten. Nachdem Ham den Brutschrank geöffnet hatte, rief er mich an und sagte, ich solle so schnell wie möglich ins Labor kommen. Als er mir die erste Petrischale zeigte, war ich höchst erfreut: Überall waren durchsichtige Plaques. Die synthetische Bakteriophagen-DNA war tatsächlich in der Lage, Bakterienzellen zu infizieren, sich zu vermehren und sie dann zu töten. Ham und Clyde waren außer sich vor Aufregung. Der ganze Ablauf mit der Herstellung des synthetischen Genoms und der Infektion der Zellen hatte nur zwei Wochen in Anspruch genommen.

Um einen Zusammenhang für unsere Arbeiten herzustellen: Schon ein Jahr zuvor hatte Eckart Wimmer von der State University of New York in Stony Brook über aufwändigere

Bemühungen berichtet, mit einem Schritt-für-Schritt-Verfahren ein teilweise lebensfähiges Virus herzustellen. Seine Arbeitsgruppe hatte drei Jahre gebraucht, um das erste synthetische RNA-Virus herzustellen; dazu war sie von der Sequenz ausgegangen, die Wimmer und seine Kollegen 1981 veröffentlicht hatten, und hatte das 7000 Basen lange Genom des Poliovirus, eines RNA-Virus, aus DNA-Oligonucleotiden synthetisch zusammengebaut. Die synthetische DNA hatten die Wissenschaftler dann mit dem Enzym RNA-Transkriptase in infektionsfähige Virus-RNA umgeschrieben. Dieses erste synthetische RNA-Poliovirus litt an der gleichen Ungenauigkeit der Oligonucleotidsynthese, die auch unsere eigenen Arbeiten behindert hatte, und deshalb war seine Aktivität stark vermindert.[15] Wimmers Leistung hatte nur einen negativen Aspekt: Er veröffentlichte sie weniger als einfaches wissenschaftliches Ergebnis und mehr als Warnung an die Wissenschaftlergemeinde, was der Polemik und den Bedenken der Öffentlichkeit Vorschub leistete.

Im Gefolge von Wimmers Arbeiten hatten wir die erforderliche Zeit für die Schaffung eines Virus von Jahren auf Tage verkürzt. Da unsere Arbeiten vom Energieministerium finanziert wurden, wandte ich mich an Ari Patrinos und setzte so die Regierung über unseren Erfolg in Kenntnis. Über die umgehende offizielle Antwort habe ich bereits in meiner Autobiographie *A Life Decoded* [dt. *Entschlüsselt*] berichtet:

Schon am nächsten Tag saß ich in einem Lokal nur wenige Häuserblocks von dem berühmten Oval Office an der Pennsylvania Anenue entfernt. Dorthin hatte man mich erst zwei Stunden zuvor zu einem dringenden Arbeitsmittagessen gebeten. Die Einladung kam von Ari Patrinos, der in der Direktion des Energieministeriums arbeitete, das unsere Forschung finanziert hatte, und für die gemeinsame Vorstellung des menschlichen Genoms im Weißen Haus eine wichtige Rolle gespielt hatte. Weitere Teilnehmer waren sein Vorgesetzter Raymond Lee Orbach, der Leiter des wissenschaftlichen Büros im Ministerium; John H. Marburger III, der wissenschaftliche Berater des Präsidenten und Direktor des Büros für Wissenschafts- und Technologiepolitik; und Lawrence Kerr, Direktor der Abteilung für Bioterrorismus, Forschung und Entwicklung am Heimatschutzbüro im Weißen Haus. Nachdem Personen des öffentlichen Lebens im Oktober 2001 Briefe mit Milzbrandsporen erhalten hatten, denen fünf Menschen zum Opfer fielen, hatte die US-Regierung umfangreiche Investitionen getätigt, um sich auf zukünftige bioterroristische Anschläge vorzubereiten.[16]

Ich erklärte ihnen, wir hätten Phi X 174 mit unserem Fehlerkorrekturverfahren sehr schnell hergestellt, und in Zukunft könne es ohne weiteres noch schneller gehen. Kerr blickte besorgt drein, und die Fragen, die durch die Möglichkeit zur Schaffung synthetischer Viren aufgeworfen wurden, fanden schließlich den Weg bis ins Weiße Haus; dort sollte entschieden werden, ob man der Veröffentlichung unserer Befunde möglicherweise Beschränkungen auferlegen würde.

Ich hatte die Regierung schon zehn Jahre vorher gedrängt, sich mit dem Thema zu beschäftigen; damals hatte der Gesundheitsminister bei meiner Arbeitsgruppe – damals an den NIH – angefragt, ob wir das Genom des Pockenvirus sequenzieren könnten; die Maßnahme sollte im Rahmen eines internationalen Vertrages stattfinden, in dem es darum ging, die noch verbliebenen Vorräte des Pockenvirus bei den Centers for Disease Control in Atlanta und in einer Sicherheitseinrichtung in Moskau zu zerstören. Ob man die noch vorhandenen Stämme des Pockenvirus ausmerzen sollte, war eines der am heftigsten umstrittenen gesundheitspolitischen Themen der letzten Jahrzehnte. Wenn man das Genom vor der Zerstörung der Viren sequenzierte, so die Hoffnung, würden wichtige wissenschaftliche Informationen erhalten bleiben.

Die Sequenzierung, die ich in meinem Buch *Entschlüsselt* im Einzelnen beschrieben habe, begann in meinem Labor an den NIH und wurde am TIGR abgeschlossen. Als wir das Genom analysierten, machten uns mehrere Fragen größere Sorgen.

Die erste lautete: Würde oder sollte die Regierung uns gestatten, unsere Sequenzen und Analysen zu veröffentlichen? Dass wir im Zusammenhang mit der Freigabe dieses Wissens ungute Gefühle hatten, war verständlich: Das Virus hat Millionen und Abermillionen Menschen getötet. Vor der HIV-Epidemie war das Pockenvirus (Variola) in der Menschheitsgeschichte für den Tod von mehr Menschen verantwortlich als alle anderen infektiösen Erreger zusammen. Der Pockenerreger entstand nach heutiger Kenntnis vor mehr als 3000 Jahren in Indien oder Ägypten, fegte im Rahmen immer wiederkehrender Epidemien über die Kontinente hinweg, tötete bis zu 30 Prozent der Infizierten und hinterließ entstellte oder erblindete Überlebende. Die Pocken rotteten wohl auch einen beträchtlichen Anteil der amerikanischen Ureinwohner aus; dort gaben europäische Siedler den Einheimischen absichtlich infizierte Decken, um die Krankheit zu verbreiten.[17] Und da die Pocken auch das Leben von Königen, Königinnen, Zaren und Kaisern forderten, veränderten sie den Lauf der Geschichte.[18]

Am Ende saß ich an den National Institutes of Health in Bethesda mit der Direktorin Bernardine Healy (die 2011 an einem Gehirntumor starb) und Beamten verschiedener Ministerien zusammen, auch solchen aus dem Verteidigungsministerium. Die Gruppe machte sich verständlicherweise Sorgen um die offene Publikation unserer Erkenntnisse über das Pockenvirus-Genom. Einigen extremen Vorschlägen zufolge sollten meine Forschungsergebnisse als geheim klassifiziert werden, und um mein neues Institutsgebäude wollte man einen Sicherheitszaun errichten. Unglückseligerweise mündete die Diskussion nicht in eine gut durchdachte langfristige Strategie. Stattdessen orientierte sich die Vorgehensweise, auf die man sich schließlich einigte, an der Politik des Kalten Krieges. Im Rahmen eines Vertrages mit der Sowjetunion, die sich Ende 1990 aufgelöst hatte, wurde ein kleinerer Stamm der Pockenviren in Russland sequenziert, während wir die Sequenz eines größeren Stammes analysierten. Als wir erfahren hatten, dass die Russen ihre Daten veröffentlichen wollten, drängte mich die Regierung, unsere Studie so schnell wie möglich fertigzustellen, damit wir sie als Erste publizieren konnten; damit war jede intelligente Diskussion zu Ende.

Im Gegensatz zu den früheren opportunistischen Gedanken über die Pocken wurden unsere Arbeiten mit synthetischen Viren von der Bush-Regierung sehr bedachtsam neu bewertet. Nach umfangreichen Gesprächen und Recherchen stellte sie sich zu meiner Freude auf die Seite einer offenen Publikation unseres synthetischen Phi-X-174-Genoms und der dabei verwendeten Methodik. Wir hatten Glück, dass die Mittel für dieses erste Stadium unserer Forschungsarbeiten vom Staat gekommen waren, denn damit war gewährleistet, dass wir von den Behörden schnelle Antworten bekommen würden. Ohne öffentliche Diskussion und staatliche Begutachtung, das wusste ich, würden wir am Ende eine reflexhafte politische Antwort erleben, die ihre Wurzeln eher im Klima der Angst nach den Anschlägen vom 11. September und Wimmers Poliovirus hatte, nicht aber in ruhigen, klarsichtiglogischen Überlegungen. Am 23. Dezember 2003 erschien die Studie schließlich in den *Proceedings of the National Academy of Sciences*. Die Behörden hatten an die Veröffentlichung eine Bedingung geknüpft, mit der ich mich einverstanden erklärt hatte: Man setzte das National Science Advisory Board for Biosecurity (NSABB) ein, das sich aus Vertretern unterschiedlicher Behörden zusammensetzte und sich auf biotechnologische Methoden mit mehrfachen Anwendungsgebieten konzentrierte.

Auf der Pressekonferenz, die das Energieministerium in

seiner Zentrale in Washington zur Erörterung des Artikels angesetzt hatte, bezeichnete der Energieminister Spencer Abraham unsere Arbeiten als »nichts weniger als verblüffend« und prophezeite, sie könnten zur Schaffung maßgeschneiderter Designermikroben führen, die beispielsweise Giftstoffe beseitigen, überschüssiges Kohlendioxid absorbieren oder sogar den Brennstoffbedarf der Zukunft befriedigten. Das sei für mich und die Gesellschaft der eigentliche Preis. Wir waren jetzt in der Lage, synthetische Genome herzustellen, und das, so meine Hoffnung, würde die Möglichkeiten, Mikroorganismen für viele lebenswichtige Zwecke von Energieversorgung und Umweltschutz zu konstruieren, weit voranbringen. Manche derartigen Organismen könnte man beispielsweise verwenden, um Sonnenlicht in Brennstoffe umzusetzen, andere könnten Umweltgifte abbauen oder Auspuffgase von Kohlendioxid befreien.

Wir hatten also – dieses Mal allerdings mit synthetischer DNA – das wiederholt, was Kornberg in den 1960er Jahren mit einer durch DNA-Polymerase erzeugten Kopie des damals unbekannten Genoms von Phi X 174 geleistet hatte. Diese Errungenschaften bestätigten, dass die DNA notwendige und hinreichende Informationen zur Herstellung des Virus enthält: Beweis durch Synthese. Nachdem wir DNA-Fragmente mit einer Länge von 5000 präzise angeordneten Basen hergestellt hatten, war uns klar, dass wir eine entscheidende Einschränkung der DNA-Synthese überwunden hatten und zum nächsten Schritt übergehen konnten. Wir waren jetzt bereit, etwas zu versuchen, was noch niemand vor uns getan hatte: Wir wollten ein ganzes Bakteriengenom synthetisch herstellen und die erste synthetische Zelle schaffen. Was uns damals nicht klar war: Wir würden weitere sieben Jahre brauchen, um unser Ziel zu erreichen.

Eines aber wussten wir schon zu jener Zeit: Wenn wir die Information des Lebendigen im Computer konstruieren, durch chemische Synthese in DNA-Software umsetzen und die synthetische Information zur Schaffung eines neuen Organismus verwenden konnten, war der Vitalismus endgültig tot; entsprechend würden wir ein klareres Bild davon haben, was das Wort »Leben« in Wirklichkeit bedeutet. Die Verbindung der digitalen Welten von Maschine und Biologie würden bemerkenswerte neue Möglichkeiten zur Schaffung neuer Arten und zur Lenkung der zukünftigen Evolution eröffnen. Damit hatten wir den bemerkenswerten Punkt erreicht, an dem wir allmählich in der Lage sein würden, »alle möglichen Dinge in Gang zu setzen«; wir konnten nun tatsächlich erreichen, was Francis Bacon als Herrschaft über die Natur bezeichnet hatte. Mit dieser großen Macht verband sich aber auch die Pflicht, unsere Absichten zu erklären, so dass die Gesamtgesellschaft sie verstand – und vor allem hatten wir die Pflicht, unsere Macht verantwortungsbewusst einzusetzen.

Schon lange bevor es uns schließlich gelang, ein synthetisches Genom zu schaffen, wollte ich unbedingt einen vollständigen Überblick darüber haben, was diese Leistung aus ethischer Sicht für Wissenschaft und Gesellschaft bedeuten könnte. Ich war sicher, dass manch einer die Erschaffung synthetischen Lebens als bedrohlich oder sogar beängstigend empfinden würde. Man würde nach den Auswirkungen für Menschheit, Gesundheit und Umwelt fragen. Im Rahmen der Bildungsarbeit meines Instituts organisierte ich an der National Academy of Sciences eine hochkarätige Vortragsreihe, bei der eine lange Reihe angesehener Sprecher auftreten sollte, von Jared Diamond bis zu Sydney Brenner. Wegen meines Interesses an biologischer Ethik lud ich auch Arthur Caplan ein, der damals am Center for Bioethics der University of Pennsylvania arbeitete. Caplan, eine einflussreiche Persönlichkeit in Gesundheitspolitik und Ethik, sollte ebenfalls einen der Vorträge halten.

Nach seinem Vortrag lud ich Art Caplan genau wie die anderen Sprecher zum Essen ein. Während wir am Tisch saßen, sagte ich sinngemäß, angesichts des breiten Spektrums biologisch-medizinischer Fragestellungen müsse er eigentlich in diesem Stadium seiner Berufslaufbahn alles schon einmal gehört haben. Darauf erwiderte er, ja, grundsätzlich habe er tatsächlich schon alles gehört. Ob er sich mit der Schaffung neuer, synthetischer Lebensformen im Labor beschäftigt habe? Er blickte überrascht auf und räumte ein, von diesem Thema habe er eindeutig noch nichts gehört, bevor ich die Frage aufgeworfen hätte. Ob er daran interessiert sei, eine solche Untersuchung anzustellen, wenn ich seiner Arbeitsgruppe die notwendigen Finanzmittel zur Verfügung stellte? Art fand es höchst spannend, das Thema des synthetischen Lebens aufzugreifen. Im weiteren Verlauf kamen wir überein, dass mein Institut seiner Abteilung die Finanzmittel zur Verfügung stellen würde, damit sie völlig unabhängig untersuchen konnte, welche Folgerungen sich aus unseren Bemühungen zur Schaffung einer synthetischen Zelle ergeben würden.

Caplan und seine Arbeitsgruppe hielten eine Reihe von Workshops und Fragestunden ab, wobei sie ein ganzes Spektrum von Fachleuten, Religionsvertretern und Laien um Beiträge baten. Zu einer Sitzung wurde ich eingeladen, weil ich unsere geplante wissenschaftliche Vorgehensweise erläutern und Fragen beantworten sollte. Dabei saß ich zwischen Vertretern mehrerer großer Religionsgemeinschaften. Zu meinem Erstaunen und meiner Freude schien die Diskussion darauf hinauszulaufen, dass die Schaffung neuer Lebensformen erlaubt sein müsse, weil man weder in der Bibel noch in anderen religiösen Schriften irgendwelche Verbote finden konnte.

Danach hörte ich von der Bioethik-Studie der University of Pennsylvania nichts mehr, bis die Ergebnisse in *Science* veröffentlicht wurden. Der Artikel trug den Titel »Ethical Considerations in Synthesizing a Minimal Genome« (»Ethische Überlegungen im Zusammenhang mit der Synthese eines Minimalgenoms«). Die Autoren waren Mildred K. Cho, David Magnus, Arthur Caplan, Daniel McGee und die Arbeitsgruppe »Ethics of Genomics«.[19] (In derselben *Science*-Ausgabe vom 10. Dezember 1999 erschien auch unsere Studie »Global Transposon Mutagenesis and a Minimal Mycoplasma Genome« [»Globale Transposon-Mutagenese und ein Mycoplasmen-Minimalgenom«], in der wir beschrieben, wie wir mit Transposons herausgefunden hatten, welche Gene für das Leben unentbehrlich sind.) Die Autoren lobten unsere Arbeit als wichtigen Schritt in der Gentechnik, denn sie würden »die Schaffung (neuer und vorhandener) Organismen einfach dadurch ermöglichen, dass man die Sequenz ihrer Genome kennt«.

Zu Beginn des Artikels wiesen die Autoren darauf hin, wie das herkömmliche ethische und juristische Denken angesichts der überraschenden Ankündigung vom Februar 1997, man habe das Schaf Dolly geklont, hinter den Fortschritten der Naturwissenschaft herhinkte. (In Wirklichkeit war Dolly nicht das erste geklonte Tier, sondern das erste, das man aus einer Zelle eines ausgewachsenen Tieres geklont hatte.) Die Nachricht war für die Biologen ein Schock gewesen: Nur die wenigsten hatten es für möglich gehalten, dass man die Entwicklungsuhr einer differenzierten, ausgewachsenen Zelle zurückdrehen und eine Embryonalzelle schaffen konnte, die dann zu einem ganzen Tier heranwächst. Das Schaf, das die Brustdrüsenzelle zur Schaffung von Dolly beigesteuert hatte, war entgegen manchen Behauptungen nicht »von den Toten auferstanden«.[20] Nur seine DNA-Software lebte weiter.

Wie ich gehofft hatte, ergriff das Team aus Pennsylvania die Initiative, als es um die Untersuchung der Fragen ging, die durch die Schaffung eines Minimalgenoms aufgeworfen wurden. Aus meiner Sicht war das besonders wichtig, denn in diesem Fall hatten die Wissenschaftler, die an der Grundlagenforschung beteiligt waren und die gedanklichen Hintergründe für die Fortschritte geschaffen hatten, das Thema aufgegriffen – und nicht wütende oder beunruhigte Teile der Öffentlichkeit, die dagegen protestierten, dass man sie nicht gefragt hatte (einige Splittergruppen behaupteten das später allerdings tatsächlich). Wie die Autoren deutlich machten, bestand zwar vielleicht eine unwiderstehliche Versuchung, unsere Arbeiten zu dämonisieren, aber »die wissenschaftliche Welt und die Öffentlichkeit können nach und nach begreifen, was auf dem Spiel steht, wenn heute der Versuch unternommen wird, das Wesen der beteiligten wissenschaftlichen Verfahren zu benennen und auf wichtige ethische, religiöse und metaphysische Fragen hinzuweisen, so dass die Diskussion sich im gleichen Tempo wie die Wissenschaft weiterentwickeln kann. Dass die Ethik hinter dieser Forschungsrichtung herhinkte, lag nur daran, dass wir es zugelassen haben.«[21]

Im weiteren Verlauf behandelte der Artikel ein breites Spektrum verschiedener Themen, von potentiellen Gefahren für die Umwelt durch die Freisetzung neuer Arten bis hin zu patentrechtlichen Überlegungen. Ein wichtiger Absatz handelte von einem Sicherheitsaspekt, der in den Medienberichten weitgehend übersehen wurde – allerdings vermutlich deshalb, weil man glaubte, die tatsächliche Synthese solcher Genome liege noch allzu weit in der Zukunft: »Die Gefahr, die von der Kenntnis der Sequenzen sehr gefährlicher Krankheitserreger ausgeht, könnte für Gesundheit und Sicherheit so groß sein, dass sie gegenüber dem Nutzen überwiegt. Dass die derzeitigen Methoden der Behörden kaum oder gar keine Aufsicht über diese Technologie vorsehen, ist beunruhigend.«

Angesichts der Diskussion über die Vernichtung der Pockenerreger und der Bedenken wegen der Poliovirus-Veröffentlichung, vielleicht auch in der Erwartung zahlreicher zukünftiger Sorgen über die Wiederbelebung von Pandemieerregern in der Influenzaforschung,[22] hatte das Team die Frage gestellt, ob wir Vorschriften für die Forschung erlassen sollten, und wenn ja, in welchem Umfang. Solche Fragen sollten das Fachgebiet der synthetischen Genome in seinen nächsten Phasen beherrschen.

Angesichts der Tatsache, dass der Artikel in der naturwissenschaftlichen Fachzeitschrift *Science* erschien, war ein Aspekt eigentümlich: Viel Raum wurde den Gedanken über die Frage gewidmet, welche Folgerungen sich aus der reduktionistischen Wissenschaft für »Sinn und Ursprung des Lebens« ergeben, wobei aber die schwierige Frage, was man mit dem kleinen Wort »Leben« eigentlich meint, weitgehend ausgeklammert wurde. Die Autoren warnten:

> Es besteht die ernste Gefahr, dass der Nachweis und die Synthese von Minimalgenomen in der Darstellung durch Wissenschaftler oder Presse, aber auch in der Wahrnehmung der Öffentlichkeit als Beweis präsentiert werden, dass Leben reproduzierbar ist oder aus nichts anderem als DNA besteht ... Das könnte eine Gefahr für die Ansicht werden, dass Leben etwas Besonderes ist. Mindestens seit Aristoteles wird Leben traditionell als etwas angesehen, dass nicht nur physischer Natur ist. Dies ist die Grundlage für den Glauben an die Verbundenheit aller Lebewesen und für das Gefühl, dass Lebewesen in einer wichtigen Hinsicht mehr sind als organisierte Materie.

Als wollten sie ihre Befürchtungen in dieser Angelegenheit unterstreichen, konzentrierten sich Cho et al. auch in großem Umfang auf religiöse Fragen: »Überraschenderweise bestand in den großen Religionsgemeinschaften des Westens nur eine geringe Neigung, eine Definition des Lebens zu entwickeln oder das Wesen des Lebendigen zu beschreiben.« Diese Aufgabe bleibe also der Wissenschaft überlassen, die Autoren gelangten aber zu dem Schluss, eine »rein naturwissenschaftliche Definition des Lebens« gebe Anlass zur Besorgnis.

Die vielleicht drängendste Frage war nach Ansicht des Teams aus Pennsylvania, »ob solche Forschungsarbeiten ein unbefugtes Eindringen in Dinge darstellen, die man am besten der Natur überlässt«. In einer wichtigen – und für mich beruhigenden – Schlussfolgerung der Studie klang an, was ich auch zuvor bereits in den Gesprächen gehört hatte: Es sei »die vorherrschende [religiöse] Ansicht, dass es zwar Grund zur Vorsicht gibt, dass aber in den Plänen zur Schaffung eines Minimalgenoms nichts enthalten ist, was durch legitime religiöse Überlegungen automatisch verboten wäre«.

Das hieß aber nicht, dass religiöse Überlegungen bedeutungslos gewesen wären. Nach der einen Extremposition bedeuteten unsere Arbeiten einen Fortschritt für die Menschheit. Nach der anderen waren sie nur das jüngste Beispiel für einen wissenschaftlichen Frevel, der unvermeidlich in die Katastrophe führen musste – ein Thema, das in der volkstümlichen Literatur immer und immer wieder untersucht und erkundet worden war, vom Monster in Mary Shelleys *Frankenstein* über die Tiermenschen in *Die Insel des Dr. Moreau* von H. G. Wells bis zu den wiederbelebten Dinosauriern in *Jurassic Park* von Michael Crichton.

Genau dieses Thema sollte elf Jahre später die Reaktionen der Presse beherrschen, als wir bekanntgaben, dass wir die erste synthetische Zelle hergestellt hatten. Nun erwuchs eine Fülle von Fragen aus einem einzigen Gedankengang: ob wir nicht »Gott spielten«? Der Bericht aus Pennsylvania enthielt den klugen Hinweis, dass dieser Einwand zu einer Methode geworden war, um eine Diskussion um die moralisch verantwortungsvolle Manipulation des Lebens nicht voranzubringen, sondern zu verhindern. Er vertrat die Ansicht, man könne ein Gleichgewicht finden zwischen der pessimistischen Ansicht, wonach solche Arbeiten ein Beispiel für Frevel waren, und der optimistischen Sichtweise, sie seien gleichbedeutend mit dem »Fortschritt der Menschheit«. Die Autoren fügten hinzu, ein »guter Verwalter« werde die Genomforschung vorsichtig weiter vorantreiben und sich dabei der Kenntnisse bedienen, die aus der Wertetradition im Hinblick auf die richtigen Ziele und Anwendungen neuen Wissens erwachsen. Sie gelangten zu dem Schluss, es gebe keine stichhaltigen ethischen Gründe, die meine Arbeitsgruppe von der Fortsetzung der Forschungen auf diesem Gebiet abhalten könnten, solange sie sich auch weiterhin an den öffentlichen Diskussionen beteiligte; und das tun wir.

6. DAS ERSTE KÜNSTLICHE GENOM

Die gegenwärtigen Maschinen verhalten
sich zu den kommenden wie die Saurier
der Urzeit zum Menschen.
Samuel Butler, 1872[1]

Seit den 1970er Jahren, als Paul Berg, Herbert Hoyer und
Stanley Cohen in der Frühzeit der DNA-Rekombinationsfor-
schung erstmals DNA schnitten und zusammensetzten, haben
wir mit den Bestrebungen, Leben im Labor zu manipulieren,
einen langen Weg hinter uns gebracht. Am Ende jenes Jahr-
zehnts hatte man einen Laborstamm von *E. coli* genetisch so
verändert, dass er menschliches Insulin produzierte. Seither
haben Wissenschaftler Bakterien dazu veranlasst, Blutgerin-
nungsfaktoren zur Behandlung der Hämophilie und Wachstumshormon zur Therapie des Kleinwuchses herzustellen. In
der Landwirtschaft hat man DNA so verändert, dass Pflanzen
resistent gegen Trockenheit, Schädlinge, Schädlingsbekämp-
fungsmittel und Viren wurden; man hat ihre Erträge und ihren Nährwert gesteigert; sie produzieren Kunststoff[2] und er-
lauben einen verringerten Einsatz von Düngemitteln, die auf
fossilen Brennstoffen basieren. Gene von Tieren hat man verändert, um Erträge zu steigern, Modelle für Krankheiten der
Menschen zu erzeugen, gerinnungshemmende Mittel und
andere Medikamente herzustellen, »humanisierte« Milch
zu produzieren und die Möglichkeit zu schaffen, die Organe
von Schweinen in Menschen zu transplantieren. Genetisch

abgewandelte Zellen wurden benutzt, um die verschiedensten Proteine herzustellen, von Antikörpern bis zum Erythropoietin, das die Produktion der roten Blutzellen anregt. Manche Patienten wurden durch Gentherapie genetisch verändert: Dabei behandelt man genetisch bedingte Erkrankungen wie Immunschwäche, Blindheit und die erbliche Blutkrankheit Beta-Thalassämie mit einem Software-»Patch«.

Die Gentechnik hat sich heute so weit entwickelt, dass man sie mittlerweile meist als synthetische Biologie bezeichnet. Zwischen Molekularbiologie und synthetischer Biologie besteht keine klare Abgrenzung, und auch ein faktischer Unterschied ist in den meisten Anwendungsbereichen nicht vorhanden. »Synthetische Biologie« klingt einfach attraktiver, genau wie man lieber von »Systembiologie« als von Physiologie spricht, und manche netten, altmodischen Chemiker vermarkten ihre Bemühungen gern als Nanotechnologie. Wie man es auch nennt, rund um die Welt betreibt eine große Zahl von Wissenschaftlern die Gentechnik, in der sich Biologie mit technischen Ansätzen vermischt.

Die Errungenschaften der jüngsten Zeit sind so zahlreich, dass ich sie nicht im Einzelnen aufführen kann, ich möchte aber einige Beispiele für Fortschritte der Gentechnik nennen. *E. coli*, das Arbeitstier molekularbiologischer Labors, wurde 2002 von Frederick Blattner an der University of Wisconsin durch Entfernung von 15 Prozent seiner DNA teilweise minimiert[3] und sollte so zu einer zuverlässigeren Grundlage für die Industrieproduktion werden. Das Institut von George Church an der Harvard University entwickelte eine Methode namens MAGE (*multiplex automated genome engineering*): Man ersetzte in 32 Stämmen von *E. coli* ein Codon und wollte diese teilweise veränderten Stämme auf einen Evolutionsweg in Richtung einer einzigen Zelllinie lenken, in der das Codon an allen 314 Stellen ausgetauscht war.[4] In Christopher Voigts Labor am Massachusetts Institute of Technology wurde ein raffinierter genetischer Schaltkreis zusammengestellt, der in ein Bakterium eingeschleust werden kann und dieses beispielsweise in die Lage versetzt, vier verschiedene Krebsindikatoren wahrzunehmen und einen tumortötenden Faktor auszuschütten, wenn alle vier vorliegen.[5] Voigts Kollege Timothy Lu entwickelte DNA-Module, die logische Operationen ausführen können, so dass man für viele Anwendungsbereiche programmierbare, zu Entscheidungen fähige Zellen maßschneidern kann.[6] Mit dem Fortschritt der Technik werden die Ziele zwangsläufig immer ehrgeiziger, und man kann neue Fragestellungen angehen, die ihrerseits zu technischen Weiterentwicklungen führen.

Unser Vorhaben, das Genom einer lebenden Zelle synthetisch herzustellen und damit zu verstehen, welche Gene für das Leben notwendig sind, würde beträchtliche technische Weiterentwicklungen erfordern. Um der Herausforderung zu begegnen, mussten wir auf ein breites Spektrum verschiedener Methoden zurückgreifen, wie wir es auch zuvor schon bei der Sequenzierung des menschlichen Genoms mit Erfolg getan hatten; Erfolge sind in der modernen Wissenschaft zunehmend von guter Teamarbeit abhängig.[7] Um eine synthetische Zelle zu schaffen, nahmen wir drei große Programme in Angriff. Aufgrund unserer Arbeiten mit Phi X 174 gingen wir alle davon aus, dass wir dem Gebiet der DNA-Synthese die größte Aufmerksamkeit schenken mussten, wenn wir Erfolg haben wollten. Das erste Team sollte sich also mit der Synthese von DNA beschäftigen und das gesamte Bakterienchromosom erzeugen. Diese Gruppe wurde von Ham Smith geleitet und bestand aus Daniel G. Gibson, Gwynedd A. Benders, Cynthia Andrews-Pfannkoch, Evgeniya A. Denisova, Holly Baden-Tillson, Jayshree Zaveri, Timothy B. Stockwell, Anushka Brownley, David W. Thomas, Mikkel A. Algire, Chuck Merryman, Lei Young, Vladimir N. Noskov, John I. Glass und Clyde Hutchison. Die chemischen Probleme waren nach meiner Überzeugung lösbar; viel größere Sorgen bereitete mir der biologische Aspekt. Angenommen, die Synthese eines Genoms gelang: Konnten wir es auch verpflanzen und hochfahren, und konnten wir noch mehr tun, um herauszufinden, welche Gene für das Leben mindestens erforderlich sind? Die Teams Nummer zwei und drei konzentrierten sich deshalb auf biologische Fragen. Zu der Arbeitsgruppe für die Genomtransplantation, die von John I. Glass geleitet wurde, gehörten Carole Lartigue, Nina Alperovich, Rembert Pieper und Prashanth P. Parmar. Die Untersuchungen zur minimalen Genausstattung leiteten John I. Glass und Clyde Hutchison, unterstützt wurden sie von Nacyra Assad-Garcia, Nina Alperovich, Shibu Yooseph, Matthew R. Lewis und Mahir Maruf. Zwischen den drei Teams gab es zwar Überschneidungen, alle konzentrierten sich aber intensiv auf ihr Arbeitsgebiet. Ham, Clyde und ich waren die Leiter des Gesamtprojekts; als Ham und Clyde nach der Gründung des Venter Institute in La Jolla in Richtung Westen zogen, übernahm John Glass in Rockville eine weiter gefasste Führungsposition.

Wir wollten das kleinste Genom synthetisieren, das nach unserem Kenntnisstand eine lebende, sich selbst verdoppelnde Zelle der Spezies *M. genitalium* hervorbringen kann. Nach unserer Vorstellung lag die größte Herausforderung in der DNA-Synthese; diese, so glaubten wir, würde uns Mittel in die Hand geben, um das kleine Genom noch weiter zu verkleinern und damit den Satz genetischer Anweisungen in einer einfachen Zelle zu verstehen und zu analysieren, um anschließend Aussagen über die Mindestgenausstattung von Lebewesen zu machen. Für die Genomsynthese unterteilten wir das Genom von *M. genitalium* in 101 Abschnitte, die wir als »Kassetten« bezeichneten und die jeweils ungefähr so groß waren wie ein Phi-X-174-Genom. Dass wir synthetische DNA mit präziser Sequenz in Abschnitten von 5000 bis 7000 Basenpaaren herstellen konnten, wussten wir; nun mussten wir nur noch einen Weg finden, um sie zusammenzusetzen und damit das Genom von *M. genitalium* zu rekonstruieren. Dieses war mit seinen 582970 Basenpaaren zwanzig Mal größer als alles, was man bis dahin synthetisiert hatte. Vor unserem Projekt handelte es sich bei den größten synthetischen DNA-Konstrukten um zwei kleine Viren und den 32000 Basenpaare langen »Polyketid-Gencluster«. (Polyketide sind chemische Verbindungen mit ringförmigen Molekülen, die in der Natur von Bakterien, Pilzen, Pflanzen und Meerestieren zur Abwehr natürlicher Feinde produziert werden; sie bilden die Wirkstoffe zahlreicher Medikamente, darunter insbesondere Antibiotika und Mittel zur Krebsbekämpfung.)[8]

Um große DNA-Moleküle zuverlässig synthetisieren zu können, mussten wir also eine Reihe neuer Hilfsmittel entwickeln. Die Entwicklung von Werkzeugen und Methoden ist ein Kernstück des naturwissenschaftlichen Fortschritts, aber ebenso unentbehrlich sind nach meiner Überzeugung hohe wissenschaftliche Maßstäbe. Die Laborarbeit in der Genomforschung habe ich ebenso wie die Informatik häufig als »Müll rein – Müll raus«-Prozess bezeichnet; oder anders gesagt: Wenn man nicht bei jedem Schritt äußerste Sorgfalt walten lässt, ist das Ergebnis im besten Fall von minderer Qualität. Dies stellten wir auch fest, als wir in den 1990er Jahren die ersten Genome sequenzierten: Wenn unsere DNA-Bibliotheken (die kleine Fragmente des Genoms enthalten) nicht von höchster Qualität waren und nicht eine echte Zufallsverteilung aller DNA-Abschnitte des fraglichen Genoms repräsentierten, wurde es höchst unwahrscheinlich, dass wir aus den Sequenzen, die wir aus einer solchen Bibliothek gewonnen hatten, mit dem Computer das gesamte Genom rekonstruieren konnten. Das Gleiche galt für die Qualität der in der Sequenzierung eingesetzten DNA, die Reinheit der Reagenzien und die Reproduzierbarkeit der Methoden. Alles musste höchsten Maßstäben genügen. Solchen Grundlagen widmeten meine Arbeitsgruppen besondere Aufmerksamkeit, und deshalb waren wir in der Lage, durchgehend Sequenzdaten von sehr hoher Qualität zu gewinnen.

Aber wie in Kapitel 5 erläutert wurde, sind zum Ablesen der genetischen Information nur DNA-Sequenzdaten von viel geringerer Qualität erforderlich, als wenn man einen Code schreiben will, der Leben möglich macht. Das Ziel, das sich die Gemeinschaft der Genomforscher für den ersten Zweck gesetzt hatte, war eine Quote von weniger als einem Fehler je 10 000 Basenpaare. Das mag sich nach einer sehr geringen Fehlerhäufigkeit anhören, aber dieser Maßstab hätte zur Folge, dass sich im Genom von *M. genitalium* mehr als 60 und im menschlichen Genom mehr als 60 000 Fehler befinden. Solche fehlerhaften Daten würden Leben wahrscheinlich nicht ermöglichen, und mit Sicherheit würde die Qualität der Sequenzinformationen nicht ausreichen, wenn man krankheitsassoziierte genetische Veränderungen bei Menschen präzise diagnostizieren will. Ein typisches menschliches Gen kann sich über Tausende oder Millionen von Basenpaaren erstrecken; die derzeitige Fehlerquote wäre also gleichbedeutend mit mehreren Sequenzfehlern in jedem Gen. Um den richtigen Zusammenhang herzustellen: Schon ein einziger Fehler in einem Gen kann eine schwerwiegende Störung wie beispielsweise die Sichelzellenanämie (eine Blutkrankheit) nach sich ziehen. Aus ähnlichen Gründen ist eine solche Fehlerquote wahrscheinlich auch nicht niedrig genug, wenn man das Genom zur Schaffung einer lebenden Zelle rekonstruieren will.

Diese einfachen Tatsachen werden häufig übersehen, wenn es in phantasievollen Diskussionen um die Wiederbelebung ausgestorbener biologischer Arten aufgrund ihrer sequenzierten Genome geht. Ob die Anregung von den großen Fortschritten der Paläogenomik wie der Sequenzierung des Neandertalergenoms durch Svante Pääbo[9] oder der Wollmammut-DNA an der Pennsylvania State University[10] ausgeht, immer wenden sich die Journalisten in ihren Spekulationen der herbeigesehnten Wiederauferstehung von Arten zu.[11] Ich habe schon allzu viele Artikel gelesen, in denen nassforsch über die Rekonstruktion eines Neandertalers oder eines Wollmammuts mit Hilfe des Klonens diskutiert wird, obwohl die entschlüsselten DNA-Sequenzen in allen Fällen sehr bruchstückhaft sind, nicht das gesamte Genom einschließen und – da sie so stark abgebaut waren – beträchtlich weniger präzise sind als alle Daten, die man aus frischer DNA gewinnen kann.

Dennoch war die Sequenzaufklärung der Neandertaler-DNA ein großartiger wissenschaftlicher Fortschritt, aus dem wir viel über unsere eigene Evolution gelernt haben; unter anderem zeigte sich, dass die Kreuzung mancher Vorfahren der heutigen Menschen mit unseren Neandertalervettern uns ein Erbe hinterlassen hat: Rund 3 bis 4 Prozent unseres Genoms haben ihren Ursprung bei den Neandertalern.

Um das Genom von *M. genitalium* zu synthetisieren, brauchten wir eine äußerst genaue DNA-Sequenz. Als wir 1995 die ersten beiden Genome sequenziert hatten, waren wir auf frühe Modelle der DNA-Sequenzierungsautomaten angewiesen; mit unserer Genauigkeit hatten wir den Wert von einem Fehler je 10 000 Basen zwar übertroffen, aber wir machten uns Sorgen, dass die Sequenz wahrscheinlich nicht von ausreichender Qualität war und keine Daten liefern konnte, deren Präzision die Erzeugung einer lebenden Zelle ermöglichte. Also hatten wir keine andere Wahl, als das Genom von *M. genitalium* mit den neuesten technischen Mitteln noch einmal zu sequenzieren. Wie sich an der neuen Sequenz zeigte, hatte die ursprüngliche Version eine Genauigkeit von einem Fehler je 30 000 Basenpaare, und wenn wir alte und neue Sequenzen zusammennahmen, kamen wir auf weniger als einen Fehler je 100 000 Basenpaare – oder rund ein halbes Dutzend Fehler im gesamten Genom. Von dieser neuen, sehr genauen Sequenz gingen wir aus, als wir die Synthese des Genoms von *M. genitalium* planten.

Unser Erfolg bei der Umsetzung des digitalen Codes von Phi X 174 in chemische DNA verlieh uns das Selbstvertrauen, auch das viel größere Genom eines frei lebenden Organismus in Angriff zu nehmen. Da wir Abschnitte von der Größe eines Virusgenoms sehr präzise herstellen konnten, war uns klar, dass wir Aussicht auf Erfolg hatten: Wir mussten nur ein Bakterienchromosom in Segmente dieser Größe zerlegen und einen Weg finden, um sie zuverlässig zusammenzufügen.

Wir teilten das Genom unseres Versuchsobjekts in 101 Kassetten auf, deren Größe zwischen 5000 und 7000 Basenpaaren lag. Die Kassetten waren so gestaltet, dass sie sich mit ihren Nachbarn um mindestens 80 Basenpaare überlappten; die längste Überlappung war 360 Basenpaare lang, so dass wir die Fragmente wie Legosteine verbinden konnten. Außerdem waren die Kassetten so konstruiert, dass die DNA-Sequenzen in den Überlappungsbereichen komplementär waren: War der letzte Buchstabe in einer Kassette ein T, würde er sich mit einem A in der anderen verbinden. Ganz ähnlich wie ein Reißverschluss führte die Überlappung komplementäre Basen zusammen, so dass sich eine Helix bilden konnte.

Noch zwei weitere Überlegungen mussten für unsere Bemühungen zur Schaffung des synthetischen Genoms berücksichtigt werden. *M. genitalium* hat wie Phi X 174 ein ringförmiges Genom; deshalb gestalteten wir die Kassette Nummer 101 so, dass sie sich mit der Kassette 1 überlappte. Außerdem wollten wir im Rahmen der Genomkonstruktion die Möglichkeit haben, unsere synthetische DNA eindeutig von dem ursprünglichen Genom der Bakterien zu unterscheiden. Das war unbedingt notwendig, damit wir nicht durch Artefakte in die Irre geführt wurden; wir mussten in der Lage sein, stets das synthetische Genom nachzuweisen und zweifelsfrei zu beweisen, dass diese DNA und nicht eine Verunreinigung durch eine bereits vorhandene Zelle oder ein Genom die neue, synthetische Zelle steuerte.

Wie Künstler, die ihre Arbeiten signieren, so wollten auch wir in dem neuen Genom eine »Unterschrift« hinterlassen, durch die es sich von seinem natürlichen Gegenstück unter-

schied. Deshalb gestalteten wir mit den einbuchstabigen Abkürzungen für die Aminosäuren eine Art »Wasserzeichen-
Sequenzen« mit den Buchstabenfolgen »Venter Institute«
und »Synthetic Genomics« sowie den Namen der wichtigsten
wissenschaftlichen Mitarbeiter des Projekts. Für jeden der
20 Buchstaben in dem Alphabet verwendeten wir ein anderes
Codon (nicht alle Buchstaben sind repräsentiert, so dass beispielsweise *v* und *u* austauschbar blieben). Auf diese Weise
codiert, lautete mein Name

TTAACTAGCTAATGTCGTGCAATTGGAGT
AGAGAACACAGAACGATTAACTAGCTAA

Diese Wasserzeichen-Sequenzen wurden in fünf verschiedene Kassetten eingebaut, die sich über das gesamte Genom
verteilten. Außerdem mussten wir ein Antibiotika-Resistenz-
gen hinzufügen, mit dessen Hilfe wir selektiv Zellen abtöten
konnten, die nicht unser neues Genom enthielten, um so das
synthetische Genom zu selektionieren. Im Rahmen unserer
Genomkonstruktion bauten wir das Antibiotika-Resistenz-
gen in MG408 ein, ein wichtiges Gen von *M. genitalium*, mit
dessen Hilfe die Bakterien sich an Säugetierzellen anheften.
Da dieses Gen für die krankheitserzeugende Wirkung des
Organismus von Bedeutung ist, verstümmelten wir es und
sorgten dafür, dass der synthetische Organismus ungefähr-
lich sein würde.

Damit unser Team sich auf den entscheidenden Schritt
– den Zusammenbau der 101 Kassetten zu einem Genom –
konzentrieren konnte, bestand ich darauf, dass wir drei DNA-
Synthesefirmen um Angebote für den Vertrag zur Herstellung der 101 vorgegebenen Kassetten baten. Trotz aller
Werbeaussagen fanden wir nur ein einziges Unternehmen,
das Abschnitte von 5000 bis 7000 Basenpaaren herstellen
konnte. Außerdem war es ein teures Vorhaben: Der Preis für
DNA-Synthese liegt bei ungefähr einem Dollar je Basenpaar,
allein unser Ausgangsmaterial würde also mehr als eine halbe Million Dollar kosten. Nachdem wir eine so umfangreiche

finanzielle Verpflichtung eingegangen waren, waren wir fest entschlossen, das Unternehmen zum Erfolg zu führen.

Eine der schwierigsten Aufgaben bestand darin, die 101 Kassetten zu verknüpfen. Eine Idee erwuchs aus unseren ersten Genom-Sequenzierungsprojekten. Im Rahmen unserer Bemühungen, eine möglichst große biologische Vielfalt abzudecken, war mir ein recht bemerkenswerter Organismus aufgefallen, der sein Genom selbst nach umfangreichen strahlungsbedingten Schädigungen wieder neu aufbauen konnte. Im Jahr 1999 veröffentlichten wir den Artikel »Complete Genome Sequencing of the Radio-resistant Bacterium *Deinococcus radiodurans* R1« (»Sequenzierung des vollständigen Genoms des strahlenresistenten Bakteriums *Deinococcus radiodurans* R1«).[12] Darin beschrieben wir auf der Ebene des Genoms einen neuartigen Organismus, der noch ionisierende Strahlung mit einer Stärke von 3 Millionen Rad überlebte. Wenn man bedenkt, dass eine Dosis von 500 Rad der gleichen Strahlung für Menschen tödlich ist, stellte sich die Frage, wie *Deinococcus* eine solche Schädigung überlebt. Konnten wir seinen DNA-Reparaturmechanismus auch ausnutzen, um ein synthetisches Genom aufzubauen?

Strahlung hat auf die Proteine und DNA aller biologischen Arten die gleichen Auswirkungen, was zum Teil an der Größe der Moleküle liegt. In der Frühzeit meiner Wissenschaftlerkarriere verwendete ich beträchtliche Zeit darauf, Proteine mit Strahlung zu inaktivieren und dann ihre Größe zu ermitteln. Die Methode ist im Prinzip einfach. Strahlung löst in Proteinen die Peptidbindungen auf, die ihre Aminosäurebausteine zusammenhalten; ein Treffer reicht aus, damit die Aktivität eines Proteinmoleküls zerstört wird. Zwischen der Größe eines Proteinmoleküls und der Strahlendosis, die zu seiner Inaktivierung durch Zerstörung der Peptidbindungen erforderlich ist, besteht eine umgekehrt proportionale Beziehung (je größer ein Ziel ist, desto größer ist auch die Wahrscheinlichkeit, dass es von der Strahlung getroffen wird); je kleiner also das Protein ist, desto größer muss die Strahlendosis sein. Mit dieser Methode bestimmte ich die Größe von Neurotransmitter-Rezeptorproteinen und ihren funktionsfähigen Komplexen.[13]

Ganz ähnlich wirkt sich Strahlung auch auf DNA aus: Sie zerstört die chemischen Bindungen zwischen den Basen. Hier gilt das Gleiche wie bei den Proteinen: Je größer das Genom, desto weniger Strahlung ist nötig, damit ein Schaden entsteht. Menschen sind mit ihrem großen Genom weitaus strahlungsempfindlicher als Bakterien. Das Genom einer menschlichen Zelle ist mehr als 1000-mal so groß wie das eines Mikroorganismus: 6 Milliarden Basenpaare im Vergleich zu 8 Millionen bei Bakterien. Deshalb entsteht ein Doppelstrangbruch in unserer DNA bereits bei einer viel kleineren Strahlungsdosis als in einem Bakterienchromosom. Entsprechend sicher können wir sein, dass kleinere Lebensformen überdauern würden, wenn wir das Pech hätten, einem nuklearen Weltuntergang zum Opfer zu fallen.

Wie also überlebt *Deinococcus*? Wenn sein Genom einer Strahlung von mehreren Millionen Rad ausgesetzt ist, zerfällt es, weil in der DNA Hunderte von Doppelstrangbrüchen entstehen. Die Zelle kann aber die Chromosomen reparieren, wiederherstellen und sich dann weiter vermehren. Wie sie das schafft, ist bis heute nicht vollständig geklärt, zum Teil liegt es aber daran, dass sie jedes Chromosom in Form mehrerer Kopien besitzt; wenn also eines davon durch zufällige strahlungsbedingte Brüche geschädigt wird, können die Fragmente sich zusammenlagern, so dass sie eine Matrize für die DNA-Reparatur bilden. Ich habe diesen Prozess häufig mit unserer Vorgehensweise bei der Schrotschusssequenzierung verglichen, bei der Software auf leistungsfähigen Computern zufällig sequenzierte, überlappende DNA-Fragmente zusammensetzt und so ein Genom rekonstruiert.

Unsere Überlegung: Wenn wir die DNA-Reparatur und den Chromosomen-Zusammenbau von *Deinococcus* außerhalb der Zellen dieses Organismus nachvollziehen konnten, waren wir vielleicht in der Lage, auch unser synthetisches Chromosom aus großen DNA-Segmenten von der Länge eines Virusgenoms zusammenzusetzen. Zwei unserer Mitarbeiter, Sanjay Vashee und Ray-Yuan Chuang, erklärten sich bereit, die Aufgabe in Angriff zu nehmen. Das Team suchte im Genom von *Deinococcus* nach allen Genen, die dafür von Bedeutung sein könnten, und klonierten diese im Laufe der nächsten beiden Jahre, so dass sie die Reparaturproteine im Labor produzieren konnten; dann probierten sie verschiedene Kombinationen aus, um den Zusammenbau und die Reparatur der DNA nachzuvollziehen. Aber nach ungeheuren Anstrengungen mussten wir aufgeben. Wir steckten in einer Sackgasse und brauchten eine neue Strategie.

Unser nächster Ansatz bestand darin, einen logischen Plan für einen schrittweisen Zusammenbau zu entwickeln. Mit Hilfe der speziell konstruierten Überlappungen in der DNA-Sequenz benachbarter Kassetten konnten wir zwei solche Abschnitte im Reagenzglas zu einem größeren zusammenbauen. Dieses größere Fragment konnten wir dann in *E. coli* klonieren, das heißt, wenn die *E.-coli*-Zellen sich vermehrten, vermehrten sich auch die Kopien des größeren Fragments. Auf diese Weise konnten wir eine ausreichende DNA-Menge für das nächste Stadium des Zusammenbaus gewinnen. Letztlich war es unser Ziel, nicht nur das Genom von *M. genitalium* herzustellen, sondern auch eine zuverlässige, reproduzierbare Methode für den Zusammenbau zu entwickeln, die wir in den nächsten Jahren auf alle möglichen synthetischen Genome anwenden konnten.

In der ersten Runde des Zusammenbaus wollten wir vier Kassetten verknüpfen; jede davon war ungefähr so groß wie das Genom von Phi X 174, so dass wir Konstrukte von 24000 Basenpaaren erhielten. Zu diesem Zweck füllten wir gleiche Mengen der vier Kassetten in ein Mikrozentrifugenröhrchen, das auch einen DNA-Vektor enthielt, mit dem wir den neu konstruierten Genomabschnitt in *E. coli* vermehren konnten. Bei dem DNA-Vektor handelt es sich um ein sogenanntes künstliches Bakterienchromosom (*bacterial artificial chromosome*, BAC), das sich an einem Ende mit dem Anfang der Kassette Nummer 1 und am anderen mit dem Ende der Kassette Nummer 4 überlappte.

Um die Stücke zu verknüpfen, setzten wir der DNA-Mischung in dem Röhrchen ein Enzym namens 3'-Exonuclease zu, das DNA an ihren Enden abbaut; es verdaut dabei aber nur einen der beiden DNA-Stränge (den sogenannten 3'-Strang – ein Hinweis darauf, wie die Kohlenstoffatome in den Zuckergruppen der DNA-Nucleotide nummeriert sind) und legt dabei den anderen (5'-Strang genannt) frei. Durch Temperaturveränderungen konnten wir die Exonuclease steuern und so dafür sorgen, dass die einander entsprechenden, einzelsträngigen Enden der Kassette zusammenfanden und durch die chemische Anziehung der komplementären Basen in ihren Strängen nach Art von Watson und Crick aneinander haften blieben.

Um sicherzustellen, dass wir am Ende vollständige Helix-Doppelstränge hatten, setzten wir als Nächstes DNA-Polymerase und einige freie Nucleotide zu, so dass die Polymerase an allen Stellen, an denen die 3'-Exonuclease ein zu langes Stück des Stranges abgebaut hatte, die fehlenden Basen auffüllte. Dann verbanden wir mit einem weiteren Enzym, der DNA-Ligase, die überlappenden Stränge. Als alle Enzyme ihre Arbeit beendet hatten, waren die vier Kassetten zu einem Strang von 24 000 Basenpaaren oder »24 kb« verknüpft. Zur Herstellung aller 24-kb-Kassetten, die in ihrer Gesamtheit das Genom von *M. genitalium* enthielten, wiederholten wir den Vorgang fünfundzwanzig Mal.

Da wir die synthetische DNA in *E. coli* vermehrt hatten, verfügten wir über ausreichende Mengen für eine Sequenzierung. Nachdem wir die Sequenz aller 25 Kassetten bestätigt hatten, wiederholten wir den In-vitro-Prozess, aber dabei verknüpften wir dieses Mal jeweils drei 24-kb-Kassetten zu Abschnitten von 72 000 Basenpaaren, von denen jeder ungefähr einem Achtel des Genoms von *M. genitalium* entsprach. Zu diesem Zweck mussten wir zuerst die 24-kb-Kassetten (mit einem Restriktionsenzym) von dem BAC-Vektor befreien, mit dem wir sie in *E. coli* herangezüchtet hatten.

Unsere BAC-Vektoren waren so konstruiert, dass sie beiderseits unserer eingebauten synthetischen DNA eine Sequenz von jeweils acht Basenpaaren enthielten. Diese Sequenz, die im Genom von *M. genitalium* von Natur aus nicht vorkommt, wird von einem speziellen Restriktionsenzym namens NotI erkannt. Wenn NotI die BAC-DNA spaltet, wird das synthetische Fragment von 24 kb freigesetzt. In diesem Stadium hatten wir mit unserer synthetisch hergestellten DNA den bisherigen Längenrekord für solche Moleküle um mehr als das Doppelte überboten.

Im nächsten Schritt mussten wir den Ablauf erneut wiederholen und dieses Mal Abschnitte von 144 000 Basenpaaren herstellen, die jeweils einem Viertel des Genoms entsprachen. Zu diesem Zweck unterwarfen wir zwei 72-kb-Kassetten dem gleichen Zusammenbauprozess im Reagenzglas. Als wir so weit waren, betraten wir aber unbekanntes Terrain und reizten unsere Methoden bis zum Limit aus. Als wir den vorletzten Schritt erreichten – die Herstellung halber Genome von jeweils 290 000 Basenpaaren, die durch Verknüpfung von zwei Viertel-Genomen erzeugt wurden – stellten sich Probleme: DNA-Abschnitte von 290 kb waren offenbar so groß, dass man sie nicht in *E. coli* einschleusen konnte.

Deshalb suchte das Team nun nach anderen Organismenarten, die auch solche großen synthetischen DNA-Moleküle stabil in sich aufnehmen. Wir probierten es mit *B. subtilis*, einem Bakterium, mit dem eine japanische Arbeitsgruppe große Teile eines Bakterien-Algengenoms gezüchtet hatte.[14] *B. subtilis* konnte zwar die großen Abschnitte von 290 kb aufnehmen, es gab aber keine Möglichkeit, die DNA aus diesen

Zellen in unversehrter Form wiederzugewinnen, also sahen wir uns woanders um. Die Lösung kam aus der Welt der komplexeren Eukaryontenzellen und von einem Lieblingsobjekt von Wissenschaftlern auf der ganzen Welt, die sich mit der Biologie von Eukaryonten beschäftigen: der Bierhefe *S. cerevisiae*. Dieser Einzeller dient schon seit Jahrhunderten zum Vergären von Alkohol und zur Brotherstellung; im Labor wird er routinemäßig benutzt, weil er ein relativ kleines Genom hat und über eine Reihe genetischer Hilfsmittel verfügt, die genetische Eingriffe relativ einfach machen. So bedient sich *S. cerevisiae* zum Beispiel der sogenannten homologen Rekombination: DNA-Abschnitte, die an ihren Enden ähnliche oder gleiche Sequenzen tragen wie bestimmte Abschnitte des Zellgenoms, können in das Genom eingebaut werden und ersetzen die dazwischenliegende Sequenz.

Hefezellen sind ungefähr zehnmal größer als die Zellen von *E. coli* und durch eine dicke Zellwand geschützt, die sich eindringender DNA entgegenstellt. Um dieses Problem zu umgehen, bedient man sich beim Klonieren mit Hefezellen eines Enzyms namens Zymolase, das einen großen Teil der Zellwand abbaut und sogenannte Sphäroplasten entstehen lässt; in diese kann man dann große DNA-Moleküle leichter einschleusen.[15] Das Ergebnis der Hefeklonierung sind ringförmige künstliche Chromosomen, die stabil aussehen und wegen ihrer Ringform den Vorteil haben, dass man sie leicht von den normalen, gestreckten Chromosomen der Hefe trennen kann.

Wie wir feststellten, konnten wir unsere großen synthetischen DNA-Moleküle mit der Hefeklonierung stabil heranzüchten, und mit dem hefetypischen System der homologen Rekombination konnten wir unsere überlappenden Abschnitte, die jeweils ein Viertel des Genoms enthielten, zu Genomhälften verknüpfen. Anschließend eröffnete sich die Möglichkeit, mit dem gleichen System in Hefe auch das gesamte Genom von *M. genitalium* zusammenzusetzen. Auf dem langen, harten Weg zum ersten synthetischen Genom eines Lebewesens kam jetzt das Ziel in Sicht.

Wir schleusten sechs DNA-Abschnitte in die Hefezellen ein: den Hefe-Klonierungsvektor und fünf andere, die dem Genom von *M. genitalium* entsprachen (die vier Abschnitte mit jeweils einem Viertel des synthetischen Genoms, wobei eines dieser Segmente zweigeteilt war, damit es sich mit den Klonierungsstellen der Hefe überlappte). Damit das Experiment gelang, mussten die Hefezellen alle sechs DNA-Abschnitte aufnehmen und durch homologe Rekombination zusammensetzen. Wir musterten 94 transformierte Hefezellen daraufhin durch, ob sie DNA mit der richtigen Größe enthielten, und fanden 17, die ein vollständiges synthetisches *M.-genitalium*-Genom in sich trugen.

Es sah also so aus, als wäre es uns tatsächlich gelungen, unser synthetisches Bakteriengenom in Hefezellen zusammenzubauen. Noch mussten wir aber die genaue Zusammensetzung des synthetischen Genoms durch DNA-Sequenzierung überprüfen und sicherstellen, dass der Zusammenbauprozess nicht zu Fehlern geführt hatte. Das hört sich zwar einfach an, in Wirklichkeit mussten wir aber neue Methoden entwickeln, um unser synthetisches Chromosom aus den Hefezellen zu gewinnen, in denen es nach unseren Schätzungen nur ungefähr fünf Prozent der gesamten DNA-Menge ausmachte. Um die synthetische DNA anzureichern, nutzten wir unsere Kenntnisse über die Sequenz des Hefegenoms und der synthetischen Genome: Wir suchten nach Restriktionsenzymen, die nur die Hefe-DNA in kleine Stücke zerlegten. Dann trennten wir die kleingeschnittenen Überreste der Hefe-DNA durch Gelelektrophorese von dem intakten synthetischen Chromosom.

Am Ende konnten wir das synthetische Genom mit unserer Ganzgenom-Schrotschussmethode sequenzieren. Zu unserer allgemeinen Freude und Erleichterung stimmte die DNA-Sequenz genau mit der überein, die wir am Computer entworfen hatten – einschließlich der von uns eingebauten Wasserzeichen. Wir hatten ein *M.-genitalium*-Genom von 582 970 Basenpaaren synthetisiert und damit das größte Molekül mit genau definierter chemischer Struktur hergestellt.

Unserem ersten synthetischen Chromosom gaben wir die Bezeichnung *M. genitalium* JCVI-1.0. Wir schrieben die Befunde auf und reichten sie am 15. Oktober, einen Tag nach meinem 61. Geburtstag, bei *Science* ein. Der Artikel erschien online am 24. Januar und in gedruckter Form am 29. Februar 2008. Wir feierten die erfolgreiche Herstellung des Genoms, wussten aber auch, dass die größte Herausforderung noch vor uns lag: Wir mussten jetzt einen Weg finden, um das erste synthetische Genom in eine Zelle einzupflanzen und festzustellen, ob es dort wie ein normales Chromosom funktionierte. Dabei würde sich die Wirtszelle in eine Zelle verwandeln, deren Bestandteile ausschließlich nach den Anweisungen in unserer synthetischen DNA hergestellt wurden. Auch hier bauten wir mit unseren Bemühungen auf frühere Arbeiten und Gedanken auf, die von einer ganzen Reihe hochqualifizierter Arbeitsgruppen stammten und über viele Jahrzehnte zurückreichten.

7. ARTUMWANDLUNG

> Der Übergang von einem krisenhaften Paradigma zu einem neuen, aus dem eine neue Tradition der normalen Wissenschaft hervorgehen kann, ist weit von einem kumulativen Prozess entfernt, wie ihn eine Artikulation oder eine Erweiterung des alten Paradigmas darstellen würde. Es ist vielmehr der Neuaufbau des Gebietes auf neuen Grundlagen, ein Neuaufbau, der einige der elementarsten theoretischen Verallgemeinerungen des Gebiets wie auch viele seiner Paradigmamethoden und -anwendungen verändert. Während der Übergangsperiode gibt es viele Probleme – aber nie sind es alle –, die sowohl durch das alte wie durch das neue Paradigma gelöst werden können. Es gibt aber auch einen entscheidenden Unterschied in den Lösungsmethoden. Wenn der Übergang abgeschlossen ist, hat die Fachwissenschaft ihre Anschauungen über das Gebiet, ihre Methoden und ihre Ziele geändert.
> Thomas Kuhn, 1962[1]

Wenn ich eine einzelne Studie, Fachveröffentlichung oder experimentelle Erkenntnis nennen sollte, die mein Verständnis vom Leben mehr beeinflusst hat als jeder andere, so würde ich zweifellos diese nennen: »Genome Transplantation in Bacteria: Changing One Species to Another« (»Genomtransplantation bei Bakterien: Umwandlung einer Spezies in eine andere«).[2] Die Forschungsarbeiten, die zu diesem 2007 in *Science* erschienenen Artikel führten, prägten nicht nur meine Sichtweise für das Leben, sondern sie legten auch das Fundament, das es ermöglichte, die erste synthetische Zelle zu schaffen. Mit der Genomtransplantation eröffnet sich nicht nur ein Weg, um eine verblüffende Verwandlung zu bewirken, sondern sie hilft auch zu beweisen, dass DNA die Software des Lebendigen ist.

Was die Konzepte angeht, hatten unsere Bestrebungen einen Vorläufer in Form des »Kerntransfers«, eines Verfahrens, mit dem unter anderem eine Arbeitsgruppe unter Leitung von Ian Wilmut am Roslin Institute nicht weit von Edinburgh in Schottland das Klonschaf Dolly herstellte.[3] Der Zellkern mit der DNA aus der Brustdrüse eines ausgewachsenen Schafes wurde in eine Eizelle verpflanzt, aus der man zuvor ihren eigenen Zellkern entfernt hatte; damit wurde die DNA aus der Brustdrüsenzelle letztlich in einen embryonalen Zustand zurückversetzt. Die nachfolgende Geburt von Dolly machte 1997 weltweit Schlagzeilen, weil das Tier von einer ausgewachsenen Brustdrüsenzelle abstammte. (Dies erklärt auch den Namen: Er ist eine Verbeugung gegenüber der üppig ausgestatteten Sängerin Dolly Parton.) Bis zu seiner Geburt hatte man es für unmöglich gehalten, aus einer Zelle eines ausgewachsenen Tieres einen Klon herzustellen. Die Leistung des Roslin Institute baute auf vielen Voraussetzungen auf, von genauen Kenntnissen über den Zellzyklus bis zu praktischen Überlegungen wie dem Schutz des rekonstruierten Embryos in einer Agarhülle.[4] Aber entgegen einer verbreiteten Ansicht war Dolly bei weitem nicht der erste Klon, und sie war auch nicht das erste geklonte Schaf.[5]

In Wirklichkeit geht die Geschichte des Kerntransfers auf das Jahr 1938 und den höchst kreativen, einflussreichen deutschen Embryologen Hans Spemann (1869–1941) zurück, der die ersten Kernverpflanzungsexperimente publizierte.[6] Spemann war der Pionier der Entwicklungsmechanik, wie er sie nannte, und erhielt 1935 für seine Arbeiten den Nobelpreis. Zusammen mit Hilde Mangold (1898–1924) stellte er die ersten Versuche zur Kernverpflanzung an Molchen an, die wegen ihrer großen, leicht zu handhabenden Eizellen ein ideales Versuchsobjekt darstellten. Im Jahr 1938 veröffentlichte Spemann sein historisches Werk *Experimentelle Beiträge zu einer Theorie der Entwicklung*; darin beschrieb er, was seine Experimente zum Erfolg geführt hatte: die geschickte Anwendung von Mikroskop und Pinzette sowie ein feines Haar, das er vermutlich seiner Tochter Margarethe ausgerissen hatte.

Spemann benutzte das Haar als Schlinge und teilte damit unter dem Binokularmikroskop das Cytoplasma einer kurz zuvor befruchteten Salamander-Eizelle, so dass ein hantelförmiger Embryo entstand. Auf der einen Seite der Hantel befand sich der Zellkern mit der DNA, auf der anderen ausschließlich Cytoplasma mit allen Inhaltsstoffen, die sich außerhalb des Zellkerns befinden und von der Zellmembran umschlossen sind. (Dabei muss man an eines denken: Spemann hatte seine Anregung zwar aus den Arbeiten von August Weismann zur Vererbung bezogen, man wusste aber nur, dass das Geheimnis der Vererbung im Zellkern liegt.) Nachdem die kernhaltige Seite sich viermal geteilt hatte und zu einem Embryo aus 16 Zellen herangewachsen war, lockerte Spemann die Schlinge, so dass einer der 16 Zellkerne in das abgetrennte Cytoplasma auf der anderen Seite der Hantel einwandern konnte; dort entstand nun eine neue Zelle mit dem ursprünglichen Inhalt der Eizelle und einem weiteren ausgereiften Zellkern. Jetzt zog er die Schlinge wieder an und trennte die beiden Embryonen. Damit hat er gezeigt, dass der Zellkern auch nach vier Zellteilungen noch in der Lage war, sich in jede beliebige Zelle zu verwandeln. Damit hatte Spemann einen Klon geschaffen, eine genetisch identische Kopie, die wenige Minuten jünger war als das Original.

Das Produkt der Methode, die Spemann als Zwillingsbildung bezeichnete, ging in die Geschichte als erster Klon eines

Tieres ein, der im Labor durch Kerntransfer hergestellt wurde. Er wollte noch einen Schritt weitergehen und schlug ein »phantastisches Experiment« vor, in dem eine ausgewachsene Zelle der gleichen Prozedur unterworfen werden sollte; wie viele andere vor ihm, so stand aber auch Spemann überwältigt und staunend vor den Geheimnissen der Entwicklung, dass er die Vermutung hatte, sie hänge von mehr ab als nur von Physik und Chemie.

Im folgenden Jahrzehnt weckte Spemanns provokativer Gedanke die Aufmerksamkeit des Wissenschaftlers Robert Briggs am Lankenau Hospital Research Institute in Philadelphia (dem späteren Institute for Cancer Research, das heute Fox Chase Cancer Center heißt). Briggs beschäftigte sich mit dem Zellkern und klonte 1952 in Zusammenarbeit mit Thomas J. King Leopardfrösche mit einem Kernverpflanzungsverfahren. Das Experiment von Briggs und King ähnelte dem, das Spemann sich 1938 ausgemalt und für das er mit Salamandern Vorarbeit geleistet hatte. Sie verpflanzten den Kern einer Froschzelle aus einem frühen Embryo in die mit einem Millimeter relativ große Eizelle eines gewöhnlichen amerikanischen Leopardfrosches und erzeugten damit Froschembryonen, die zu Kaulquappen heranwuchsen. Durch weitere Experimente gelangten sie aber zu dem Schluss, dass das Entwicklungspotential mit fortschreitender Differenzierung der Zellen immer geringer wird, so dass es unmöglich ist, einen Klon mit dem Zellkern einer ausgewachsenen Zelle zu erzeugen. Im Jahr 1962 ersetzte dann John Gurdon in Oxford den Kern einer Eizelle des Frosches *Xenopus* durch den Kern einer ausgereiften, spezialisierten Zelle, den er aus dem Darm einer Kaulquappe gewonnen hatte. Die Eizelle entwickelte sich zu einer geklonten Kaulquappe, und spätere Experimente lieferten auch ausgewachsene Frösche.[7] Gurdons Forschungsarbeiten lehrten uns, dass man den Kern einer ausgereiften, spezialisierten Zelle in einen unreifen Zustand zurückversetzen kann; dies führte dazu, dass er 2012, 50 Jahre nach seinem bahnbrechenden Experiment, den Nobelpreis für Physiologie oder Medizin erhielt.[8]

Was wir vorhatten, war in mehrfacher Hinsicht viel komplizierter als diese bahnbrechenden Kernübertragungsexperimente, so bemerkenswert sie auch zweifellos waren. Spemanns Arbeiten waren ein wenig so, als wollte man einen Computer neu programmieren, ohne irgendetwas über Software zu wissen, indem man einfach Code aus dem Netz herunterlädt. Bakterien haben im Gegensatz zu den komplizierter gebauten Eukaryontenzellen keinen Zellkern, ihnen fehlt also die in einer Membran eingeschlossene Unterstruktur. Das Genom liegt in einer Bakterienzelle zusammen mit allen anderen Zellbestandteilen frei in der dicken Suppe des Cytoplasmas. Es gibt also kein Organell, das man chirurgisch entfernen könnte. Eine noch größere Herausforderung war unser Vorhaben, das genetische Material von einer Spezies in eine andere zu verpflanzen; bei allen früheren Kerntransferexperimenten hatte man mit derselben Spezies und manchmal sogar mit genau demselben Tier gearbeitet.

Als wir überlegten, wie man synthetische DNA in ein Bakterium einschleusen und das dort vorhandene Chromosom ersetzen kann, wussten wir, dass wir eine neue Methode zur Verpflanzung von Genomen entwickeln mussten. Immerhin musste das gesamte Genom der Wirtszelle durch neu eingeschleuste, nackte DNA einer anderen Spezies ersetzt werden, ohne dass es zu einer Vermischung (Rekombination) zwischen den beiden Genomen kam. Die Übertragung einzelner Gene war in der Molekularbiologie schon seit Jahrzehnten Routine und unterlag keinen Beschränkungen; so kann man beispielsweise Gene von Viren und Menschen in Bakterien und Hefe verpflanzen, wo sie dann auch ausgeprägt werden. Aber soweit mir bekannt war, hatte noch nie jemand versucht, ein ganzes Genom zu verpflanzen – und diese Aufgabe zu lösen, galt vielfach als unmöglich.

Solche Vorurteile beeinträchtigen häufig unsere Fähigkeit,

etwas Neues zu versuchen oder neue Fortschritte anzuerkennen. Die Mikrobiologen glaubten beispielsweise früher, eine Bakterienzelle könne nur ein einziges Chromosom enthalten. Dass die Realität interessanter ist, erfuhr ich Mitte der 1990er Jahre, als wir das Genom des Choleraerregers sequenzierten;[9] an Cholera leiden weltweit fünf Millionen Menschen, und bis zu 120 000 sterben jedes Jahr daran.[10] Die Algorithmen, die wir für die Schrotschusssequenzierung entwickelt hatten, um mit dem Computer überlappende Abschnitte des sequenzierten Codes zu finden, hatten einen einzigartigen Aspekt: Sie setzten Sequenzen ausschließlich aufgrund der Übereinstimmung überlappender Abschnitte zusammen, verfügten aber von vornherein nicht über Vorstellungen davon, um wie viele Chromosomen, Plasmide oder Viren es ging; sie brachten Fragmente nur auf mathematisch stichhaltige Weise zur Übereinstimmung. Als wir die sequenzierten Fragmente aus dem Genom des Choleraerregers zusammensetzten, bildeten sie zwei sauber abgegrenzte, unabhängige Chromosomen und nicht nur eines, wie die meisten Fachleute angenommen hatten. Als wir diese beiden Chromosomen miteinander und mit anderen Genomen verglichen, stellten wir fest, dass sie sehr unterschiedlich waren.

Nachdem wir beim Choleraerreger diese Entdeckung gemacht hatten, fanden wir eine beträchtliche Zahl weiterer Mikroorganismenarten mit mehreren Chromosomen. Das warf eine Frage auf: Wie hatten diese Arten die Mehrfachchromosomen erworben? Nahm eine Zelle die zusätzliche DNA einfach zufällig von einer aufgelösten Zelle auf, und das neue Chromosom konnte sich festsetzen, weil es seinem neuen Wirt wichtige Überlebensfähigkeiten verlieh? Hatten zwei alte Bakterienzellen durch Verschmelzung eine neue Spezies gebildet? Die Antworten auf solche Fragen kannten wir nicht, aber die Ideen hatten für mich einen großen Reiz. Die Evolution der Arten spielt sich nach heutiger Kenntnis vorwiegend durch die allmähliche Anhäufung von Veränderungen einzelner Basen ab, die sich in der DNA-Sequenz im Laufe von Jahrmillionen oder Jahrmilliarden abspielen; die fragliche Art passt sich an ihre Umwelt an, wenn solche Zufallsveränderungen für einen Überlebensvorteil sorgen. Mir erschien es plausibel, dass manche dramatischen Sprünge, die wir in der Evolution beobachten, zumindest teilweise auf den Erwerb eines zusätzlichen Chromosoms zurückzuführen sind, durch den mit einem Schlag Tausende von Genen und neuen Eigenschaften hinzukommen.

Wie wir heute wissen, entstanden manche hochentwickelten Funktionen der Eukaryontenzellen in der Evolution dadurch, dass diese Zellen bestimmte Mikroorganismenarten, die anfangs in einer symbiontischen Beziehung mit ihnen lebten, vollständig schluckten. Das wohl wichtigste derartige Ereignis spielte sich vor rund zwei Milliarden Jahren ab, als eine Eukaryontenzelle eine photosynthetisch aktive Bakterienzelle in sich aufnahm, aus der schließlich in allen Pflanzen die Chloroplasten wurden, der Ort der Photosynthese. Das zweite eindringliche Beispiel für einen solchen auch als Endosymbiose bezeichneten Vorgang sind die Mitochondrien, die »Kraftwerke« unserer Zellen, die wie die Chloroplasten ihre eigene genetische Information besitzen und sich von einem symbiontischen Bakterium der Gattung *Rickettsia* ableiten.

Da die Verpflanzung von Genomen und ganzer Zellen also eindeutig ein wesentlicher Bestandteil unserer Evolution war, hatte ich die Zuversicht, dass wir auch einen Weg zur künstlichen Verpflanzung von Genomen finden konnten. Für unsere ersten Transplantationsexperimente wählten wir die Mycoplasmen, weil diese im Gegensatz zu den meisten anderen Bakterien keine Zellwand besitzen (eine widerstandsfähige, recht starre Außenhülle); sie sind nur von einer Zellmembran aus Lipiden umhüllt, was das Einschleusen der DNA vereinfachen würde. Außerdem hatten wir umfangreiche Daten über die Sequenzen des *Mycoplasma*-Genoms und die Inaktivierung einzelner Gene. Das neue Transplantationsteam stellte ich rund um zwei Wissenschaftler zusammen: John Glass, der während eines großen Teils seiner Berufslaufbahn bei dem Pharma-Unternehmen Lilly mit Mycoplasmen gearbeitet hatte und zu uns gestoßen war, als der Konzern sein Programm zur Bekämpfung von Mikroorganismen einstellte; und unsere neue französische Postdoc Carole Lartigue, die ebenfalls über Erfahrungen mit verschiedenen Mycoplasmenarten verfügte. Weitere wichtige Mitglieder des Teams waren Nina Alperovich und Rembert Pieper.

Anfangs hatten wir vorgehabt, das Mycoplasmengenom in *E. coli* zu verpflanzen, aber dabei stellte sich ein Problem: Die DNA von Mycoplasmen enthält zwar die gleichen vier Basen wie das genetische Material aller anderen Arten, das Codon UGA codiert bei ihnen aber die Aminosäure Tryptophan, bei vielen anderen Arten dagegen ist UGA ein »Stoppcodon«, das die Transkription der RNA in Protein beendet. *E. coli* würde UGA als Stoppcodon lesen, und das würde zur Entstehung verstümmelter Proteine führen, was mit der Lebensfähigkeit der Zelle unvereinbar wäre. Deshalb mussten wir uns für die Verpflanzungsexperimente eine zweite Mycoplasmenart aussuchen.

Für die Sequenzierung und Analyse des Genoms hatten wir *M. genitalium* gewählt, weil diese Spezies ein äußerst kleines Genom hat; aus dem gleichen Grund hatten wir sie auch für die DNA-Synthese verwendet: Nach unserer Überzeugung war der limitierende Schritt bei der Herstellung eines synthetischen Genoms die Möglichkeit, die Sequenz mit rein chemischen Mitteln zu reproduzieren. Aber später sollten wir unsere Entscheidung bereuen, und das aus einem wichtigen praktischen Grund: *M. genitalium* vermehrt sich im Labor nur sehr langsam. Während *E. coli* sich alle 20 Minuten teilt und dabei jedes Mal zwei Tochterzellen produziert, braucht *M. genitalium* zwölf Stunden, um eine Kopie seiner selbst herzustellen. Das mag sich nicht nach einem großen Unterschied anhören, aber bei logarithmischem Wachstum ist es der Unterschied zwischen experimentellen Ergebnissen in 24 Stunden oder mehreren Wochen. Deshalb wählten wir für die ersten Genom-Verpflanzungsversuche die Mycoplasmenarten *M. mycoides* und *M. capricolum*, die beide schnell wachsen; beide sind opportunistische Krankheitserreger bei Ziegen und setzten sich vermutlich vor ungefähr 10 000 Jahren durch, als die Tiere domestiziert wurden.[11] Da diese Mikroorganismen wichtige Erreger von Tierkrankheiten sind, werden sie in Forschungslabors routinemäßig gezüchtet. Sie vermehren sich zwar nicht so schnell wie *E. coli*, aber *M. mycoides* verdoppelt sich immerhin alle 60 Minuten, und für *M. capricolum* liegt die Generationszeit bei 100 Minuten.

Als Genomforschungslabor sequenzierten wir natürlich die Genome beider Arten, denn wir wollten wissen, wie eng sie verwandt waren. Wie sich herausstellte, hat *M. mycoides* ein Genom von 1 083 241 Basenpaaren, von denen drei Viertel (76,4 Prozent) in ihrer Sequenz mit dem geringfügig kleineren Genom von *M. capricolum* (1 010 023 Basenpaare) übereinstimmen. In den Genomabschnitten, in denen die Sequenzen sich in Übereinstimmung bringen lassen, sind sie zu 91,5 Prozent gleich. Das restliche Viertel (24 Prozent) des Genoms von *M. mycoides*, das in der Sequenz seines kleineren Vetters keine Übereinstimmung hat, enthält Sequenzen, die im Genom von *M. capricolum* nicht vorkommen.

Wegen der Ähnlichkeit der DNA-Sequenzen gingen wir davon aus, dass die Proteine, die bei den beiden Arten zur Umsetzung der genetischen Information dienen, in ihren biochemischen Eigenschaften gegenseitig verträglich sind und auch das Genom des jeweils anderen Organismus ablesen können, wobei sie aber gleichzeitig auch genetisch noch so unterschiedlich sind, dass wir sie leicht auseinanderhalten konnten. Außerdem glaubten wir, dass die Sequenzen der Genome wegen ihrer Unterschiede wahrscheinlich nicht rekombinieren würden.

Als es nun um die Frage ging, welches Genom übertragen

werden sollte und welches als Wirt dienen würde, wählten wir *M. mycoides* als Genomspender und *M. capricolum* als Empfänger: *M. mycoides* wächst schneller und hat das größere Genom, was den Nachweis einer erfolgreichen Übertragung vereinfachen würde. Auch ein technischer Grund hatte Einfluss auf unsere Entscheidung. Carole Lartigue hatte an ihrer früheren Arbeitsstelle einen besonderen DNA-Abschnitt untersucht, der als »Replikationsursprungskomplex« (*origin of replication complex*, ORC) bezeichnet wird und für den Prozess der Zellteilung eine zentrale Bedeutung hat. Sie hatte gezeigt, dass Plasmide, die den Replikationsursprung von *M. mycoides* enthalten, wegen ihres ORC in *M. capricolum* wachsen können – aber nicht umgekehrt.

Nachdem wir entschieden hatten, welche Mycoplasmen als Spender und Empfänger des Genoms dienen sollten, waren wir zuversichtlich: Wir hatten jetzt ein gutes experimentelles System, das für den Versuch einer Genomverpflanzung die besten Aussichten bot. Die nächsten Schritte erforderten ein langwieriges Ausprobieren und führten uns in unbekanntes Terrain. Wir mussten neue Methoden entwickeln, mit denen wir das Chromosom aus einer Spezies unversehrt isolieren und in eine Empfängerzelle übertragen konnten, ohne die DNA zu schädigen oder zu schneiden. Kleine DNA-Abschnitte lassen sich leicht ohne Schaden handhaben, aber große, insbesondere ganze Chromosomen aus Millionen von Basen, sind sehr zerbrechlich und werden leicht beschädigt.

Außerdem mussten wir uns für einen generellen experimentellen Ansatz entscheiden. Sollten wir versuchen, das Genom von *capricolum* zu entfernen oder zu zerstören, bevor wir die neue DNA aus der *mycoides*-Zelle einschleusten? Ein solches Vorgehen würde der sogenannten Entkernung entsprechen, die man beim Kerntransfer in Eukaryonten vornimmt; dort ist sie relativ einfach: Den Zellkern kann man mit einer Mikropipette aus der Empfänger-Eizelle heraussaugen. Ob es für unsere Zwecke unbedingt notwendig war, das

Genom in der Empfängerzelle vor dem Einschleusen der neuen DNA zu zerstören oder zu entfernen, wussten wir nicht. Ebenso wenig wussten wir, was geschehen würde, wenn ein und dieselbe Zelle am Ende zwei Genome enthielt.

Wir malten uns verschiedene Wege aus, das Chromosom der Wirtszelle anzugreifen; unter anderem dachten wir daran, die DNA mit Strahlung zu zerstören: Dahinter stand die Überlegung, dass die viel größeren DNA-Moleküle von einer niedrigen Strahlungsdosis stärker betroffen sein würden als die Proteine. Auch den Gedanken, die DNA der Empfängerzelle mit Restriktionsenzymen abzubauen, zogen wir in Erwägung. Bedenken hatten wir aber, weil bei allen diesen Methoden möglicherweise DNA-Fragmente zurückbleiben konnten, die dann mit dem transplantierten Chromosom rekombinierten und es unmöglich machten, ein rein synthetisches Genom hochzufahren. Nach langen Diskussionen schlug Ham Smith eine einfachere Lösung vor: Vielleicht brauchten wir überhaupt nichts zu tun, denn wenn die Empfängerzelle sich nach der Transplantation in zwei Tochterzellen aufspaltete, war es durchaus möglich, dass eine davon am Ende ausschließlich das transplantierte Chromosom enthielt.

Auch wenn das alles recht spekulativ erschien, entschlossen wir uns, das Experiment zu machen. Zuvor mussten wir jedoch noch einige entscheidende Fragen beantworten und eine Methode entwickeln, um das Chromosom zu isolieren und zu handhaben, ohne dabei die DNA zu schädigen. Um sie zu schützen, isolierten wir das Chromosom in winzigen, 100 Mikroliter großen Blöcken aus Agarose, einer Substanz, die eine ähnliche Konsistenz hat wie Gelatine. Wir brachten die Bakterien zunächst in eine flüssige Agarosemischung und gossen diese in Formen, die mit Eis gekühlt wurden, so dass die Agarose sich verfestigte und winzige Stücke bildete. Nachdem wir die Bakterien auf diese Weise fixiert hatten, konnten wir die Zellen mit Enzymen aufschließen, so dass sich ihr Inhalt einschließlich der Chromosomen in die Agarose ergoss. Zur Abtrennung der DNA behandelten wir die Blöcke mit Proteaseenzymen, die sämtliche Proteine abbauten, die DNA aber unversehrt ließen. Anschließend konnten wir die Blöcke mit der DNA auf ein Analysegel auftragen und die DNA mit elektrischer Spannung in das Gel einwandern lassen. DNA ist wegen der Phosphatgruppen in ihrem Rückgrat negativ geladen und wandert im elektrischen Feld in Richtung der positiven Elektrode. Durch Veränderung des Spannungsgradienten und der Gelkonzentration sowie mit verschiedenen Farbstoffen konnten wir die Größe des Chromosoms und die Menge der Proteinverunreinigungen ermitteln und feststellen, ob die Chromosomen zerbrochen waren und nun als gestreckte Moleküle vorlagen – gestreckte DNA wandert schneller durch Gele als ringförmige, und die wiederum bewegt sich schneller als überspiralisierte DNA.[12]

Nachdem wir mit der Gewinnung und Verarbeitung von Genomen in den Analysegelen experimentiert hatten, waren wir überzeugt, dass wir die richtige Methode gefunden hatten: Mit ihr konnten wir Chromosomen isolieren, feststellen, ob sie proteinfrei waren (wir mussten wissen, ob irgendwelche Proteine für die Verpflanzung erforderlich waren) und einschätzen, ob sie als Doppelstrang, als Ring oder überspiralisiert vorlag. DNA wird bei Pro- und Eukaryonten unterschiedlich verpackt, so dass sie in die engen Zellen oder Zellkompartimente passt. In menschlichen Zellen ist die DNA um Proteine gewickelt, die man Histone nennt, Bakterien erreichen den gleichen Effekt in der Regel durch Überspiralisierung – das bedeutet, wie der Name schon sagt, dass die Spirale der Helix wiederum eine Spirale bildet. Die meisten Bakteriengenome sind »negativ überspiralisiert«, das heißt, die DNA ist in Gegenrichtung zur Doppelhelix gewunden. Pilotexperimente hatten die Vermutung nahegelegt, dass der genaue Zustand der DNA von Bedeutung war: Die Verpflanzung klappte offenbar am besten mit unversehrten, ringförmigen Chromosomen.

Carole Lartigue und ihre Arbeitsgruppe probierten viele Methoden aus und einigten sich schließlich auf eine Vorgehensweise, die zwar kompliziert war, am Ende aber funktionierte. Wir fanden heraus, dass proteinfreie DNA sich erfolgreich in *M.-capricolum*-Zellen verpflanzen lässt. Ebenso stellten wir fest, dass geringfügige Veränderungen in den Empfängerzellen die Transplantation erleichterten. Wenn wir die Zellen beispielsweise bei einem pH von 6,2 anstelle von 7,4 wachsen ließen, änderte sich ihr Aussehen dramatisch: Die normalerweise eiförmigen *M.-capricolum*-Zellen sahen nun lang und dünn aus. In dieser schlanken Gestalt waren sie auch durchlässiger, vermutlich weil die Zellmembran sich entspannte. Um dem neuen Genom den Zugang zu den *M.-capricolum*-Zellen zu erleichtern, bedienten wir uns einer Standardmethode mit Polyäthylenglykol (PEG), einer Substanz, die nicht nur die Membran durchlässiger macht, sondern auch die DNA bei ihrem Durchgang durch die Membran schützt.

Wie sich herausstellte, waren Reinheit, Typ und Herkunft des Polyäthylenglykols für den Erfolg der Transplantation von entscheidender Bedeutung. Bis wir diese einfache Tatsache herausgefunden hatten, bedurfte es einer Menge langwieriger, sich ständig wiederholender, frustrierender Arbeiten und einer extremen Aufmerksamkeit für Details. Wenn man eine neue Methode entwickelt, gibt es keine Rezepte, an die man sich halten kann, keine Lehrbücher, die man befragen könnte, und keine Handbücher, die kleine Tipps und Geheimnisse weitergeben und damit den Erfolg gewährleisten. Am Ende muss man jede einzelne Abwandlung von Versuchsbedingungen und Zutaten einzeln ausprobieren. Man ist nie ganz sicher, welcher der vielen Faktoren wirklich von Bedeutung ist, wie sie mit- und gegeneinander wirken und so weiter. Um alle diese Variablen systematisch zu untersuchen, muss man sorgfältig geplante Versuche ausführen. Das ist die anstrengendste Form grundlegender Experimente, und wenn man Erfolg hat, ist es auch die beste. Auf jedes Experiment, das klappte, kamen vermutlich Hunderte von Fehlschlägen. Es war Carole Latigue und ihrem Team hoch anzurechnen, dass sie mit monatelanger harter Schufterei die Details klärten, so dass die Genomtransplantation von einer Idee zu einer echten, detailliert ausgearbeiteten, leistungsfähigen Methode wurde.

Um unsere Erfolgschancen zu steigern, bauten wir in das Genom von *M. mycoides* vor der Transplantation zwei weitere Genkassetten ein. Die eine diente der Antibiotikaselektion: Wenn wir der Kultur ein Antibiotikum zusetzten, waren wir sicher, dass alle überlebenden Zellen diese schützende Genausstattung besaßen. Und um sofort zu erkennen, wann eine Genomtransplantation gelungen war, nahmen wir ein Gen namens lacZ hinzu; dieses codiert ein Protein, das die Empfängerzellen in Gegenwart einer Substanz namens X-gal hellblau färbt. Jetzt wussten wir, wie der Erfolg aussehen würde: Er hatte die Gestalt blauer, antibiotikaresistenter Kolonien. Wir mussten aber sicherstellen, dass es wirklich so war: Das Blau konnte auch dann entstehen, wenn nur die Gene für lacZ und die Antibiotikaresistenz auf *M. capricolum* übertragen wurden.

Leider war dies nicht nur eine theoretische Möglichkeit. Wir hatten viele Male versucht, das Genom von *M. genitalium* in *M.-genitalium*-Zellen zu verpflanzen, und dabei hatten wir zwar häufig blaue Zellen erhalten, wie sich aber herausstellte, war das Ergebnis immer auf einfache Rekombination zurückzuführen: Dabei waren die Gene für lacZ und die Resistenz aus dem nahezu identischen, verpflanzten Genom in das Genom der Empfängerzelle übergegangen.

Das transplantierte Genom war in seiner Sequenzstruktur dem Genom der Empfängerzelle einfach zu ähnlich, so dass der Inhalt von beiden sich vermischte. Wir mussten also auf die harte Tour lernen, dass wir uns über den Anblick einer blauen Kolonie nicht allzu sehr freuen durften, bevor das Ergebnis nicht ordnungsgemäß überprüft worden war.

Auch nach der Transplantation des *M.-mycoides*-Genoms in Zellen von *M. capricolum* hatte die Arbeitsgruppe scheinbar Erfolg und erhielt einige neue blaue Zellen. Nach der ersten blauen Kolonie hatte sie die Methode immer wieder verfeinert und überprüft; Woche für Woche und Monat für Monat steigerte sie die Zahlen, bis wir Dutzende von Kolonien besaßen. Aber wir waren jetzt klüger und planten mehrere Experimente zur Analyse der blauen Zellen, die nach der Genomtransplantation entstanden waren.

In der ersten Analysenreihe vervielfältigten wir Sequenzen, von denen wir wussten, dass sie nur im *M.-mycoides*-Genom vorkommen, mit der Polymerasekettenreaktion (PCR). Ebenso versuchten wir aus den blauen Zellen eine Reihe von Sequenzen zu vervielfältigen, die es nur bei *M. capricolum* gibt. Aufgeregt wurden wir erst, wenn wir vervielfältigte Sequenzen aus dem verpflanzten Genom, aber keine aus den Empfängerzellen nachweisen konnten. Damit bestand zwar immer noch eine geringe Wahrscheinlichkeit, dass wir die Folgen einer Genomrekombination beobachteten, aber als wir immer mehr Sequenzen analysierten, rückte diese Möglichkeit weiter in die Ferne. Als wir die Empfängerzellen nach der Transplantation wiederum mit Gelen analysierten, stellte sich heraus, dass sie nur DNA-Fragmente von *M. mycoides* enthielten, aber keine aus dem Genom von *M. capricolum*.

Solche indirekten Methoden machten zwar Mut, die eigentliche Nagelprobe war aber eine Sequenzierung der DNA aus einer blauen Kolonie, durch die sich der tatsächliche Inhalt des Genoms zeigen würde. Wir wählten zwei unserer blauen Kolonien aus und sequenzierten aus jeder davon eine Bibliothek von 1300 Klonen mit Sequenzen von insgesamt mehr als einer Million Basenpaaren. Jetzt wurden wir wirklich aufgeregt: Alle Sequenzen stimmten nur mit dem Genom von *M. mycoides* überein, das wir in die Empfängerzellen verpflanzt hatten.

Mit jedem Stadium unserer Analysen wurde deutlicher,

dass wir Zellen besaßen, die nur das verpflanzte *M.-mycoides*-Genom enthielten, während das Genom von *M. capricolum* zerstört oder durch Aufspaltung in die Tochterzellen, die später durch das Antibiotikum im Wachstumsmedium abgetötet wurden, beseitigt worden war. Aber wir waren immer noch nicht zufrieden. Konnte dieser Befund in irgendeiner Form ein Artefakt sein? War es denkbar, dass wir in Wirklichkeit eine intakte *M.-mycoides*-Zelle übertragen hatten, die herangewachsen war und uns in dem falschen Glauben wiegte, wir hätten das Genom transplantiert? Waren die blauen Kolonien nur das Produkt einer Verunreinigung? Als Erster hatte Nate Kaplan mir das alte, kluge Mantra beigebracht: Außergewöhnliche Behauptungen müssen mit außergewöhnlichen Belegen begründet werden.[13]

Da wir uns von solchen kritischen Gedanken leiten ließen, hatten wir in alle Experimente, mit denen wir bis hierher gelangt waren, Kontrollen eingebaut; deshalb konnten wir Artefakte ausschließen. Wir waren sicher, dass wir mit unserem Verfahren zur DNA-Gewinnung auch noch die letzte *M.-mycoides*-Zelle abgetötet hatten, zur Sicherheit ließen wir aber in jedem Transplantationsexperiment zwei Negativkontrollen mitlaufen: In der einen wurde die Transplantation ohne *M.-capricolum*-Empfängerzellen durchgeführt, in der anderen benutzten wir zwar *M.-capricolum*-Zellen, die Gelblöcke enthielten aber keine *M.-mycoides*-DNA. In diesen Negativkontrollen beobachteten wir nie blaue Kolonien, und damit war gesichert, dass unsere DNA-Präparate nicht mit *M.-mycoides*-Zellen verunreinigt waren. Weiter ermutigt wurden wir durch die Beobachtung, dass die Zahl der durch Transplantation entstandenen Kolonien in jedem Experiment unmittelbar proportional zu der zugesetzten Menge an *M.-mycoides*-DNA war. Je mehr DNA wir eingesetzt hatten, desto mehr Kolonien entstanden nach der Transplantation.

Was hatten wir da nun eigentlich im Einzelnen vor uns? Waren es *M.-capricolum*-Zellen, die nur die DNA von *M. my-*

coides mit den zusätzlich eingebauten Genen für lacZ und die Resistenz gegen das Antibiotikum Tetracyclin (tetM) enthielten? Was hatte sich im Gefolge der Genomverpflanzung geändert? Wie sah der Phänotyp der Zellen aus, der von der transplantierten DNA ausging? Wir unterwarfen die blauen Zellen mehreren komplizierten Analyseverfahren, um genau herauszufinden, welche Proteine sie enthielten. Mit Antikörpern, die gezielt nur auf Proteine eines der beiden Ausgangs-Zelltypen reagierten, untersuchten wir die Oberfläche der Zellen mit dem verpflanzten Genom. Zu unserer freudigen Überraschung dockten die Antikörper, die sich gegen *M.-capricolum*-Proteine richteten, nicht an die Zellen mit dem transplantierten Genom an; dagegen zeigten Antikörper, die wir ursprünglich gegen Proteine von *M. mycoides* hergestellt hatten, eine solche Bindung.

Während diese Untersuchungen mit den Antikörpern noch liefen, nahmen wir auch eine viel umfassendere Analyse in Angriff. Dabei wurden die Proteine aller drei Zelltypen (Empfängerzellen der Spezies *M. capricolum*, Spenderzellen der Spezies *M. mycoides* und die neuen Zellen mit dem transplantierten Genom) mit der Methode der differentiellen zweidimensionalen Gelelektrophorese überprüft. Mit dieser Technik macht man gewissermaßen den Proteingehalt der Zellen sichtbar. Die aus den Zellen gewonnenen Proteine werden in einer Dimension nach der Größe und in einer zweiten anhand ihrer elektrischen Ladung getrennt. Als Ergebnis erhält man ein für jeden Zelltyp einzigartiges Muster aus Punkten, von denen jeder ein Protein repräsentiert. Diese zweidimensionalen Muster kann man leicht vergleichen. Bei derartigen Analysen stellte sich heraus, dass das Proteinmuster der Zellen mit dem transplantierten Genom mit dem der Spenderspezies *M. mycoides* nahezu identisch war, sich aber stark von dem der Spezies *M. capricolum* unterschied.

Über den Befund waren wir begeistert, aber wir wollten noch einen Schritt weitergehen. Mit einem Verfahren namens

Matrix-unterstützte Laser-Desorption/Ionisation (*matrix-assisted laser desorption ionization*, MALDI) sequenzierten wir die Proteinbruchstücke in 90 Flecken aus den zweidimensionalen Gelen. Die Vorgehensweise hätte sich noch vor zehn Jahren nach Science-Fiction angehört: Man zieht die winzigen Flecken der abgetrennten Proteine mit einem Laser aus dem zweidimensionalen Gel, so dass sich über jedem Fleck eine »Rauchfahne« aus geladenen Molekülen bildet, die man dann mit dem Standardverfahren der Massenspektrometrie analysieren kann. Auf diese Weise kann man mit dem MALDI-Verfahren die Aminosäuresequenz der Proteinfragmente in den Flecken auf dem Gel ermitteln.

Die Daten lieferten den schlüssigen Beleg, dass die Proteine in der Zelle, die das transplantierte Genom enthielt, ausschließlich durch Transkription und Translation der neu eingeschleusten *M.-mycoides*-DNA entstanden waren. Jetzt konnten wir völlig sicher sein, dass wir einen ganz neuen Mechanismus zur Umwandlung der genetischen Identität einer Zelle gefunden hatten, an dem weder DNA-Rekombination noch natürliche Transformationsmechanismen mitwirken. Da das Genom von *M. capricolum* keinen Code für Prozesse zum Einschleusen von DNA enthält, konnten wir den Schluss ziehen, dass die Transplantation des neuen Chromosoms ausschließlich durch unser Verfahren mit dem Polyäthylenglycol erfolgt war. Damit wussten wir, dass wir erstmals über Zellen verfügten, die aus der gezielten Verpflanzung des Genoms einer Spezies in eine Wirtszelle einer anderen hervorgegangen waren. Damit hatten wir letztlich eine biologische Art in eine andere verwandelt.

Aus unserem Erfolg ergaben sich viele Konsequenzen. Die wichtigste: Wir wussten jetzt, dass wir mit den chemischen Verbindungen aus vier Flaschen ein synthetisches Genom herstellen konnten und dass die Transplantation eines solchen Genoms in eine Empfängerzelle sowie die Umsetzung seiner Anweisungen eine realistische Möglichkeit darstellten. Die

Transplantationsversuche verliehen unseren Bestrebungen, die DNA eines Lebewesens zu synthetisieren und sie dann zur Schaffung einer neuen, lebenden Zelle zu nutzen, frische Energie.

Als zweite wichtige Folgerung ergab sich aus der ersten Genomtransplantation ein neues, tieferes Verständnis für das Lebendige. Meine Gedanken über das Leben waren während dieser Forschungsarbeiten konkreter geworden. DNA ist die Software des Lebens, und wenn wir diese Software verändern, verändern wir die Spezies und damit auch die Hardware der Zelle. Genau das fürchteten jene, die sich nach Belegen für irgendeine vitalistische Kraft sehnten: dass ein solcher Befund aus guter reduktionistischer Wissenschaft erwuchs, aus dem Versuch, das Leben und die Frage, was es bedeutet, lebendig zu sein, in Grundfunktionen und einfache Bestandteile zu zerlegen. Unsere Experimente ließen nicht mehr viel Raum für die Ansichten der Vitalisten oder derer, die gern glauben wollen, dass Leben von mehr abhängt als von dem komplizierten Zusammenspiel chemischer Reaktionen.

Unsere Experimente ließen keinen Zweifel daran, dass Leben ein Informationssystem ist. Jetzt freute ich mich auf das nächste Ziel. Ich wollte neue Information in das Leben einbringen, auf meinem Computer einen Digitalcode schaffen, diesen Code mit chemischer Synthese in die DNA eines Chromosoms verwandeln und dann die von Menschen gemachten Informationen in eine Zelle einschleusen. Ich wollte uns in eine neue Ära der Biologie führen und eine neue Lebensform erzeugen, die ausschließlich von den Informationen einer DNA, die im Labor hergestellt worden war, beschrieben und angetrieben wurde. Das wäre der letzte Beweis durch Synthese.

8. DIE SYNTHESE DES GENOMS VON *M. MYCOIDES*

> Um Fortschritt möglich zu machen,
> muss man die Tür zum Unbekannten
> einen Spaltbreit offenstehen lassen.
> Richard Feynman, 1988[1]

Vielfach herrscht die Ansicht, die wichtigsten Hervorbringungen menschlicher Kreativität seien das Ergebnis einer Art visionärer Begabung, eines Talents, das sich mit so außergewöhnlichen, einzigartigen Genies wie Isaac Newton, Michelangelo, Marie Curie oder Einstein verbindet. Ich zweifle nicht an der unglaublich starken Wirkung von Personen, die große geistige Sprünge vollziehen können, die in der Lage sind, weiter zu blicken als alle anderen vor ihnen, und die Gesetzmäßigkeiten erkennen, wo andere nur ein Durcheinander sehen. Die Wissenschaft wird aber auch durch eine weniger dramatische Form der Kreativität vorangetrieben, eine bescheidene Variante, die aber nicht weniger wichtig ist: das Lösen von Problemen.[2] Wenn man eine einzige Hürde überspringt und damit ein ganz bestimmtes Ziel erreicht, erwächst daraus manchmal eine Technologie, für die sich ein außerordentlich breiteres Spektrum anderer Anwendungsgebiete ergibt. Dann wird Wissenschaft von einem sehr kleinen Ausgangspunkt in kühne neue Richtungen vorangetrieben.

Als Hamilton Smith beispielsweise herausfand, was ein Protein, das heute als Restriktionsenzym bezeichnet wird, in dem Bakterium *Haemophilus influenzae* tatsächlich bewirkt und wie es das tut, hatte er nach meiner Vermutung keine Ahnung davon, dass seine Entdeckung zu einer Grundlage der Gentechnik werden würde. Als der britische Genetiker Alec Jeffreys auf einem Röntgenbild, das er vom genetischen Material einer seiner technischen Assistentinnen angefertigt hatte, ein verschwommenes Muster sah, hatte er den Verdacht, dass dieses unscharfe Bild den Weg zur Wissenschaft der forensischen DNA-Analyse eröffnen würde – aber ich habe meine Zweifel daran, dass ihm klar war, in welchem Umfang man seine Entdeckung zukünftig als Routineverfahren für Vaterschaftsgutachten, zur Untersuchung von Wildtierbeständen und natürlich für kriminaltechnische Untersuchungen verwenden würde. Als Osamu Shimonura, ein Überlebender der Atombombe von Nagasaki, zwischen 1961 und 1988 ungefähr eine Million Quallen der Spezies *Aequorea victoria* sammelte und an ihnen das Geheimnis der Biolumineszenz lüftete (das in einem Protein namens GFP liegt), war ihm wohl kaum bewusst, dass er der Welt damit eine vielseitige, glimmende Markierung schenken würde, die aufschlussreiche Einblicke in die Entwicklung von Gehirnzellen und die Verbreitung von Krebszellen im Gewebe liefern sollte.[3] Als wir auf ein Problem stießen, das unsere Arbeiten an synthetischen Lebensformen aufhielt – die genetische Entsprechung zu der Frage, wie man eine PC-Software auf einem Mac zum Laufen bringt –, brachte unsere Lösung zusätzlichen Nutzen in Form einer neuen Methode, lange DNA-Abschnitte zu handhaben.

Im Jahr 2007 hatten wir die ersten Genome erfolgreich verpflanzt, und auch der mühsame Aufbau des Genoms von *M. genitalium* mit seinen 582 970 Basenpaaren aus Laborchemikalien war abgeschlossen. Wir hatten ein synthetisches Bakterienchromosom hergestellt und in Hefe heranwachsen lassen. Jetzt waren wir in der Lage, das synthetische Chromosom aus der Hefe wiederzugewinnen, so dass wir es durch DNA-Sequenzierung überprüfen konnten. Da wir aber Hefezellen als Vehikel für den endgültigen Zusammenbau der chemisch synthetisierten Genomabschnitte benutzten, wuchs unser prokaryontisches (bakterielles) Chromosom in Eukaryontenzellen (Hefe) heran. Um die Konstruktion unserer synthetischen Zelle abzuschließen, mussten wir das künstlich geschaffene Chromosom aus der Hefe in einer Form gewinnen, die eine Transplantation in die prokaryontische Empfängerzelle ermöglichte.

An dieser Stelle stießen wir auf eine Reihe von Problemen, mit denen wir nicht gerechnet hatten. Das erste betraf die Konformation unseres synthetischen Chromosoms. Wir hatten es für die DNA-Sequenzierung in gestreckter Form und als Ring gereinigt, aber während unserer eingehenden Vorarbeiten zur Genomtransplantation hatten wir Anhaltspunkte dafür gewonnen, dass das Chromosom vollständig intakt sein musste, das heißt, die DNA durfte keine Einzel- oder Doppelstrangbrüche enthalten. Unser Reinigungsverfahren war aber zu grob und lieferte keine unversehrte DNA. Wir hatten eine digitale Aufnahme in einem Format hergestellt, das von keinem Abspielgerät gelesen werden konnte.

Das zweite Problem war unser erfolgloser Versuch, unsere Genom-Transplantationsexperimente auf eine weitere Mycoplasmenspezies – *M. genitalium* – auszuweiten. Als wir das Genom von *M. genitalium* zurück in Zellen derselben Spezies verpflanzten, rekombinierte es immer mit dem vorhandenen Genom. Das war aber nicht die einzige Schwierigkeit. Wie wir bereits allzu gut wussten, hat *M. genitalium* zwar das kleinste Genom, es eignet sich aber wegen seines frustrierend langsamen Wachstums nicht ideal für die Entwicklung neuer Methoden. In jedem Experiment dauerte es sechs Wochen, bevor Kolonien auftauchten. Dennoch bemühten wir uns weiter. Während sich die Experimente fortsetzten, entschlossen wir uns aufgrund unserer Erfolge mit der Transplantation des *M.-mycoides*-Genoms in *M.-capricolum*-Zellen, mit Hilfe dieser schneller wachsenden Spezies das Problem, aus Hefezellen intakte Chromosomen zu gewinnen, zu lösen. Im ersten Schritt wollten wir wissen, ob wir das gesamte Genom von *M. mycoides* in Hefe klonieren konnten. Das schien angesichts unserer Erfolge mit der Schaffung eines synthetischen Genoms in einem künstlichen Hefechromosom ein erreichbares Ziel zu sein.

Die Aufgabe wurde Gwyn Benders übertragen, einer Postdoc, die bei Clyde Hutchison arbeitete. Große DNA-Moleküle in Hefezellen heranwachsen zu lassen, war mittlerweile eine Routineaufgabe; wir setzten zu diesem Zweck ein Hefe-Centromer zu, einen spezialisierten Genomabschnitt, den man unter dem Mikroskop als abgeschnürte Stelle in den Chromosomen erkennen kann, wenn sie während der Zellteilung ihre charakteristische X-Form annehmen. Diese Engstelle ist der Dreh- und Angelpunkt des Chromosoms: Sie trägt entscheidend dazu bei, dass jede Tochterzelle bei der Zellteilung eine Kopie jedes Chromosoms erhält. Baut man also in einen langen DNA-Abschnitt ein Centromer ein, wird er bei der Zellteilung zusammmen mit den Hefechromosomen kopiert und aufgeteilt. Mit dieser Methode konnten wir ringförmige Chromosomen vermehren. Und wenn wir ihnen Telomere anfügten – Strukturen, die sich an den Enden der Chromosomen befinden –, lassen sich die fremden (künstlich hinzugefügten) DNA-Moleküle auch in gestreckter Form heranzüchten.

Aufbauend auf diesen früheren Arbeiten, entwickelten wir drei verschiedene Verfahren zur Klonierung ganzer Bakterienchromosomen in Hefe. Das erste bestand darin, dass wir das künstliche Hefecentromer in das Bakterienchromosom einbauten, bevor wir es in der Hefe vermehrten. Im zweiten und dritten Verfahren taten wir alles gleichzeitig: Wir bauten in das Bakterienchromosom und das Hefecentromer überlappende Sequenzen ein, die in den Hefezellen zur Rekombination führen würden. Die Ergebnisse waren ermutigend: Alle drei Methoden funktionierten, und das sogar bei verschiedenen Genomen, darunter die von *M. mycoides, H. influenzae* und dem einer photosynthetischen Alge.[4] Interessanterweise reicht eine einzige Bedingung aus, um ein Bakterienchromosom zu einem Hefechromosom zu machen: Man muss ein kleines synthetisches Hefecentromer und einen selektierbaren Marker einbauen. Damit verfügten wir nun über eine Methode, mit der wir mehrere Wege zur Genomtransplantation ausprobieren konnten. Nachdem wir das Genom von *M. mycoides* stabil in Hefezellen kloniert hatten, entwickelten wir Verfahren, mit denen wir unversehrte Chromosomen in transplantierbarer Form gewinnen konnten.

Um die aus Hefe gewonnene DNA von *M. mycoides* zu testen, verpflanzten wir sie wie zuvor in *M.-capricolum*-Zellen. Aber obwohl das Experiment viele Male wiederholt wurde, konnte die Arbeitsgruppe keine Zellen mit dem transplantierten Genom gewinnen. In Kontrollversuchen verwendete sie das Genom, das aus *M.-mycoides*-Wildtypzellen stammte; diese Experimente klappten immer wie zuvor. Als ich auf die Ergebnisse wartete, kam Ham Smith zu mir und gab sein vernichtendes Urteil ab: »Genomtransplantation aus Hefe klappt nicht.« Die Ursache des Problems lag offenbar bei der Hefe, die es möglich gemacht hatte, lange Abschnitte bakterieller DNA zu handhaben.

Ich hatte mit Ham Smith schon früher die Frage erörtert, wodurch sich ein in *M. mycoides* herangewachsenes Genom von dem gleichen, in Hefezellen gezüchteten Genom unterscheiden könnte; jetzt konzentrierten wir uns in einer Videokonferenz der Arbeitsgruppen aus Rockville und La Jolla sehr schnell auf den naheliegendsten Unterschied. In den *M.-mycoides*-Zellen wird die DNA spezifisch methyliert, das heißt, sie wird mit molekularen Kennzeichnungen, den Methylgruppen, versehen. Diese Gruppen leiten sich vom Methan ab und bestehen jeweils aus einem Kohlenstoffatom, an das drei Wasserstoffatome gebunden sind ($-CH_3$). Bakterienzellen schützen ihre DNA durch Methylierung vor dem Abbau durch die eigenen Restriktionsenzyme – die Methylgruppen werden in der DNA an Basen angefügt, die von dem Restriktionsenzym erkannt werden. Hefe dagegen verfügt nicht über die gleichen Restriktionsenzyme und DNA-Methylierungsmechanismen, und die Methylasen der Bakterien werden in Hefe wegen der Codonunterschiede höchstwahrscheinlich nicht ausgeprägt. Unsere Vermutung: Wenn das *M.-mycoides*-Genom in der Hefe tatsächlich nicht methyliert wurde, würden die Restriktionsenzyme von *M. capricolum* es nach der Transplantation in die Wirtszellen sofort zerstören.

Den Gedanken, dass die fehlende DNA-Methylierung in der Hefe der Grund für die Fehlschläge bei der Transplantation war, wollten wir mit zwei Methoden überprüfen. Zuerst klonierten wir die sechs Gene, mit denen *M. mycoides* seine DNA methyliert, und erzeugten damit Enzyme, mit denen wir das Genom von *M. mycoides* nach der Gewinnung aus den Hefezellen methylieren konnten. Mit dieser Methode hatten wir Erfolg: Mit dem Genom, das wir aus den Hefezellen isoliert und anschließend methyliert hatten, funktionierte die Transplantation. Auch wenn wir das *M.-mycoides*-Genom mit Zellextrakten von *M. mycoides* oder mit klonierten und gereinigten DNA-Methylasen methylierten, konnten wir die Genome erfolgreich in *M.-capricolum*-Zellen übertragen. Als letzten Beweis, dass die DNA-Methylierung der entscheidende Faktor war, entfernten wir das Gen für das Restriktionsenzym aus dem Genom der *M.-caprocolum*-Empfängerzellen; wenn der Empfängerzelle die Restriktionsenzyme fehlten, so unsere Überlegung, sollten wir auch nackte *M.-mycoides*-DNA unmittelbar aus der Hefe verpflanzen können, ohne sie vorher durch Methylierung schützen zu müssen. So war es tatsächlich, und letzten Endes verfügten wir nun offenbar über alle Voraussetzungen zur Transplantation synthetischer Chromosomen.

Aus meinem kurzen Überblick geht nicht hervor, dass wir zur Lösung des Methylierungsproblems in Wirklichkeit zwei

Jahre mühsamer Arbeit brauchten, aber dabei entwickelten wir eine Reihe sehr leistungsfähiger neuer Hilfsmittel, mit denen wir Bakterienchromosomen so handhaben konnten, wie es nie zuvor möglich war. Die meisten Bakterienarten besitzen keine genetischen Systeme (wie die homologe Rekombination), wie man sie bei Hefe und *E. coli* findet; deshalb ist es bei der großen Mehrzahl der Bakteriengenome äußerst schwierig oder sogar unmöglich, genetische Veränderungen vorzunehmen. Das ist einer der Gründe, warum die meisten Wissenschaftler mit *E. coli* arbeiten: Sie tun es einfach deshalb, weil es möglich ist.

Nachdem wir jetzt aber ein eukaryontisches Centromer (aus der Hefe) in das Genom eines Prokaryonten (Bakteriums) eingebaut hatten, konnten wir das Bakteriengenom in Hefezellen vermehren, und dort verhielt es sich genau wie ein Chromosom der Hefe selbst. Das ebnete den Weg, um mit Hilfe des hefeeigenen Apparats zur homologen Rekombination schnell zahlreiche Veränderungen im Bakteriengenom vorzunehmen. Anschließend konnten wir das abgewandelte Bakteriengenom isolieren, nötigenfalls methylieren und in eine Empfängerzelle verpflanzen, so dass eine neuartige Zelle entstand. Das war für die genetische Manipulation ein wichtiger Fortschritt. Vor unserer Entdeckung mussten Wissenschaftler sich im Wesentlichen darauf beschränken, mit einzelnen Genen herumzuspielen. Jetzt wurde die Manipulation ganzer Gengruppen und sogar vollständiger Genome zu einer Routineaufgabe. Die Ergebnisse veröffentlichten wir im September 2009 in *Science*.[5]

Mittlerweile hatten wir neue Methoden zur Synthese von DNA-Molekülen entwickelt, die zwanzigmal größer waren als alles, was es zuvor gegeben hatte; wir hatten die Methodik zur Transplantation des Genoms von einer Spezies in eine andere und damit zur Schaffung neuer biologischer Arten entwickelt; und wir hatten das Problem gelöst, die DNA so abzuwandeln, dass sie nach der Transplantation nicht mehr von Restriktionsenzymen zerstört wurde. Wir und viele Wissenschaftler, die unsere Fortschritte verfolgt hatten, wollten nun endlich wissen, ob es gelingen konnte, auf der Grundlage eines synthetischen Genoms eine ganz neue Zelle zu schaffen. Nachdem wir gezeigt hatten, dass wir den Weg von der Hefe zu den Mycoplasmen gehen konnten, bestand der nächste Schritt darin, von der synthetischen DNA in Hefezellen zu Mycoplasmen zu gelangen. Wir standen kurz davor, durch Anwendung aller dieser neuen Methoden Geschichte zu machen. Aber benutzten wir die richtige Mycoplasmenart?

Während es uns immer besser gelang, große DNA-Abschnitte mit Hilfe der Hefe zu manipulieren, verfolgten unsere Arbeitsgruppen auch hartnäckig ihre Versuche weiter, das synthetische *M.-genitalium*-Genom zu verpflanzen; dabei hatten sie allerdings keinen großen Erfolg. Es sah aus, als könnten wir die größere Spezies *M. pneumonia* durch Verpflanzung des natürlichen Genoms in *M. genitalium* verwandeln, mit dem synthetischen Genom war das gleiche Ergebnis aber nicht zu erzielen. Schließlich entdeckten wir, dass die *M.-pneumonia*-Empfängerzellen auf ihrer Oberfläche eine Nuclease tragen, die jede DNA, mit der sie in Berührung kommen, abbaut.

Weiterhin mussten wir uns jedoch mit dem extrem langsamen Wachstum der *M.-genitalium*-Zellen herumschlagen, das die Zahl der möglichen Experimente stark einschränkte. Für uns alle, insbesondere aber für mich, war wochenlanges Warten auf Ergebnisse nicht nur frustrierend, sondern geradezu schmerzhaft. Irgendetwas musste sich ändern. Wir machten nicht nur Fortschritte mit der DNA-Methylierung und Transplantation, sondern wir hatten auch eine Methode zur schnelleren Synthese von DNA gefunden, eine technische Errungenschaft, die uns für unsere Bestrebungen, synthetische Bakterien-DNA zu transplantieren, neue Möglichkeiten eröffnete. Wie ich bereits erläutert habe, erforderten die ersten Stadien der DNA-Synthese mehrere experimentelle Schritte – wir gingen von kurzen Oligonucleotiden aus und bauten sie zu immer größeren Konstrukten zusammen. Dan Gibson hatte diese Methode mittlerweile stark vereinfacht, so dass wir es jetzt mit einem Ein-Schritt-Verfahren zu tun hatten.

Zum Zusammenbau der DNA hatte Dan bei seiner neuen Methode ganz ähnliche Reaktionen verwendet, wie wir sie auch in unseren früheren Arbeiten eingesetzt hatten, aber er hatte eine wichtige Entdeckung gemacht: Sie alle können in einem einzigen Reagenzglas und bei einer einzigen Temperatur stattfinden. Dan hatte erkannt, dass die Exonucleasen, die einen Strang der DNA zurückstutzen, nicht mit der DNA-Polymerase konkurrieren, mit der wir die fehlenden Basen auffüllten. Und wenn man alle Enzyme einem einzigen Reaktionsansatz bei 50 Grad zusetzt, wird die Exonuclease durch die Wärme schnell inaktiviert, das heißt, sie baut nur gerade so viele Basen ab, dass die DNA-Fragmente sich verbinden können.

Diese Arbeiten stellten gegenüber unserer früheren, langwierigen und arbeitsaufwendigen Methode einen großen Fortschritt dar. Die Leistungsfähigkeit der »Gibson-Zusammenstellung«, wie wir sie nennen, liegt in ihrer großen Einfachheit. Zuvor hatten wir gezögert, eine Wiederholung der Marathonanstrengungen in Erwägung zu ziehen, die notwendig gewesen waren, um aus 10 000 DNA-Fragmenten unser erstes synthetisches Chromosom *M. genitalium* JCVI-1.0 aufzubauen, von noch größeren Molekülen ganz zu schweigen. Von Anfang an waren wir überzeugt gewesen, dass das chemische Verfahren der Genomsynthese zum schwierigsten Problem werden würde; jetzt verlieh die Weiterentwicklung der Synthesetechnologie mir das Selbstvertrauen, die ganze Richtung des Forschungsprogramms zu verändern.

In einem Gespräch mit Ham Smith erklärte ich, wir hätten den falschen Ansatz gewählt. Da die Arbeit – oder besser gesagt: der Kampf – mit dem langsam wachsenden *M. genitalium* wahrscheinlich nie Erfolge bringen würde, sagte ich zu ihm: »Ich möchte, dass wir die Arbeit daran völlig einstellen und mit unseren neuen Methoden das Genom von *M. mycoides* synthetisieren.« Das war ein kühner Vorsatz, denn immerhin ist das *M.-mycoides*-Genom doppelt so groß wie das von *M. genitalium*. Aber mittlerweile wussten wir, wie man das *M.-mycoides*-Genom aus Hefe transplantiert und wie man aus *M.-capricolum*-Zellen solche der Spezies *M. mycoides* macht. Mit Hilfe der Gibson-Zusammenstellung sollten wir zumindest theoretisch in der Lage sein, relativ schnell auch ein Genom von 1,1 Millionen Basenpaaren zu konstruieren.

Anfangs schlug mir aus meiner Arbeitsgruppe starker Widerstand entgegen, und im Rückblick wundert es mich nicht, dass alle vor dem radikalen Vorschlag zurückschreckten, nicht nur ganz von vorn anzufangen, sondern auch ein noch ehrgeizigeres Ziel ins Auge zu fassen. Wie nicht anders zu erwarten, war Dan Gibson mit meinem Plan einverstanden. Ham Smith und das übrige Team dagegen wollten in der bisherigen Richtung mit ihren bekannten Problemen weiterarbeiten, sich aber darauf konzentrieren, sie zu lösen – selbst wenn das bedeutete, sich weiterhin mit den langsam wachsenden *M.-genitalium*-Zellen herumzuschlagen. Nach mehreren Gesprächen jedoch und nachdem alle viel Zeit gehabt hatten, über meine Ideen nachzudenken, änderten sich allmählich die Meinungen. Ham kam zu mir und erklärte sich mit dem Richtungswechsel einverstanden; sofort riefen wir Dan Gibson an und sagten ihm, er solle mit der Synthese des Genoms von *M. mycoides* beginnen.

Dass das Team den neuen Ansatz anfangs abgelehnt hatte, lag unter anderem daran, dass wir noch keine exakte Sequenz des Genoms von *M. mycoides* besaßen. Mit der Planung und Synthese begannen wir, während wir gleichzeitig die DNA aus zwei Stämmen sequenzierten. Die Genome aus zwei Isolaten von *M. mycoides* unterschieden sich an 95 Stellen der

Sequenz. Da Hefe jetzt für den Zusammenbau synthetischer Genome eine zentrale Rolle spielte, wählten wir die Sequenz aus dem Isolat, das wir bereits in Hefe erfolgreich kloniert und in die Empfängerzellen verpflanzt hatten.

Nun konstruierten wir 1078 Kassetten, von denen jede 1080 Basenpaare lang war und sich mit ihren Nachbarn um 80 Basenpaare überlappte. Um die zusammengesetzten Sequenzen aus den Vektoren ausschneiden zu können, in denen sie sich vermehrt hatten, fügten wir den Kassetten eine Sequenz von weiteren acht Basenpaaren hinzu, die von dem Restriktionsenzym NotI als Spaltungsstelle erkannt wurde. Außerdem bauten wir vier Wasserzeichen ein, die unser synthetisches Genom von jeder natürlich vorkommenden Spezies unterschieden. Die Wasserzeichen waren zwischen 1081 und 1246 Basenpaare lang und enthielten einen einzigartigen Code, der so gestaltet war, dass wir Zahlen und englische Wörter schreiben konnten. Wir achteten genau darauf, dass die Wasserzeichen-Sequenzen in Genomabschnitte eingebaut wurden, von denen wir zuvor im Experiment gezeigt hatten, dass sie sich nicht auf die Lebensfähigkeit der Zellen auswirken. Als die Konstruktion fertig war, bestellten wir die 1078 Kassetten bei Blue Heron, einem der ersten Unternehmen für DNA-Synthese, das in Bothell im US-Bundesstaat Washington ansässig war. Die Firma baute die Abschnitte von je 1080 Basenpaaren aus chemisch synthetisierten Oligonucleotiden zusammen, stellte durch Sequenzierung sicher, dass sie unseren Spezifikationen entsprachen, und schickte sie uns.

Jetzt konnten wir die Konstruktion des synthetischen Lebewesens ernsthaft in Angriff nehmen. Wir gingen beim Aufbau hierarchisch in drei Stadien vor. Zuerst bauten wir aus den Kassetten von jeweils 1080 Basenpaaren mit dem Gibson-Verfahren eine Reihe von 111 längeren Kassetten, die jeweils rund 10 000 Basenpaare (10 kb) umfassten. Wie immer war Genauigkeit dabei von entscheidender Bedeutung:

Deshalb sequenzierten wir alle 111 Abschnitte und fanden in 19 von ihnen Fehler. Diese Sequenzabweichungen wurden korrigiert; anschließend wurden die Klone von je 10 kb wieder zusammengebaut und erneut sequenziert, damit sie mit Sicherheit fehlerfrei waren.

In der zweiten Runde des Genomzusammenbaus setzten wir überlappende 10-kb-Kassetten zu Abschnitten von jeweils 100 000 Basenpaaren zusammen (die wir ebenfalls durch Sequenzierung auf Fehlerfreiheit überprüften). Am Ende schließlich kombinierten wir die so entstandenen elf Kassetten von jeweils 100 kb und erhielten die gesamte Sequenz des Genoms von *M. mycoides* mit ihren 1,1 Millionen Basenpaaren. Auch hier mussten wir sicherstellen, dass der Aufbau funktioniert hatte: Mit PCR und Restriktionsenzym-Abbau bestätigten wir, dass das Genom die richtige Struktur hatte.

Jetzt konnten wir endlich versuchen, durch Transplantation des vollständig synthetisch aufgebauten *M.-mycoides*-Genoms aus Hefe in *M.-capricolum*-Empfängerzellen die erste synthetische Zelle herzustellen. Wie zuvor würden blaue Zellen den Erfolg anzeigen. Die erste Verpflanzung nahmen wir an einem Freitag vor, und über das Wochenende warteten wir ängstlich darauf, ob am Montagmorgen blaue Klone auftauchen würden. Aber der Montag kam und ging ohne positive Ergebnisse. An den nächsten beiden Freitagen wiederholten wir die Transplantation, aber wieder erhielten wir keine blauen Kolonien, sondern nur einen blauen Montag.

Im Rückblick ist klar, dass wir dem Erfolg sehr nahe waren, damals hatten wir aber nicht dieses Gefühl. Da wir alle Kontrollexperimente durchgeführt hatten, waren wir überzeugt, dass uns bei den verschiedenen Prüfungen, die wir während der Genomsynthese vorgenommen hatten, ein Konstruktions- oder Sequenzfehler entgangen sein musste. Da wir die DNA sequenziert hatten, gingen wir davon aus, dass der Fehler in einer der ursprünglichen Sequenzen liegen musste, die wir der Konstruktion des Genoms zugrunde gelegt hatten. Um unseren Code zu überprüfen, mussten wir die biologische Entsprechung zu einem Programm schaffen, das die Entwickler von Computeranwendungen als Debugging-Software kennen. Das Betriebssystem eines modernen Computers ist riesengroß: Es besteht aus zigmillionen Codezeilen,[6] und im Laufe der Jahrzehnte haben die Ingenieure schlaue Debugging-Programme entwickelt, die ihnen bei der Fehlersuche helfen.

Unser diensthabender Hefeguru war Vladimir Noskov, wissenschaftlicher Mitarbeiter der Arbeitsgruppe für Synthetische Biologie und Bioenergie am JCVI in Maryland. Noskov hatte sein Examen an der staatlichen Universität in St. Petersburg gemacht und dort anschließend auch in Hefegenetik promoviert. Nachdem er sich in Japan fünf Jahre mit der DNA-Replikation in Chromosomen und einem »Kontrollpunkt« im Zellzyklus der Hefe beschäftigt hatte, an dem die DNA überwacht und repariert wird, arbeitete er an den National Institutes of Health in Bethesda. Dort erfand er in der Arbeitsgruppe für Chromosomenstruktur und -funktion mehrere Anwendungsmöglichkeiten für ein Verfahren zur Handhabung langer DNA-Abschnitte in Hefe; die Methode, die als transformationsassoziierte Rekombinationsklonierung (TAR) bezeichnet wird, bietet gegenüber einer älteren Technik, die sich sogenannter künstlicher Hefechromosomen oder YACs bedient, mehrere Vorteile.

Mit unserer biologischen Fehlersuche begannen wir, indem wir die elf Abschnitte von jeweils 100 000 Basenpaaren überprüften. Noskov benutzte die TAR-Klonierung und konstruierte Abschnitte von entsprechender Größe aus dem ursprünglichen Genom von M. mycoides, so dass wir jeden dieser DNA-Abschnitte unabhängig durch ein synthetisches Segment ersetzen und dann ausprobieren konnten, ob Lebensfunktionen unterstützt wurden. Mit diesen komplizierten Experimenten wiesen wir nach, dass alle synthetischen

100-kb-Abschnitte mit Ausnahme von einem mit dem Leben vereinbar waren. Als endgültigen Beweis konstruierte Dan Gibson ein Genom aus zehn synthetischen Segmenten und einem natürlichen Abschnitt; das Ergebnis: Die Transplantation gelang.

Nachdem wir nun wussten, welches Segment einen oder mehrere Fehler enthielt, die das Leben unmöglich machten, sequenzierten wir die DNA noch einmal; dieses Mal bedienten wir uns der sehr präzisen Sanger-Sequenzierungsmethode und stellten fest, dass die DNA eine Deletion von einem einzigen Basenpaar enthielt. Das mag so trivial klingen, als wenn man »Fehlr« anstelle von »Fehler« schreibt, aber in einem gewissen Sinn ist die Gleichsetzung von Nucleotiden mit einzelnen Buchstaben ein wenig irreführend: Der DNA-Code wird in Gruppen von jeweils drei Nucleotiden abgelesen, und jede derartige Dreierkombination, auch Codon genannt, entspricht einer einzigen Aminosäure in einem Protein. Wenn also eine einzige Base fehlt, verschiebt sich der gesamte nachfolgende genetische Satz und damit auch die Aminosäuresequenz, die dieser Satz codiert. Man spricht auch von einer »Rasterverschiebungsmutation«; in diesem Fall hatte die Rasterverschiebung in dem lebenswichtigen Gen dnaA stattgefunden, dessen Proteinprodukt am Replikationsursprung für das Auseinanderwinden der DNA sorgt und so den Beginn der Replikation und die Entstehung eines neuen Genoms möglich macht. Die Deletion von einer Base verhinderte also die Zellteilung und war deshalb mit dem Leben nicht vereinbar. Nachdem wir den entscheidenden Fehler gefunden hatten, konnten wir das 100-kb-Segment richtig zusammensetzen und mit Hefe erneut das ganze Genom aufbauen. Jetzt waren wir wieder einmal so weit, dass wir das Genom-Transplantationsexperiment in Angriff nehmen konnten.

Der entscheidende Versuch wurde wie zuvor an einem Freitag angesetzt, so dass erfolgreiche Kolonien genug Zeit zum Heranwachsen hatten und am Montag als blaue Flecken

sichtbar werden konnten. Über diesen letzten Versuch berichtete uns Dan Gibson in einer E-Mail:

Craig, Ham, Clyde und John: Heute wird das vollständige
synthetische Genom (mit vier Wasserzeichen und ohne
dnaA-Mutation) verpflanzt. Das Genom sieht großartig
aus. Es wurde an jeder der elf Verbindungsstellen und den
vier Wasserzeichensequenzen mit Multiplex-PCR analysiert. Außerdem wurde es durch Restriktionsbehandlung
und FIGE-Analyse überprüft. Zur gleichen Zeit werden
zwei Hefeklone mit halbsynthetischen 10/11-Genomen
transplantiert. Diese Genome wurden wie oben analysiert
und sehen ebenfalls großartig aus. Ich werde Montagmorgen eine E-Mail schicken, aber denkt daran, dass Kolonien
ungewöhnlich spät aufgetaucht sind, so dass wir vielleicht
erst am Dienstag eine Antwort haben.

Am gleichen Nachmittag übergab Dan ein winziges Gefäß
an seine Kollegin Li Ma, die vor einer Sicherheits-Arbeits-
bank saß – einem jener abgeschlossenen, mit HEPA-Filtern
ausgestatteten Arbeitsplätze, an denen wir in unseren Labors
unter sterilen Bedingungen arbeiten. Das Gefäß enthielt
einen winzigen Agaroseblock, und darin eingebettet waren
einige Millionen mikroskopisch kleine ringförmige DNA-
Chromosomen, von denen jedes unserem synthetischen Genom mit seinen 1 078 809 Basenpaaren entsprach. Es war der
synthetische DNA-Code für die 886 Gene von M. mycoides
und unsere Wasserzeichen. Li fügte einige Tropfen des Enzyms hinzu, welches das Gel auflösen und die synthetischen
Genome übrig lassen würde; diese überführte sie in ein zweites winziges Gefäß, das die M.-capricolum-Empfängerzellen
enthielt; es folgte Polyethylenglycol, das die Zellmembranen
für die DNA durchlässig machte. Li strich die Zellen auf eine
Petrischale mit rotem Agar, einem Nährboden, der die neuen
Zellen mit Zucker und Aminosäuren versorgen würde. Au-

ßerdem enthielt der Agar Tetracyclin zur Beseitigung aller Empfängerzellen, die das synthetische Genom nicht aufgenommen hatten, und X-gal, durch das die neuen Zellen hellblau werden würden, wenn sie das verpflanzte Genom enthielten. Am späten Nachmittag legte Li die Petrischalen in einen Brutschrank, wo die Zellen konstant bei 37 Grad gehalten wurden. Wenn neue Zellen entstanden waren, würden sie einige Tage brauchen, bis sie sich so weit vermehrt hatten, dass eine Million Tochterzellen entstanden waren und eine kleine, mit bloßem Auge sichtbare Kolonie bildeten.

Über das Wochenende lebte ich mit einem hohen Angstniveau. Mir schien, als würde es ewig dauern, bis wir sehen konnten, ob unsere Abwandlungen des Genoms von Erfolg gekrönt waren. Sehr früh am Montagmorgen öffnete dann Dan Gibson, dessen Hände vor Vorfreude zitterten, die Tür des Brutschrankes und nahm eine Petrischale nach der anderen heraus. Die besten ließ er bis zum Schluss übrig; er begann mit den Kontrollen (den Platten, die zeigen würden, dass Li Ma methodisch richtig gearbeitet hatte) und hielt sie einzeln gegen das Licht, um nach sichtbaren Kolonien zu suchen. Dann wandte er sich den Platten mit der synthetischen DNA zu. Und da, ein wenig seitlich von der Mitte einer Platte, war eine – und nur eine – hellblaue Zellkolonie.

Dan holte Luft und genoss den bedeutsamen Augenblick. Nachdem er die Petrischale ein paar Minuten angestarrt hatte, legte er alle Platten zurück in den Brutschrank, und um vier Uhr morgens nach der Zeit von Rockville schickte er mir eine einfache Nachricht: »Wir haben ein blaues Transplantat.« Wir hatten einen so langen Weg hinter uns gebracht, so viele Fehlschläge erlitten, so viele Jahre herumprobiert, Probleme gelöst und Neues erfunden. Und jetzt sah es so aus, als hätten die Anstrengungen sich ausgezahlt.

Während das Experiment in Rockville seinen Lauf nahm, hielt ich mich in unserem Stadthaus in Alexandria in Virginia auf; ich befand mich also in der gleichen Zeitzone wie Dan.

Wenig später ging eine Reihe von Nachrichten hin und her. Jetzt schrieb Dan in einer E-Mail: »Bisher haben sich nach der Transplantation mit dem vollständigen synthetischen Genom eine oder zwei blaue Kolonien gebildet! Um die Zahl der Transplantate genau zu ermitteln, ist es noch zu früh, aber ich bin sicher, dass sie höher liegen wird. Wir sehen heute im Laufe des Tages noch einmal nach und nehmen morgen die endgültige Zählung vor.« Wir mussten uns davon überzeugen, dass die blaue Kolonie tatsächlich nur die synthetische DNA enthielt. Ich sagte ihm, ich würde gegen zehn Uhr ins Institut kommen, und fragte, wie lange es bis zum Ergebnis der ersten Überprüfungen dauern würde.

Als ich über den George Washington Memorial Parkway in Richtung Rockville fuhr, hatte ich meine Videokamera und ein paar Flaschen Sekt dabei. Sobald ich dort war, ging ich sofort in das Transplantationslabor; dort traf ich auf Dan: Er strahlte und war bereits von den anderen Kollegen der Arbeitsgruppe umgeben. Nachdem ich einige Hände geschüttelt hatte, führte Dan mich zum Brutschrank, nahm die Kulturschale heraus und zeigte mir die erste blaue Kolonie. Wir fotografierten sie einige Male und legten dann die höchstwahrscheinlich erste Lebensform mit ausschließlich synthetischem Genom zurück in den Brutschrank.

Noch am gleichen Tag erhielt ich die erste Bestätigung, dass die Kulturschale das synthetische Genom enthielt: »Glückwunsch! Jetzt ist es offiziell. Du bist der stolze Vater einer synthetischen *M.-mycoides*-Zelle!« Ich rief das ganze Team in unserem Sitzungszimmer in Rockville zusammen und stellte eine Videoverbindung zu den anderen Mitgliedern der Gruppe her, die in La Jolla gearbeitet hatten. (Ich hatte dafür gesorgt, dass auch das Team in La Jolla ausreichend mit eisgekühltem Champagner versorgt war.) Obwohl die endgültige Bestätigung der Ergebnisse noch einige Tage in Anspruch nehmen würde, tranken wir alle fröhlich auf unseren offenkundigen Erfolg.

Die erste Bestätigung erhielten wir am Dienstagmorgen um 7.45 Uhr von Dan: »Gute Nachrichten. In dem einen synthetischen Transplantat sind mit der Multiplex-PCR alle vier Wasserzeichensequenzen zu erkennen. Beim Wildtyp und bei den Negativkontrollen von *M. capricolum*, die keine Kolonien bilden, gibt es auch keine Wasserzeichen.« Am Donnerstag, dem 1. April schickte Dan eine E-Mail mit den Ergebnissen der zweiten experimentellen Staffel: »Das vollständige synthetische Genom wurde noch einmal transplantiert. Dieses Mal haben sich eine Menge Kolonien gebildet! Außerdem hat auch ein zweiter Klon mit dem synthetischen Genom viele Kolonien hervorgebracht. Ich bringe jetzt den Happy-Birthday-Luftballon ins Transplantationslabor.«

Am nächsten Tag folgte eine noch stichhaltigere Bestätigung, dass die neuen Zellen ausschließlich von dem synthetischen Genom gesteuert wurden: »Großartige Neuigkeiten! Das synthetische Transplantat bildet nach Abbau mit AscI und BssHII die erwarteten Restriktionsfragmente.« (In drei der vier Wasserzeichensequenzen hatten wir Stellen eingebaut, die von diesen Restriktionsenzymen gespalten werden.) Am 21. April lagen die Ergebnisse der DNA-Sequenzierung aus den lebenden synthetischen Zellen vor, und nun blieb für Zweifel kein Raum mehr: Die Zelle wurde ausschließlich von dem Genom kontrolliert, das wir entworfen und synthetisiert hatten. Die Sequenz zeigte, dass unser Genom wie beabsichtigt aus den 1 077 947 Basenpaaren bestand und 19 erwartete Abweichungen von dem natürlichen Genom sowie die vier Wasserzeichensequenzen enthielt – ein entscheidender Teil des Beweises, dass es sich um synthetische DNA handelte. Wie wir vermutet hatten, hatte ein einziger fehlender Buchstabe in mehr als einer Million Basenpaaren den Unterschied zwischen Leben und Nichtleben bedeutet. Dramatischer kann man nach meiner Überzeugung nicht deutlich machen, welch zentrale Rolle die Information für das Lebendige spielt.

In die Gestaltung unserer Wasserzeichen hatten wir beträchtliche Mühen gesteckt, denn wir wollten sicher sein, dass wir komplexe Nachrichten in der DNA-Sequenz zuverlässig codieren konnten. Im ersten synthetischen Genom hatten wir die einbuchstabigen Abkürzungen der Aminosäuren mit dem Triplettcode so codiert, dass sie die Buchstaben des englischen Alphabets repräsentierten. Das Triplett ATG codiert beispielsweise die Aminosäure Methionin, die mit M abgekürzt wird. Da aber die Abkürzungen für die Aminosäuren nicht das gesamte Alphabet mit seinen 26 Buchstaben abdecken, gestalteten wir dieses Mal ein viel vollständigeres System, mit dessen Hilfe wir das gesamte englische Alphabet sowie Satzzeichen, Zahlen und Symbole wiedergeben konnten. (Entsprechend wird die Reihe ABCDEFGHIJKLM-NOPQRSTUVWXYZoi23456789#@0-+\=/:<;>$8z)(1%!'., durch TAG, AGT, TTT, ATT, TAA, GGC, TAC, TCA, CTG, GTT, GCA, AAC, CAA, TGC, CGT, ACA, TTA, CTA, GCT, TGA, TCC, TTG, GTC, GGT, CAT, TGG, GGG, ATA, TCT, CTT, ACT, AAT, AGA, GCG, GCC, TAT, CGC, GTA, TTC, TCG, CCG, GAC, CCC, CCT, CTC, CCA, CAC, CAG, CGG, TGT, AGC, ATC, ACC, AAG, AAA, ATG, AGG, GGA, ACG, GAT, GAG, GAA, CGA, GTG wiedergegeben.) Diese Chiffre war der Schlüssel zu den Wasserzeichen. Das erste Wasserzeichen enthielt »J.Craig Venter Institute« und »Synthetic Genomics Inc.«, die Namen mehrerer Wissenschaftler und die Nachricht »Prove you've decoded this watermark by emailing us mailto: MROQSTIZ@JCVI.org).« Die erste sich selbst vermehrende Spezies, die aus einem Computer hervorgegangen war, musste natürlich ihre eigene E-Mail-Adresse haben.

Bei unserem ersten synthetischen Genom hatten wir uns darauf beschränken müssen, sinnvolle Nachrichten mit Hilfe des Aminosäurecodes hinzuzufügen; mit dem neuen Code wollte ich jetzt den historischen Augenblick festhalten, indem ich einige treffende Zitate aus der Literatur hinzunahm. Ich fand drei Stellen, die nach meinem Eindruck sowohl wichtig

173

als auch für die erste synthetische Lebensform von Bedeutung waren. Das erste Zitat findet sich im zweiten Wasserzeichen: »To live, to err, to fall, to triumph, to recreate life out of life« (»Lieben, irren, fallen, triumphieren, Leben aus Leben neu erschaffen«) – das stammt natürlich aus *A Portrait of the Artist as a Young Man* [dt. *Ein Porträt des Künstlers als junger Mann*] von James Joyce. Das zweite Zitat stand neben den Namen mehrerer Wissenschaftler im dritten Wasserzeichen: »See things not as they are, but as they might be« (»Sieh die Dinge nicht wie sie sind, sondern wie sie sein könnten«); es wird einem der ersten Lehrer des Physikers J. Robert Oppenheimer zugeschrieben, der an der Atombombe mitarbeitete, und wird in der Biographie *American Prometheus* (dt. *J. Robert Oppenheimer*) zitiert. Das vierte Wasserzeichen enthielt ein Zitat des Quantenphysikers und Nobelpreisträgers Richard Feynman: »Was ich nicht erschaffen kann, verstehe ich nicht.«

Wir hatten etwas erreicht, was noch 15 Jahre zuvor nur ein wilder Traum gewesen war, und damit hatte sich der Kreis geschlossen. Wir waren von der DNA der Zellen ausgegangen und hatten gelernt, wie man ihre Sequenz exakt abliest. Wir hatten die Biologie erfolgreich digitalisiert, indem wir den analogen, vierbuchstabigen chemischen Code (A, T, G, C) in den Digitalcode des Computers (Einsen und Nullen) umgewandelt hatten. Jetzt war es uns gelungen, die umgekehrte Richtung einzuschlagen: Wir waren vom Digitalcode im Computer ausgegangen, hatten die chemische Information im DNA-Code neu erschaffen und dann lebende Zellen hergestellt, die im Gegensatz zu allen anderen keine natürliche Vergangenheit hatten.

Schon vorher waren zumindest die meisten Molekularbiologen davon ausgegangen, dass die DNA und das Genom, das durch die Buchstabenreihe im Computer repräsentiert ist, das Informationssystem des Lebens darstellen. Jetzt hatten wir den Kreis geschlossen: Wir waren von der digitalen Information im Computer ausgegangen und hatten ausschließlich diese Information benutzt, um ein ganzes Bakteriengenom chemisch zu synthetisieren und zusammenzubauen; das Genom hatten wir dann in eine Empfängerzelle transplantiert, und das Ergebnis war eine neue Zelle, die nur von dem synthetischen Genom gesteuert wurde. Diese neue Zelle hatten wir *M. mycoides* JCVI-syn 1.0 genannt, und jetzt arbeiteten wir daran, die Ergebnisse für die Veröffentlichung aufzubereiten.

Das Manuskript reichte ich zusammen mit 24 Coautoren am 9. April 2010 bei *Science* ein. Bevor der Artikel im folgenden Monat, am 13. Mai, zur Veröffentlichung angenommen wurde, setzten wir Beamte aus dem Weißen Haus, Kongressmitglieder und Vertreter mehrerer staatlicher Behörden über den Inhalt in Kenntnis.

Am 20. Mai 2010, dem Tag der Online-Publikation (die gedruckte Version erschien am 2. Juli),[7] versammelten sich Medienvertreter aus der ganzen Welt in Washington zu unserer Pressekonferenz. Zusammen mit Redakteuren von *Science* gaben wir bekannt, dass wir das erste funktionsfähige synthetische Genom hergestellt hatten. Ham Smith erklärte den Versammelten, wir hätten jetzt die Mittel, um die Anweisungen in einer Zelle zu analysieren und herauszufinden, wie sie im Einzelnen funktioniert. Wir sprachen auch über unsere größere Vision: Die Kenntnisse, die wir durch diese Arbeiten gesammelt hatten, würden eines Tages zweifellos positive Folgen für die Gesellschaft nach sich ziehen, weil sie die Entwicklung vieler wichtiger Produkte und Anwendungen ermöglichte, darunter Biokraftstoffe, Medikamente, sauberes Wasser und Lebensmittel. Als wir das verkündeten, hatten wir in Wirklichkeit schon mit der Arbeit an Verfahren begonnen, mit denen man Impfstoffe herstellen und Kohlendioxid mit synthetischen Algen in Kraftstoffe verwandeln kann.

9. IN EINER SYNTHETISCHEN ZELLE

> Die erste Säule des Lebendigen ist ein
> Programm. Mit »Programm« meine ich
> einen organisierten Plan, der einerseits
> die Zutaten selbst beschreibt, anderer-
> seits aber auch die Kinetik ihrer
> Wechselbeziehungen, wenn das lebende
> System über die Zeit bestehen bleibt.
> Daniel E. Koshland, Jr., 2002[1]

Definitionen sind in der Wissenschaft wichtig. Manchmal
ist es aber ebenso wichtig, nicht allzu versessen auf sie zu
sein, insbesondere wenn man sich in ein neues Gebiet vor-
wagt: Dann können sie zu Ablenkungen werden, die uns beim
Denken und Handeln behindern. Sie können sich in eine Falle
verwandeln, wie es in der ersten Hälfte des 20. Jahrhunderts
geschah, als die Wissenschaftler sicher waren, dass Proteine
das genetische Material sein müssen. Von Richard Feynman
stammt eine berühmte Warnung vor den Gefahren des Ver-
suchs, alles mit vollständiger Präzision zu definieren: »Dann
stellt sich jene Lähmung des Denkens ein, die Philosophen
überfällt … wenn einer zum anderen sagt: ›Sie wissen überhaupt nicht, worüber sie sprechen!‹ Worauf der zweite sagt:
›Was meinen Sie mit ›sprechen‹? Was meinen Sie mit ›Sie‹?
Was meinen Sie mit ›wissen‹?‹«[2]

Als wir in unserem *Science*-Artikel die Eigenschaften unseres ersten synthetischen Lebewesens in den Einzelheiten

offenlegten, definierten wir, was wir getan hatten und wie wir es getan hatten. Wir definierten die Begriffe »synthetisches Leben« und »synthetische Zellen« mit vernünftiger Genauigkeit als Zellen, die vollständig von einem synthetischen DNA-Chromosom gesteuert werden. Das synthetische Genom war die Software des Lebens: Sie bestimmte über jeden Proteinroboter in der Zelle und damit über jede einzelne ihrer Funktionen. Aus den öffentlichen Reaktionen auf unsere Ankündigung und die wissenschaftliche Veröffentlichung konnten wir aber eindeutig entnehmen, dass es manch einem schwerfiel, die Vorstellung vom Leben als Informationssystem anzuerkennen.

Noch deutlicher wurde die Skepsis in der nachfolgenden Presseberichterstattung auf der ganzen Welt. Die meisten Berichte waren sehr positiv – oder sogar *zu* positiv. Ein Professor erklärte, ich hätte »die tiefgreifendste Tür der Menschheitsgeschichte aufgebrochen«, und fügte hinzu, ich würde mich »auf die Rolle eines Gottes zubewegen«.[3] Andere Berichte waren nüchterner und kenntnisreicher. Die BBC erklärte, es sei ein »Durchbruch« – ein leicht überstrapaziertes Wort –, und *Time* nahm unsere Ergebnisse in die Liste der wichtigsten medizinischen Fortschritte des Jahres 2010 auf. Die *New York Times* zitierte Wissenschaftler, nach deren Ansicht uns zwar kein echter Durchbruch, aber ein technischer Kraftakt gelungen war. Die Biologen waren im Allgemeinen beeindruckt; das jedenfalls berichtet Phillip F. Schewe in *Maverick Genius*, seiner Biographie über den einflussreichen, in Großbritannien geborenen Physikprofessor Freeman Dyson vom Institute for Advanced Study in Princeton. Dyson wird darin mit der Aussage zitiert, mein Experiment sei schwerfällig gewesen, aber »eine wichtige Arbeit, weil sie einen großen Schritt in Richtung der Schaffung neuer Lebensformen bedeutete«.[4] Dann folgten die unvermeidlichen, reflexhaften Bedenken einiger extremer Umweltschützer[5] und die übliche Sensationsberichterstattung der britischen Boulevardpresse.[6]

Ein Blatt stellte im Zusammenhang mit unserer Zelle anklagend die Frage: »Könnte sie die Menschheit auslöschen?«[7]

Die stichhaltigste Kritik konzentrierte sich auf die Frage, was die Schaffung einer Zelle, die von DNA-Software gesteuert wird, eigentlich bedeutet. Kann man sie als synthetisches Leben bezeichnen? Manche Autoren wiesen zu Recht darauf hin, dass unser synthetisches Genom sich eng an ein vorhandenes Genom anlehnte und deshalb eigentlich nicht als synthetisch gelten könne, denn es habe ja einen natürlichen Vorfahren in Form von *M. mycoides*. Aber wie Schewe anmerkte, gab es auch Biologen, die sich völlig sicher waren, dass wir überhaupt kein synthetisches Leben geschaffen hatten, denn wir hatten ja eine natürliche Empfängerzelle verwendet; nach ihrer Ansicht sollte man den Begriff für die Schaffung eines Lebewesens »aus dem Nichts« reservieren. Sogar die Bioethik-Kommission von Präsident Obama war sich einig, dass unsere Arbeit zwar »in vielerlei Hinsicht außergewöhnlich« und ein prinzipieller Beweis sei, dass es sich aber nicht um die Schaffung von Leben handelte, weil wir uns einer bereits vorhandenen natürlichen Wirtszelle bedient hatten.[8] Einige abgemilderte Versionen dieser Argumentation versuchten mit verschiedenen Hinweisen, die Bedeutung unserer Leistung herunterzuspielen. *L'Osservatore Romano*,[9] die Zeitung des Vatikans, gelangte in einer ansonsten vorwiegend positiven, nützlichen Beurteilung zu dem Schluss, unser Team habe kein Leben erschaffen, sondern nur »einen der Motoren des Lebens abgewandelt«.

Aus diesem vielfältigen Spektrum der Meinungen können wir mehrere Dinge ablesen. Immer noch gibt es keine allgemein anerkannte Definition für das problematische Wort »Leben«, von »synthetischem Leben«, »künstlichem Leben« oder »Leben aus dem Nichts« ganz zu schweigen. Die Definitionen waren natürlich von den Traditionen derer abhängig, die sie formuliert hatten. Der Begriff »künstliches Leben« hatte in Wissenschaftlerkreisen in den 1990er Jahren eine ganz andere Bedeutung, denn damals wandte man ihn vorwiegend auf Verdoppelungsvorgänge im Computer an. Ein Beispiel findet sich in den Arbeiten von Thomas S. Ray: Er schrieb 1996 über Systeme, die »sich im digitalen Medium frei weiterentwickeln wie in der Evolution durch natürliche Selektion im Kohlenstoff-Medium, das auf der Erde das Leben hervorgebracht hat«. Das wichtigste Ziel dieser Arbeiten, so erklärte er, sei es, »eine digitale Evolution in Gang zu setzen, mit der im digitalen Medium eine Komplexität ersteht, die in ihrer Größenordnung mit der Komplexität des organischen Lebens vergleichbar ist«.[10]

Zwischen unseren Arbeiten mit synthetischen Chromosomen in der »nassen« Biologie und der Simulation künstlichen Lebens im »harten« Silizium besteht eine scharfe Abgrenzung. Mit dem Begriff »künstliches Leben« beschreibt man traditionell die Abläufe in der digitalen Welt, »synthetisches Leben« dagegen hat zwar in der digitalen Welt seinen Ursprung, schließt aber auch das Leben in der biologischen Welt ein. Dennoch steht hinter dem Leben in vivo und in silico das gemeinsame Konzept informationsbasierter Systeme, und unsere Arbeit mit der synthetischen Zelle stellt die erste unmittelbare Verbindung zwischen beiden her.

Heute wissen wir, dass der richtige DNA-Code, der in der richtigen Ordnung dargeboten und in den richtigen chemischen Zusammenhang gestellt wird, aus vorhandenem Leben neues Leben erzeugen kann. Mit unserer synthetischen Zelle bauten wir auf einer Evolution von 3,5 Milliarden Jahren auf, aber wir versuchten nicht, sie nachzuvollziehen: Da wir das Genom abgewandelt hatten, gab es in der Natur keinen unmittelbaren Vorfahren der von uns geschaffenen Zelle. Mit unserem synthetischen Code hatten wir dem Strom des Lebendigen einen neuen Nebenfluss hinzugefügt.

Heute wissen wir, wie man den Code mit Computerhilfe von Grund auf neu schreiben kann; wenn wir die Maschinerie des Lebendigen in immer mehr Einzelheiten kennenlernen, eröffnet sich die Möglichkeit, nahezu jede Form von Lebewesen zu entwerfen. Auf der Grundlage dieser Arbeiten in meinem Labor können wir »synthetisches Leben« als sich selbst verdoppelndes biologisches Gebilde definieren, dessen Grundlage ein synthetisches Genom, ein synthetisches Codeskript bildet. Zu der Zeit, da ich diese Zeilen schreibe, planen meine Arbeitsgruppen die ersten Versuche zur Herstellung eines Minimalgenoms, das vorwiegend auf einfachen Prinzipien beruht und nur aus den Genen besteht, die nach unserer Ansicht für das Leben notwendig sind. Wie bereits erwähnt, enthält das Genom immer noch einen beträchtlichen Anteil an Genen, deren Funktionen nicht aufgeklärt sind und von denen wir aufgrund detaillierter Experimente nur wissen, dass sie absolut notwendig sind, damit die Zellen leben können. Um diese neue Lebens-Software hochzufahren, bedienen wir uns genau wie bei der ersten synthetischen Lebensform einer Empfängerzelle.

Aus der Möglichkeit, Leben gezielt zu entwerfen, ergeben sich weitreichende Folgerungen. Seit den Pionierarbeiten eines Robert Hooke im 17. Jahrhundert wissen wir, dass alle Lebewesen aus einer oder mehreren Zellen bestehen. Heute können wir durch Abwandlung ihrer genetischen Programmierung potentiell die Struktur und Funktion jeder beliebigen Zelle verändern und damit eine atemberaubende Vielfalt von Lebewesen schaffen, von unterdimensionierten Hefezellen[11] bis zu schnell wachsenden Fischen.[12] Außerdem können wir die uralten Mechanismen erkunden, durch die aus einer eindimensionalen genetischen Software die dreidimensionale Organisation einer Zelle entsteht.

Soweit wir wissen, stammen alle lebenden Zellen auf unserem Planeten von früheren Zellen ab. Jeder einzelne dieser grundlegenden Lebensbausteine, auch die rund 5 000 000 000 000 000 000 000 000 000 000 Bakterien,[13] stammt letztlich von den ersten Zellen ab, die vor rund 4 Milliarden Jahren lebten. Ob diese Zellen nun durch einen als Pan-

180

spermie bezeichneten Vorgang von einem anderen Planeten auf die Erde kamen oder durch »gezielte Panspermie«, wie Francis Crick sie nannte,[14] von intelligenten Lebensformen verbreitet wurden: Die ursprüngliche Herkunft der ersten Zellen bleibt ein Rätsel.

Wo es Rätsel gibt, können Vitalismus und Religion gedeihen. Nachdem es meiner Arbeitsgruppe aber gelungen war, in einer Zelle eine synthetische DNA-Software hochzufahren, hatten wir nachgewiesen, dass unsere Kenntnisse über den Lebensmechanismus der Zellen bis zu einem wichtigen Punkt vorangeschritten sind. Auf Erwin Schrödingers kurze Frage »Was ist Leben?« konnten wir eine überzeugende Antwort geben: »DNA ist die Software und die Grundlage allen Lebens.«

Da wir aber von einer vorhandenen Zelle mit ihrem gesamten Proteinapparat ausgegangen waren, bleibt die Frage, ob man moderne Zellen, das Ergebnis von Milliarden Jahren der Evolution, tatsächlich aus den Grundbestandteilen des Lebendigen neu erschaffen kann. Können wir alle komplizierten Zellfunktionen in Gang setzen, ohne dass sie anfangs eine schützende Zellmembran brauchen, und wenn ja, können wir ein synthetisches Chromosom mit Hilfe isolierter Proteine und chemischer Bestandteile hochfahren und dabei eine neuartige, sich selbst verdoppelnde Zelle schaffen? Können wir im Labor einen Organismus heranzüchten, der einen ganz neuen Zweig am Stammbaum des Lebendigen darstellt, einen Vertreter des synthetischen Organismenreiches, wie es manchmal genannt wird? Zumindest in der Theorie ist das möglich. Die Wissenschaft des kommenden Jahrhunderts wird durch unsere Fähigkeit definiert sein, synthetische Zellen zu schaffen und das Leben zu manipulieren.

Meine Zuversicht gründet sich zum Teil darauf, dass wir seit 1965, als die Synthese lebender Zellen erstmals als nationales Ziel für die Vereinigten Staaten vorgeschlagen wurde,[15] ungeheure Fortschritte erzielt haben. In den letzten Jahren haben wir den Aufstieg der synthetischen Biologie miterlebt, durch den die molekularbiologische Forschung in eine neue Phase eingetreten ist. Das Fachgebiet stellt eine deutliche Abwendung von den reduktionistischen Experimenten dar, die im Laufe der Jahrzehnte zu einer leistungsfähigen Methode geworden sind, mit der wir Bestandteile, Dynamik und Zyklen der Zellen kennenlernen und sie damit besser verstehen konnten. Jetzt müssen wir abwarten, ob wir diese unzähligen Zellbestandteile auf neuartige Weise zusammensetzen und damit Leben neu schaffen können. Wenn wir diesen Meilenstein erreichen, werden wir in unseren Erkenntnissen über das Leben ein neues Kapitel aufschlagen, und nach meiner Überzeugung werden wir dann Schrödingers schwierige Frage vollständig beantworten können.

Aber selbst wenn wir Leben aus einem zellfreien System schaffen können, kann man dabei nicht von »Leben aus dem Nichts« sprechen, was der Ausdruck auch bedeuten mag. Ich habe meine Zweifel, ob irgendeiner von denen, die diese Formulierung benutzen, sich Gedanken darüber gemacht haben, was sie damit eigentlich ausdrücken wollen. Um deutlich zu machen, was ich meine, können wir uns einmal vorstellen, wir würden einen Kuchen »aus dem Nichts« backen. Man kann sich vorstellen, dass man einen Kuchen kauft und zu Hause die Sahne daraufstreicht. Oder man kauft eine Backmischung, zu der man nur Eier, Wasser und Öl hinzufügen muss. Mit dem Backen »aus dem Nichts« meint man aber meist, dass man die Einzelzutaten zusammenmischt, beispielsweise Backpulver, Zucker, Salz, Eier, Milch, Backfett und so weiter. Wenn man in diesem Zusammenhang »aus dem Nichts« sagt, meint nach meiner Überzeugung nach kaum jemand, dass man selbst Backpulver aus Natrium, Wasserstoff, Kohlenstoff und Sauerstoff herstellt, die sich zu Natriumbicarbonat verbinden, oder dass man selbst Maisstärke herstellt, ein Kohlenhydrat, in dessen stark verzweigten Molekülen zahlreiche Glucoseeinheiten durch glykosidische Bindungen verknüpft sind. Und Glucose setzt sich ihrerseits aus Kohlenstoff, Wasserstoff und Sauerstoff zusammen. Wenden wir auf »Leben aus dem Nichts« die gleichen strengen Maßstäbe ein, könnte das bedeuten, dass wir alle erforderlichen Moleküle, Proteine, Lipide, Organellen, DNA und so weiter aus grundlegenden chemischen Verbindungen oder vielleicht sogar aus den Elementen Kohlenstoff, Wasserstoff, Sauerstoff, Stickstoff, Phosphor, Eisen und anderen zusammensetzen. Die Frage nach der Herkunft der Grundbestandteile organisch-chemischer Verbindungen geht an der Sache vorbei; für das große Rätsel, woher das Leben ursprünglich stammt, ist sie allerdings tatsächlich von Bedeutung. Die Frage nach den chemischen Verhältnissen am Anbeginn des Lebens – nach der präbiotischen Chemie – führt uns ins Jahr 1952 und zu den berühmten Experimenten, die Stanley Miller und Harold Urey an der Universität Chicago anstellten. Dabei bildeten sich komplexe organische Moleküle, darunter Zucker und Aminosäuren, von selbst aus Wasser (H_2O), Ammoniak (NH_3), Wasserstoff (H_2) und Methan (CH_4), wenn diese Verbindungen den Bedingungen (ein geschlossenes, keimfreies System mit Wärme und elektrischen Entladungen) ausgesetzt wurden, das den mutmaßlichen Verhältnissen in der Frühzeit der Erde nachempfunden war.[16] Einige Jahre später fand Joan Oró an der Universität Houston heraus, dass auch die Nucleotidbase Adenin sowie andere Basenbestandteile aus RNA und DNA spontan aus Wasser, Blausäure (HCN) und Ammoniak entstehen können.[17]

Heute vertreten viele Autoren die Ansicht, RNA sei das erste wichtige, sich selbst verdoppelnde genetische Material und der Vorläufer des auf DNA basierenden Lebens gewesen; entsprechend sprechen sie von einer »RNA-Welt«.[18] Im Jahr 1967 äußerte Carl Woese als Erster die Vermutung, die RNA könne Katalysatoreigenschaften haben, so dass sie sowohl (wie die DNA) genetische Information trägt als auch sich wie Proteine (Enzyme) verhält; das ist wichtig, weil praktisch alle chemischen Reaktionen innerhalb einer lebenden Zelle nur mit Hilfe von Katalysatoren ablaufen können.[19] Aber erst 1982 wies Thomas Cech an der University of Colorado in Boulder nach, dass ein RNA-Molekül ein Intron aus sich selbst herausspleißen kann,[20] und Sidney Altman von der Yale University entdeckte die Katalysatoreigenschaften der Ribonuclease P,[21] die RNA schneidet; seitdem wissen wir mit Sicherheit, dass es katalytische RNA-Moleküle, auch »Ribozyme« genannt, tatsächlich gibt. Cech und Altman erhielten 1989 gemeinsam für ihre Entdeckungen den Chemie-Nobelpreis.[22]

Wenn es um die Beantwortung der grundlegendsten Fragen geht, dürften die Ribozyme eine Schlüsselstellung einnehmen. Wie entwickelte sich die allererste Zelle, ob hier auf der Erde oder auf einem anderen Planeten?[23] Man hat viele Versuche unternommen, die Ursprünge des Lebens zu verstehen, aber wenn es einen Wissenschaftler gibt, der sich darum bemüht hat, indem er tatsächlich primitives »Leben« (aus dem Nichts) herstellte, dann war es der Nobelpreisträger Jack W. Szostak[24] mit den Mitarbeitern seines Labors an der Harvard University. Im Gegensatz zu anderen Arbeitsgruppen beschäftigte er sich nicht mit »künstlichen Zellen«, die aus Proteinsystemen in Lipidbläschen bestehen, aber keine Softwaremoleküle des Lebens enthalten, sondern er erkannte, dass Leben ein sich selbst verdoppelndes »informationstragendes Genom« erfordert.[25] Mit seinen Ansichten steht Szostak zwischen zwei Lagern, die sich der Erforschung der Ursprünge des Lebens widmen. Nach Auffassung des einen steht die Software an erster Stelle: Seine Vertreter sind überzeugt, dass die Entstehung der Verdoppelung von RNA als Informationsträger und Katalysatormolekül der wichtigste Schritt in Richtung des Lebens war. Die andere Gruppe hält das Auftauchen einer Zellmembran in Form von Vesikeln, die sich selbst zusammensetzen und selbst verdoppeln, für den entscheidenden Faktor in der Evolution der ersten Lebensformen.

Solche bläschenförmigen Vesikel, auch Micellen genannt, bilden sich spontan aus Lipidmolekülen, wenn diese in einer gewissen Mindestkonzentration vorliegen. Bei den ersten Lipidmolekülen handelte es sich wahrscheinlich um Fettsäuren, die schon vor Anbeginn des Lebens auf der Erde vorhanden waren und auch in Meteoriten gefunden wurden. Ihre Moleküle haben ein hydrophobes (fettartiges, wasserabweisendes) und ein hydrophiles (wasserliebendes) Ende und können sich zu größeren Strukturen verbinden. Dabei lagern sich die Lipidmoleküle mit ihren Schwänzen (den fettigen Enden) zusammen, so dass die wasserliebenden Enden an der Innen- und Außenseite der Zellmembran freiliegen. Eine solche Anordnung stellt eine wirksame Barriere dar: Sie hält wasserlösliche Moleküle im Inneren der Zellen fest und schafft dort eine besondere Umgebung.

In Experimenten, die er zusammen mit seiner Studentin Irene Chen und Richard J. Roberts am California Institute of Technology anstellte,[26] konnte Szostak zeigen, dass schon die Gegenwart von RNA in Fettsäurevesikeln deren Wachstum begünstigt, weil Membranmoleküle aus Nachbarvesikeln, die weniger oder gar keine RNA enthalten, hinzugezogen werden.[27] Das Wachstum findet statt, weil die in den Vesikeln enthaltene RNA einen osmotischen Druck auf die Bläschen ausübt. Dieser innere Druck setzt die Membran unter Spannung, so dass sie von anderen Vesikeln aus der Umgebung, die weniger genetisches Material enthalten, Fettsäuren aufnimmt und dadurch wächst. Die Zellvorläufer mit größerem RNA-Gehalt wachsen also schneller, bis sie bei einer geringen Erschütterung – die sich mit der Wirkung von Wind oder Wellen auf der urtümlichen Erde erklären lässt – zu Tochtervesikeln zerfallen.

Im nächsten Schritt baute Szostak erneut RNA in seine Zellvorläufer ein, aber dieses Mal stattete er die Software mit nützlichen Anweisungen aus. Sie codierte die Hilfsmittel zur Herstellung von Phospholipiden, einer Gruppe von Lipiden, die heute in Zellmembranen vorkommen. Dies war ein wichtiger Schritt für den Übergang von primitiven Membranen, die aus Fettsäuren bestehen, zu den modernen Zellmembranen mit ihren Phospholipidbausteinen. Die RNA-Software in solchen Zellvorläufern macht einfache, sich selbst verdoppelnde Systeme theoretisch möglich. Das alles sind spannende Forschungsarbeiten, und nach meiner Überzeugung wird man damit nachweisen können, dass die Entstehung sich selbst verdoppelnder Zellen aus präbiotischen chemischen Substanzen möglich ist.

Wenn man synthetisches genetisches Material konstruieren kann, das innerhalb einer künstlichen Membran seine eigene Fortpflanzung katalysiert, hat man eine primitive Form von Leben im Labor geschaffen. Vielleicht ähneln solche Zellen den ersten Lebensformen auf der Erde aus der Zeit vor fast vier Milliarden Jahren, wahrscheinlicher ist aber, dass sie etwas ganz Neues darstellen. Was dabei wichtig ist: Solche einfachen synthetischen Zellen stecken wie jene aus der Frühzeit des Lebendigen voller Potential – sie können Mutationen und eine darwinistische Evolution durchmachen. Wenn es um das ehrgeizige Ziel geht, aus DNA eine Zelle zu machen, werden sie nach meiner Überzeugung wichtige Erkenntnisse liefern, die mit den Bemühungen meiner eigenen Arbeitsgruppe und denen vieler anderer, die sich mit solchen tiefgreifenden Fragen beschäftigen, zusammenpassen.

Als Ergänzung zu den Untersuchungen, die sich mit dem Ursprung des Lebens befassen, haben wir neue Forschungsarbeiten in Angriff genommen; damit verfolgen wir langfristig das Ziel, eine »universelle Empfängerzelle« zu schaffen, die jede synthetische DNA-Software zur maßgeschneiderten Schaffung von Leben aufnehmen und zu der gewünschten Spezies werden kann. Derzeit benutzen wir in unseren Labors nur eine sehr begrenzte Zahl verschiedener Empfängerzellen für die Genomtransplantation. Um eine universelle Empfängerzelle herzustellen, schreiben wir die genetische

Information der Mycoplasmen neu, damit sie jede verpflanzte DNA-Software transkribieren und translatieren können. Mit solchen Forschungsarbeiten werden wir auch unsere Erkenntnisse darüber, warum Leben die Form kleiner, Zellen genannter Päckchen hat, verfeinern und erweitern.

Radikaler ist ein anderer Ansatz, den wir derzeit verfolgen: Dabei geht es um die Frage, unter welchen Bedingungen wir auf eine bereits vorhandene Zelle als Empfänger für das verpflanzte Genom völlig verzichten können. Wir haben die Hoffnung, dass wir von zellfreien Systemen ausgehen, Grundbestandteile zum Aufbau einer vollständigen Zelle hinzufügen und so vollkommen synthetische Zellen schaffen können. Das wäre wieder einmal ein Durchbruch, aber entsprechende Forschungsarbeiten reichen erstaunlich weit in die Vergangenheit zurück. Schon in den 1950er Jahren, zu Beginn der DNA-Revolution, hatten mehrere Wissenschaftlergruppen unabhängig voneinander nachgewiesen, dass eine Zelle nicht unbedingt notwendig ist, wenn es um einige der grundlegenden Lebensvorgänge geht. Nach ihren Befunden können Proteine auch dann hergestellt werden, wenn die Membran einer Zelle sich aufgelöst hat.

Als Erster äußerte Paul Charles Zamecnik solche Vermutungen, ein Professor für Medizin an der Harvard Medical School und leitender Wissenschaftler am benachbarten Massachusetts General Hospital. Sein Interesse an dem Thema erwachte 1938, als er bei der Obduktion einer Frau mit tödlicher Fettsucht über die ungeheuren Fettmengen in ihrem Gewebe staunte, denen ein relativ geringer Proteinanteil gegenüberstand. Daraufhin fragte er sich, wie Proteine hergestellt werden – ein Thema, das während eines großen Teils seiner Berufslaufbahn zur Triebkraft der Forschungsarbeiten wurde.[28] Irgendwann wurde ihm klar, dass er die Zwischenstufen der Proteinsynthese nur dann untersuchen konnte, wenn er ein zellfreies System entwickelte. Nach mehrjährigen Bemühungen hatte er schließlich Erfolg, und mit der

Hilfe seiner Kollegin Nancy Bucher ebnete er den Weg zu vielen bedeutsamen Erkenntnissen, von dem Nachweis, dass ATP für die Proteinsynthese notwendig ist, bis zu der Entdeckung, dass Ribosomen der Ort sind, an dem die Proteine zusammengesetzt werden.

An der Rekonstruktion biologischer Abläufe aus Einzelbestandteilen haben schon viele Wissenschaftlergruppen gearbeitet. Heinz Fraenkel-Conrat und Robley C. Williams konnten 1955 erstmals am Beispiel des Tabakmosaikvirus zeigen, dass man aus gereinigter RNA und einer Proteinhülle funktionsfähige Viren zusammensetzen kann. Danach folgten sehr schnell die Entschlüsselung des grundlegenden genetischen Codes und die Beantwortung der Frage, wie die Information von der DNA-Software in Proteine übersetzt wird; beides waren Ergebnisse der Pionierarbeiten von Marshall Nirenberg und seines Postdoc J. Heinrich Matthaei im Jahr 1961.[29] Die beiden präparierten einen Extrakt aus Bakterienzellen, der selbst dann Proteine produzieren konnte, wenn er keine intakten, lebenden Zellen mehr enthielt. Durch die Verwendung synthetischer RNA und radioaktiv markierter Aminosäuren entdeckten sie, dass drei Uracilbasen (UUU) das Codon für die Aminosäure Phenylalanin bilden.

DNA oder RNA zu nehmen und mit ihrer Hilfe Proteine im Reagenzglas herzustellen, ist seither zu einem Routineverfahren geworden. Die zellfreie Proteinsynthese ist heute in der molekularbiologischen Forschung ein wichtiges Hilfsmittel. In der herkömmlichen Form erforderten diese Methoden einen Zellextrakt, aber das änderte sich mit Einführung des sogenannten PURE-Systems (*protein synthesis using recombinant elements*, Proteinsynthese mit rekombinierten Elementen): Dabei findet die Proteinsynthese in einem zellfreien System statt,[30] wobei man den Translationsapparat von *E. coli* aus gereinigten Bestandteilen und Ribosomen zusammengesetzt hat. Wir sind bestrebt, mit einem Cocktail aus Enzymen, Ribosomen und anderen chemischen Substanzen (darunter Lipide) und einem synthetischen Genom neue Zellen und Lebensformen zu schaffen, ohne dabei bereits vorhandene Zellen zu nutzen. In den kommenden Jahren wird es zunehmend möglich werden, in zellfreien Systemen oder mit Hilfe universeller Empfängerzellen eine breite Vielfalt von Zellen auf der Grundlage von Software herzustellen, die im Computer geplant wurde.

Wenn man eines Tages Zellen aus dem Nichts erschaffen kann, eröffnen sich ungeheure Möglichkeiten. Wenn wir die Grenze zwischen Belebtem und Unbelebtem erforschen, sollten wir zunächst einmal in der Lage sein, unsere Definition von »Leben« zu verfeinern. Solche Arbeiten dürften auch Folgen für die Definition von Begriffen wie »Maschine« und »Organismus« nach sich ziehen.[31] Die Möglichkeit, Leben ohne bereits vorhandene Zellen zu erschaffen, wird auch praktische Konsequenzen haben, denn unsere Freiheit bei der Gestaltung neuer Lebensformen wird sich stark erweitern. Außerdem könnten wir ältere Lebensformen erforschen, indem wir aus den Genomen lebender Nachkommen auf das Genom eines ausgestorbenen Vorfahren schließen und mit synthetischen Zellen die Eigenschaften dieser uralten Software untersuchen.

Wir werden also der Frage nachgehen, welches Potential das Zusammensetzen synthetischer Zellen hat. Der menschliche Körper ist ein bemerkenswertes Gemeinschaftsunternehmen: Allein das Verdauungssystem bringt es auf rund 100 Billiarden Mikroorganismen, ungefähr das Zehnfache der Zahl aller Zellen in den wichtigsten Organen unseres Organismus. In ihrer großen Mehrzahl handelt es sich dabei um freundliche Mikroben, die mit unserem eigenen biochemischen Apparat zusammenwirken. Die Neigung der Zellen zur Zusammenarbeit begann in der Geschichte des Lebendigen schon relativ früh. Die ersten vielzelligen Bakterienketten entstanden vor rund 3,5 Milliarden Jahren. Und wie zuvor bereits erwähnt wurde, gibt es auch andere Formen der Kooperation zwischen

Mikroorganismen. Die mittlerweile verstorbene Lynn Margulis von der University of Massachusetts in Amherst äußerte die Vermutung, dass spezialisierte Eukaryontenzellen ihre Organellen, mit denen sie Photosynthese betreiben oder Energie produzieren, durch Symbiogenese erworben haben, das heißt durch die nutzbringende Verschmelzung zweier Vorläuferzellen.

Auf solche frühen Vorgänge folgte eine weitere Welle der Kooperation: Jetzt taten sich die komplexen Zellen ihrerseits zusammen und bildeten Gemeinschaften, ein Vorgang, der sich in der Evolution mehrere Male unabhängig abspielte. Vor mehr als 600 Millionen Jahren war mit der Entstehung der Rippenquallen – weitverbreiteter, empfindlicher Quallen mit gut entwickeltem Gewebe – der Punkt erreicht, an dem das vielzellige Leben sich auseinanderzuentwickeln begann. Ein weiteres frühes Beispiel dafür, wie Einzelzellen in einem komplexeren Organismus zusammenwirkten, sind die Schwämme. Sie bestehen aus verschiedenartigen Zellen – Verdauungszellen, Zellen, die Skleriten (Teile des Körperskeletts) ausscheiden und so weiter; sie alle können untereinander kommunizieren und arbeiten als ein einziges Individuum zusammen.

Einige Aufschlüsse darüber, welche genetischen Mechanismen einzelnen Zellen eine solche Zusammenarbeit ermöglichen, liefert die Genomsequenz des Schwammes *Amphimedon queenslandica*, der im Großen Barriereriff zu Hause ist.[32] Es gibt ein halbes Dutzend charakteristische Kennzeichen für die Vielzelligkeit: regulierter Ablauf von Zellzyklus und Wachstum, programmierter Zelltod (Apoptose), Zell-Zell- und Zell-Matrix-Adhäsion, die den Einzelzellen das Heften ermöglicht, Entwicklungssignale und Genregulation, Mechanismen zur Abwehr eingedrungener Krankheitserreger, und die Spezialisierung der Zelltypen – sie ist der Grund, warum wir Nervenzellen, Muskelzellen und so weiter besitzen. Angesichts der Tatsache, dass sich vielzellige Organismen in der

Evolution so viele Male unabhängig voneinander entwickelten, kann man davon ausgehen, dass es für ihre Entstehung keine einzelne Erklärung gibt; man kann nur sagen, dass die Kooperation der Zellen die beste Lösung für das evolutionäre Problem war, Gene möglichst erfolgreich an die nächste Generation weiterzugeben, ganz gleich, ob man dazu Abwehrmechanismen gegen bestimmte Parasiten, eine effizientere Form der Fortbewegung oder bessere Möglichkeiten zur Nutzung der vorhandenen Nahrungs- und Energievorräte entwickeln musste.

Mit immer besseren synthetischen Zellen können wir die Mechanismen, die zur Vielzelligkeit führten, im Einzelnen offenlegen. Synthetische Zellen kann man immer mehr »abspecken« und vereinfachen, um so herauszufinden, wie die zuvor erwähnten Faktoren sich auf ihre Fähigkeit zu Kommunikation und Kooperation auswirken. Damit hätten wir nie da gewesene Hilfsmittel zur Entschlüsselung der ungeheuer komplizierten Wechselbeziehungen, die sich zwischen den Zellen eines vielzelligen Lebewesens abspielen, ganz gleich, ob es sich dabei um einen Fadenwurm oder einen Menschen handelt. Gleichzeitig wird es Versuche geben, synthetische vielzellige Lebewesen aus synthetischen Zellen, die synthetische Organellen enthalten, von Grund auf neu aufzubauen und so diese Form der engen Kooperation genauer zu erforschen.

Schon Anfang der 1960er Jahre gelang es einer Arbeitsgruppe an der State University of New York in Buffalo, den relativ großen Organismus *Amoeba proteus* aus den wichtigsten Zellbestandteilen anderer Amöben – Zellkern, Cytoplasma und Zellmembran – neu aufzubauen.[33] Die Wissenschaftler berichteten: »Der Erfolg unserer Zusammenbauexperimente bedeutet, dass wir jetzt über die technische Fähigkeit zum Zusammensetzen von Amöben verfügen, die jede gewünschte Kombination von Bestandteilen besitzen und damit ein hervorragendes experimentelles System bilden.« Solchen künstlich hergestellten Zellen können wir leistungsfähigere »Batterien« einbauen, oder wir können ein künstliches endoplasmatisches Reticulum aufbauen, jenes Organell, an dem die Ribosomen angeheftet sind und an dem die Synthese und Faltung der Proteine stattfinden.

Die Zutaten für das Grundrezept einer lebenden Zelle haben wir mit unseren Untersuchungen an Mycoplasmen und anderen Lebewesen bereits identifiziert: einen Cocktail aus 300 bis 500 Proteinen (ungefähr die gleiche Zahl, die sich aus den Arbeiten von Lucy Shapiro zum »essentiellen Genom« des Bakteriums *Caulobacter crescentus* ergibt). Man stelle sich vor, wir könnten systematisch verschiedene Varianten der Maschinerie des Lebendigen untersuchen und in Erfahrung bringen, welche Bestandteile unentbehrlich sind und welche nicht, oder analysieren, wie sie zusammenwirken. Dies wird für das Gebiet der synthetischen Biologie ein Segen sein, erweitert es doch das Spektrum der biologischen Bausteine, Software-Subroutinen und Schaltkreise, die wir entwickeln können.

10. GESTALTETES LEBEN

> Eine vom Menschen neu erzogene
> Varietät wird ein für das Studium
> wichtigerer und anziehenderer Gegen-
> stand sein als die Vermehrung der
> bereits unzähligen Arten unserer
> Systeme mit einer neuen.
> Charles Darwin, *Die Entstehung*
> *der Arten*[1]

Wenn wir neue Software zur Programmierung lebender Zellen gestalten und schreiben, stellt sich die Frage: Wie können
wir möglichst sicher sein, dass sie auch funktioniert? Der naheliegende Weg besteht darin, die Zelle tatsächlich neu aufzubauen, aber das ist derzeit relativ teuer und zeitaufwendig;
außerdem wird man sich bei einem Fehlschlag fragen, ob das
Problem in der Software selbst liegt oder aber in dem System,
das die Anweisungen in der DNA Wirklichkeit werden lässt.
In Zukunft werden Computermodelle die Möglichkeit eröffnen, unsere Kenntnisse durch die Schaffung virtueller Zellen auf den Prüfstand zu stellen und erst dann Versuche mit
realen Zellen anzustellen. Computermodelle von Lebewesen
gewinnen heute stärker an Bedeutung als je zuvor; das liegt
einerseits an der exponentiell wachsenden Rechenleistung
der Computer, andererseits aber auch an der zunehmenden
Zahl von Studien in der modernen Biologie, die zu einem gewaltigen Informationszuwachs geführt haben. Insbesondere

in den letzten beiden Jahrzehnten hat die Wissenschaftlergemeinde immer größere Mengen an detaillierten Daten
über biologische Systeme zusammengetragen, von der Sys-
temanalyse bis zur raffiniert gefalteten, dreidimensionalen
Struktur von Proteinmolekülen. Wir kennen eine großartige
Vielfalt molekularer Maschinen mit einem breiten Spektrum
verschiedener Funktionen, und wir bringen immer mehr darüber in Erfahrung, wie sie untereinander und mit anderen
Zellbestandteilen in Wechselwirkung treten. Auf der Grundlage dieser Datenflut können wir heute eine Vielzahl grundlegender biologischer Vorgänge in Computermodellen nachvollziehen und damit die Laborexperimente ergänzen.

Schon seit Jahrzehnten bemühen sich zahlreiche Arbeitsgruppen mit unterschiedlich hochentwickelten Modellen
darum, Lebensvorgänge von der Genregulation bis zur Simulation von Stoffwechsel und Proteinsynthese im Computer zu simulieren. In Europa beispielsweise hat man sich
im Rahmen des Projekts »Virtual Physiological Human«[2] das
Ziel gesetzt, die Funktion von Organen im Computer modell-
haft nachzuvollziehen und so einen virtuellen Organismus
zu schaffen. Damit dies gelingt, muss man die verschiedensten physiologischen Strukturen und Vorgänge kennen, von
Zehntausenden von Genen und ihren Varianten über die
noch viel größere Zahl von Proteinbestandteilen bis hin zu
Veränderungen im Stoffwechsel.

Schon seit einiger Zeit bemüht man sich darum, Modelle
von Organen und Geweben zu schaffen. Die ersten mathematischen Modelle von Herzzellen wurden 1960 veröffentlicht.[3]
In den 1980er Jahren waren die elektrischen, chemischen und
mechanischen Vorgänge bei der Kontraktion von Herzmus-
kelzellen einigermaßen gut aufgeklärt, und man konnte nun
ein Computermodell einer schlagenden Herzzelle erstellen.
Ungefähr 30 Gleichungen gaben die wichtigsten chemischen
Prozesse in den Zellen wieder, insbesondere die Tätigkeit der
Ionenkanäle, durch die elektrische Signale in die Herzzellen

hinein- und aus ihnen herauswandern können. Seit jener Zeit sind die Computer wesentlich leistungsfähiger geworden, und heute kann man den Schlag der vielen Milliarden Zellen in allen vier Kammern eines virtuellen Herzens simulieren.[4]

Die Bestrebungen zur Simulation von Organen richten sich auch auf das Gehirn mit seinen Milliarden vernetzten Neuronen. Im Rahmen des Human Brain Project[5] der École Polytechnique Fédérale de Lausanne am Genfer See simulierte man 2008 einen Mikroschaltkreis, der aus einer Einheit von 10 000 Gehirnzellen der Großhirnrinde besteht, jener dünnen Schicht im Gehirn, in der die interessantesten und am höchsten entwickelten Denkvorgänge angesiedelt sind. Bis wir das menschliche Gehirn mit seinen 100 Milliarden Neuronen simulieren können, wird noch mindestens ein Jahrzehnt vergehen; Anfang 2013 gab die Europäische Kommission bekannt, sie werde für ein solches Projekt eine Milliarde Euro aufwenden.[6]

Auf einer grundsätzlicheren Ebene hat man im Laufe der Jahre zahlreiche Versuche unternommen, im Computer eine virtuelle Zelle zu schaffen – das heißt ein dynamisches biologisches System in Form »lebendiger« Software, mit dem sich zeigen lässt, wie alle Vorgänge innerhalb einer lebenden Zelle als einheitliches System zusammenwirken. Ich war zwar an diesen Projekten nicht unmittelbar beteiligt, sie haben aber von den Arbeiten aus meinem Institut profitiert. Die weitreichenden Kenntnisse und Einblicke, die wir mit unserer Erforschung des Mycoplasmengenoms gewonnen haben, schufen für andere die Voraussetzungen, um im Computer ein detailliertes Modell einer *Mycoplasma*-Zelle zu erzeugen.

In den 1990er Jahren bemühte sich eine Arbeitsgruppe unter Leitung von Masaru Tomita an der Keio University im japanischen Fujisawa, unsere Erkenntnisse über das Genom in eine »elektronische Zelle« umzusetzen. Als das Team mit dem Projekt begann, hatte man erst die Genome von 18 verschiedenen Organismen sequenziert. Aber schon diese bis dahin beispiellose Menge an molekularbiologischer Information über die verschiedensten Modellorganismen, so die Überzeugung der Wissenschaftler, werde aufschlussreiche neue Einblicke in die molekularen Abläufe innerhalb einer Zelle möglich machen. Ihr Ziel war es, diese Abläufe im Computer zu simulieren und anschließend das dynamische Verhalten lebender Zellen vorherzusagen. Im Computer kann man die Funktionen von Proteinen, die Wechselbeziehungen der Proteine untereinander sowie zwischen Proteinen und DNA, die Regulation der Genexpression und andere Aspekte des Zellstoffwechsels analysieren. Mit anderen Worten: Eine virtuelle Zelle könnte sowohl für die Soft- als auch für die Hardware des Lebens eine neue Sichtweise eröffnen.

Im Frühjahr 1996 begannen Tomita und seine Studierenden am Labor für Bioinformatik der Keio University mit der molekularbiologischen Analyse von *Mycoplasma genitalium* (das wir 1995 sequenziert hatten), und bis zum Jahresende hatte das Projekt der E-Zelle Fuß gefasst. Die japanische Arbeitsgruppe hatte das Modell einer hypothetischen Zelle mit nur 127 Genen konstruiert, die für Transkription, Translation und Energieproduktion ausreichten. In ihrer Mehrzahl stammten die verwendeten Gene von *Mycoplasma genitalium*. Im Rahmen der Simulation zeichnete die Arbeitsgruppe ein Spinnennetz aus Stoffwechsel-Interaktionen dieses hypothetischen Genoms, zu dem auch 20 tRNA- und zwei rRNA-Gene gehörten. Wie die Arbeitsgruppe allerdings selbst einräumte, war ihre Zelle auf unrealistisch günstige Umweltbedingungen angewiesen.

Der Zustand der Modellzelle wurde für jeden einzelnen Zeitpunkt in Form einer Liste von Konzentrationen der Bestandteile sowie durch Werte für Zellvolumen, Säuregehalt (pH) und Temperatur angegeben. Um das Modell der DNA-Software zu erstellen, bediente sich das Team realer Softwareroutinen und entwickelte Hunderte von Regeln, die über viele, aber nicht alle Stoffwechselwege von *M. genita-*

lium bestimmen, so über Glycolyse, Milchsäuregärung, die Aufnahme von Glucose, Glycerin und Fettsäuren, Phospholipid-Biosynthese, Gentranskription, Proteinsynthese, den Zusammenbau von Polymerase und Ribosomen sowie den Abbau von Proteinen und mRNA. Zur weiteren Steigerung der Originaltreue wurde das Modell so konstruiert, dass Enzyme und andere Proteine im Laufe der Zeit spontan zerfielen und ständig neu synthetisiert werden mussten, damit die Zelle »weiterlebte«.

Während der »Simulationsmotor« ungefähr mit einem Zwanzigstel der Geschwindigkeit eines echten Lebewesens vor sich hin tuckerte, experimentierte die japanische Arbeitsgruppe mit der virtuellen Zelle. Die Wissenschaftler zogen aus dem Kulturmedium die Glucose ab und ließen die Zelle auf diese Weise »hungern«. Daraufhin konnten sie beobachten, wie die ATP-Menge vorübergehend anstieg, dann aber steil abfiel, und nachdem der Zelle ihr ATP-Brennstoff ausgegangen war, »starb« sie. Wurde dann wieder Glucose zugefügt, erholte sich die virtuelle Zelle oder auch nicht, je nachdem, wie lange die Hungerphase gedauert hatte. In dem Modell konnte man mit einem Mausklick von Millisekunde zu Millisekunde nachvollziehen, wie sich die Ausschaltung eines Gens auf die Konzentration zahlreicher Zellinhaltsstoffe auswirkte. Durch Inaktivierung eines lebenswichtigen Gens, das beispielsweise die Proteinsynthese steuerte, konnte man die Zelle auch »töten«. Dies hatte zur Folge, dass alle Enzyme nach und nach abgebaut wurden und am Ende völlig verschwanden.

Damals aber, Ende der 1990er Jahre, war es immer noch schwierig, die verschiedenen Ebenen der zellulären Prozesse von der Genaktivität bis zum Stoffwechsel und darüber hinaus zu verknüpfen. Das Modell der Keio-Universität war mit seinen 127 Genen außerdem viel kleiner als die »Minimalgenausstattung«, die wir aus unseren Experimenten mit der Ausschaltung von Genen und durch den Vergleich der beiden ersten sequenzierten Genome abgeleitet hatten. Entsprechend konnte sich die Modellzelle zwar selbst erhalten, aber nicht fortpflanzen; ihr fehlten die Reaktionswege für DNA-Replikation, Genregulation und Zellzyklus. Und natürlich gab es damals wie heute viele Gene, deren Funktionen man noch nicht kannte; um die fehlenden Stoffwechselfunktionen hinzuzufügen, mussten die Wissenschaftler sich also auf plausible Vermutungen stützen.

In den zehn Jahren seit der Programmierung der ursprünglichen E-Zelle hat die japanische Arbeitsgruppe einen langen Weg hinter sich gebracht. Das Modell wurde nicht nur ständig verfeinert, sondern die Wissenschaftler gingen auch zu Modellen menschlicher roter Blutzellen (Erythrocyten), Neuronen und anderer Zelltypen über; außerdem ergänzten sie die Erforschung der virtuellen Zellen durch weitere Arbeiten – unter anderem maßen sie, wie *E. coli* auf genetische und umweltbedingte Schwierigkeiten reagiert, und wiesen damit nach, dass das Netzwerk der Stoffwechselinteraktionen in der Zelle aufgrund von Redundanzen erstaunlich robust ist.[7]

Die neuesten Untersuchungen an *Mycoplasma genitalium* wurden in den Vereinigten Staaten von dem Systembiologen Markus W. Covert an der Stanford University durchgeführt. Seine Arbeitsgruppe konstruierte mit Hilfe unserer Sequenzdaten eine virtuelle Version, die dem realen Gegenstück bemerkenswert nahe kommt. Voraussetzung für diesen Kraftakt war die Zusammenführung einer ungeheuren Menge an Informationen, darunter Daten aus mehr als 900 Fachartikeln über das Genom, Transkriptom, Proteom, Metabolom und andere »-ome« der Spezies. Damit wurde *M. genitalium* zu dem ersten Lebewesen, das man im Modell detailliert nachbildete – bis hin zu jedem einzelnen seiner 525 Gene und jeder bekannten Genfunktion.

Zur Konstruktion der virtuellen Zelle zog das Team an der Stanford University mehrere tausend Parameter heran;

diese stehen in Zusammenhang mit ungefähr 30 Gruppen subzellulärer Prozesse, von denen jeder auf mehrfache Weise im Modell nachgebildet wurde. Um daraus eine einheitliche Zellmaschine zu machen, programmierten sie die einzelnen Module, die jeweils einem eigenen Algorithmus unterlagen und dann untereinander kommunizierten. Auf diese Weise wurde das Bakterium als Reihe von Modulen simuliert, mit denen die verschiedenen Zellfunktionen nachvollzogen werden. Mit einem Netzwerk aus 128 Computern konnte die Arbeitsgruppe in Stanford das Verhalten virtueller *M.-genitalium*-Zellen auf molekularer Ebene von der DNA und RNA bis zu Proteinen und Stoffwechselprodukten nachzeichnen.[8] Sie vollzogen die Lebenszeit der Zelle auf molekularer Ebene nach und kartierten die Wechselwirkungen von 28 Molekülkategorien. Am Ende wurde das Modell in seiner Gesamtheit anhand einer Wissensdatenbank, die eine Fülle von Informationen über *M. genitalium* enthielt, überprüft.[9]

Darüber hinaus erforschte die Arbeitsgruppe der Stanford University mit Hilfe ihres virtuellen Lebewesens auch Einzelheiten des Zellzyklus; dieser besteht aus drei Phasen: Initiation, Replikation und Cytokinese (Zellteilung). Dabei fiel ihnen auf, dass die Schwankungsbreite in den ersten Stadien im Vergleich zum dritten und auch im Vergleich zur Dauer des gesamten Zellzyklus größer ist. Die Länge der einzelnen Stadien schwankte von einer virtuellen Zelle zur anderen, die Dauer des Gesamtzyklus war dagegen einheitlicher. Aufgrund ihrer Erkenntnisse über das Modell stellten die Wissenschaftler die Hypothese auf, dass die Uneinheitlichkeit des Gesamt-Zellzyklus auf einen eingebauten negativen Rückkopplungsmechanismus zurückzuführen ist, der die Unterschiede in den einzelnen Stadien ausgleicht. In Zellen, die erst später mit der DNA-Replikation beginnen, kann sich ein größerer Vorrat an freien Nucleotiden ansammeln. Der eigentliche Replikationsvorgang, bei dem diese Nucleotide zum Aufbau neuer DNA-Stränge verwendet werden, läuft dann relativ schnell ab. Dagegen verfügen Zellen, die den ersten Schritt schneller durchlaufen, nicht über einen großen Nucleotidvorrat. In diesem Fall wird die Replikation durch die Geschwindigkeit der Nucleotidproduktion begrenzt.

Die Arbeitsgruppe an der Stanford University simulierte die Auswirkungen von Mutationen aller 525 Gene und beobachtete jedes Mal, ob die mutierte Zelle noch lebensfähig war. Die Voraussagen stimmten im Vergleich zu experimentellen Befunden an realen Zellen in rund 80 Prozent der Fälle. Wo es Unterschiede gab, kristallisierten sich interessante Erkenntnisse heraus. Nach dem Modell sollte eine Deletion des Gens lpdA für die Zelle tödlich sein; in Wirklichkeit bleibt der betreffende Stamm aber lebensfähig, er wächst allerdings um 40 Prozent langsamer als der Wildtyp. Deshalb, so die Überlegung des Teams, muss ein anderes Gen eine ähnliche Funktion erfüllen wie lpdA. Bei näherem Hinsehen fanden sie das Gen nox, das lpdA in Sequenz und Funktion ähnelt. Als sie diese zusätzliche Funktion von nox in ihr Modell aufnahmen, war ihre simulierte Zelle ebenfalls lebensfähig. Die unterschiedlichen Wachstumsgeschwindigkeiten von Mutanten, die im Computer und in Wirklichkeit beobachtet wurden, ermöglichten dem Team die Feinabstimmung der Geschwindigkeiten, mit der Enzyme in den simulierten Zellen produziert werden; auch damit wurden sie realistischer und dem physischen *M. genitalium* ähnlicher.

Solche Modelle geben uns letztlich die Freiheit, »Was wäre«-Szenarien zu entwickeln, wie sie in der Ingenieurwissenschaft häufig verwendet werden. Wie ein Ingenieur, der die Dicke eines Strukturelements in einem Wolkenkratzer mit dem Computer verändert und jeweils seine Widerstandskraft gegenüber einem Erdbeben beobachtet, können Systembiologen die Software des Lebendigen manipulieren und die Auswirkungen der Veränderung auf die Lebensfähigkeit der Zellen untersuchen. Es wird interessant sein, durch den Vergleich zwischen unserem im Computer entworfenen

Minimalgenom und den Computermodellen festzustellen, welchen Vorhersagewert Genveränderungen haben.

Um eine solche Revolution der biologischen Informatik zu realisieren, braucht man ungeheuer viel Rechenleistung. Derzeit erfordert die Simulation einer einzigen Zelle, die sich einmal teilt, bei dem Team an der Stanford University ungefähr zehn Stunden, und dabei entsteht ein halbes Gigabyte an Daten. Das erste virtuelle Bakterium ist mit seinen 525 Genen weitaus weniger komplex als *E. coli*, das 4288 Gene besitzt, sich alle 20 bis 30 Minuten teilt und eine viel größere Zahl molekularer Wechselwirkungen beinhaltet, von denen jede die für die Simulation erforderliche Rechenzeit weiter verlängert. Und die virtuelle Version einer nochmals wesentlich komplizierteren Eukaryontenzelle zu erzeugen, stellt eine beträchtliche Herausforderung dar.

Noch bedarf es umfangreicher Arbeiten an realen Lebewesen, bis wir genau verstehen, wie der lineare Code der Software über die dreidimensionale Welt der Zelle bestimmt. Wichtige Bestrebungen in dieser Richtung wurden von Lucy Shapiro geleitet, einer anderen Wissenschaftlerin der Stanford University, die in ihrer Berufslaufbahn einen ungewöhnlichen Schwenk von den schönen Künsten zur biologischen Forschung vollzog. Seither arbeitet sie in der Entwicklungsbiologie; ihr wichtigstes Forschungsobjekt ist *Caulobacter crescentus*, ein asymmetrisch gebautes Süßwasserbakterium. Meine Arbeitsgruppe klärte 2001 in Zusammenarbeit mit Lucys Team die genetische Information von *Caulobacter* auf: Sie besteht aus 4 016 942 Basenpaaren, die 3767 Gene codieren.[10]

Mit ihren Arbeiten konnte Lucy Shapiro nachweisen, dass eine Bakterienzelle nicht einfach nur ein Beutel voller ungeordneter Proteine ist, sondern in ihrem Inneren über eine charakteristische Einteilung verfügt: Ganz bestimmte Proteinroboter besetzen spezifische Stellen und koordinieren komplizierte biochemische Prozesse wie Zellzyklus und Zellteilung. Shapiro konnte zum ersten Mal beobachten, dass die DNA-Replikation in Bakterien räumlich genau organisiert abläuft; die Zellteilung hängt von dieser Organisation und von der Verteilung der DNA auf die entgegengesetzten Enden der Zelle ab. Ebenso bewies ihr Team, dass es für den Zellzyklus übergeordnete genetische Regulatoren gibt. So ist beispielsweise ein Regulationsgen, das am Aufbau der Flagelle – eines peitschenförmigen Anhängsels, mit dem die Zelle schwimmt – mitwirkt, auch für die Lebensfähigkeit unentbehrlich. Nach den Feststellungen der Wissenschaftler sind verschiedene Vorgänge, die man in bisherigen Untersuchungen als getrennte Abläufe des bakteriellen Lebenszyklus betrachtet hatte, in Wirklichkeit durch übergeordnete Regulatoren verknüpft. Ein einziger derartiger Regulator steuert die Expression« von 95 weiteren Genen. In einer beschleunigten Version unserer Arbeiten mit *Mycoplasma* konnte Shapiro auf den Buchstaben genau katalogisieren, welche Teile des genetischen Codes notwendig sind, damit *Caulobacter crescentus* überleben kann – es sind rund zwölf Prozent der genetischen Information des Bakteriums. Zu den unentbehrlichen Elementen gehören nicht nur proteincodierende Gene, sondern auch Regulationsabschnitte der DNA und faszinierenderweise 91 kleine Sequenzen, deren Funktion man nicht kennt. Die restlichen 88 Prozent des Genoms kann man zerstören, ohne die Wachstums- und Fortpflanzungsfähigkeit des Bakteriums zu beeinträchtigen.[11]

Die biologische Forschung der Zukunft wird sich in großem Umfang auf die Kombination von Informatik und synthetischer Biologie stützen. Eine faszinierende Ahnung von dieser Zukunft liefert eine Reihe von Wettbewerben, deren Höhepunkt jedes Jahr ein Ereignis in Cambridge im US-Bundesstaat Massachusetts bildet: eine Versammlung kluger junger Köpfe, die mir für die Zukunft große Hoffnungen macht. Beim Wettbewerb »International Genetic Engineered Machine« (iGEM) sind Oberschüler, Collegestudenten und

Unternehmer eingeladen, eine vorgegebene Reihe von DNA-Subroutinen so zu kombinieren, dass daraus etwas Neues entsteht; die Trophäe, um die sie dabei kämpfen, ist ein großer Legostein aus Aluminium als Symbol für die Überzeugung, dass man Leben durch den Zusammenbau von Subroutinen konstruieren kann.

Erdacht wurde der Wettbewerb ursprünglich von Tom Knight, Randy Rettberg und Drew Endy, drei Ingenieuren, die das Lego-Prinzip, Systeme aus ineinandergreifenden Teilen aufzubauen, auf die Biologie übertragen wollten. Die Veranstaltung, die heute am Massachusetts Institute of Technology stattfindet, ging ursprünglich aus einem Kurs hervor, der dort im Januar 2003 angeboten wurde: Darin sollten Arbeitsgruppen eine Form von *E. coli* konstruieren, die »blinkte«, das heißt, sie sollte in regelmäßigen Zeitabständen fluoreszierendes Licht aussenden. Das Ganze entwickelte sich zu einem sommerlichen Wettbewerb, an dem 2004 insgesamt fünf Teams und 2005 – dem ersten Jahr, in dem der Wettbewerb international ausgeschrieben wurde – bereits 13 Gruppen teilnahmen. Seither ist er rasant gewachsen: 2012 beteiligten sich 245 Mannschaften.

Der iGEM-Wettbewerb 2011, an dem sich 160 Teams mit über 2000 Mitgliedern aus 30 Ländern beteiligten, begann mit Regionalausscheidungen und endete mit einer Weltmeisterschaft. Das Ereignis war kein trockenes Seminar mit PowerPoint-Präsentationen, Vorträgen und Vorführungen, sondern ein rauschendes Genetik-Fest, bei dem die Teilnehmer ihre Maskottchen mitbrachten und Mannschafts-T-Shirts mit den Logos ihrer Sponsoren trugen, während sie die DNA-Software in Stücke schnitten.

Die Veranstaltung hat unter anderem das Ziel, einen Katalog standardisierter Teile zusammenzustellen: sogenannte BioBricks, DNA-Abschnitte, die sich verbinden lassen und ein Bakterium für die Ausführung einer ganz bestimmten Aufgabe programmieren. Jeder BioBrick ist an beiden Enden mit DNA-Sequenzen abgedeckt, mit deren Hilfe man ihn mit anderen Bausteinen verknüpfen, in ein Plasmid einbauen und dann in eine Bakterienzelle einschleusen kann. Im Laufe der Jahre haben die Teilnehmer eine zentrale, für alle offene genetische Bibliothek aus Tausenden von BioBricks zusammengetragen, die jetzt als Registry of Standard Biological Parts bezeichnet wird. Dieses Register enthält eine Liste von Funktionen, Strukturen und so weiter und wurde nach dem Vorbild eines tausendseitigen Katalogs aus Schaltkreiskomponenten gestaltet, der den Namen *The TTL Data Book for Design Engineers* trägt.

Im Rahmen des Wettbewerbs erhalten die Teilnehmer jeweils im Frühsommer eine Reihe ganz bestimmter biologischer Teile – einen BioBrick-Baukasten. Kopien der tatsächlichen DNA bekommen sie in getrockneter Form per Post. Den Sommer über arbeiten sie an ihren eigenen Schulen oder Labors mit diesen und selbstgestalteten, neuen Teilen und konstruieren damit biologische Systeme, die sie in lebenden Zellen zum Laufen bringen. In dem Bestreben, aus einer Reihe standardisierter Teile neue biologische »Schaltkreise« zusammenzubauen, bedienten sich manche Studentengruppen der gleichen Verfahren, mit denen auch meine Arbeitsgruppe sich beschäftigt hatte.

Zu den wichtigsten Bestandteilen in ihrem Werkzeugkasten des Lebens gehören Promoter, die anzeigen, welche DNA-Abschnitte abgelesen werden sollen; Operatoren, die regulierend in die Funktion der Promoter eingreifen können; Ribosomen-Bindungsstellen, die Ribosomen heranziehen und die Proteinproduktion in Gang setzen; die proteincodierende Sequenz selbst, die ein Enzym codiert oder aber einen Repressor, der an einem Promoter bindet und ihn abschaltet, oder ein Reporterprotein wie beispielsweise das grün fluoreszierende Protein, das, wie der Name schon sagt, einen aktiven Schaltkreis anzeigt; und Terminatoren, die das Signal geben, die Ablesung der DNA-Software zu beenden. Diese Teile lassen sich zu Vorrichtungen zusammenbauen, die in einer Zelle einfache Funktionen ausführen.

Grundsätzlich kann eine solche Vorrichtung erst einmal ein Protein herstellen. Da die DNA die Software des Lebendigen ist, kann man mit ihrer Hilfe aber auch logische Gatter aufbauen, die Grundbausteine von Computern – beispielsweise das UND-Gatter (bei dem zwei Inputs vorhanden sein müssen, bevor ein Gen eingeschaltet wird), oder das ODER-Gatter (bei dem der eine oder der andere Input zum Einschalten des Gens notwendig ist) oder das NICHT-Gatter, das die Proteinproduktion in Gegenwart eines Signals verhindert und umgekehrt. Ähnliche Vorrichtungen können auch Signale von einer Zelle zur anderen schicken, um damit das Verhalten von Zellpopulationen zu koordinieren, wie Bakterien es von Natur aus mit dem sogenannten Quorum Sensing tun: Sie richten die Aktivität ihrer Gene danach aus, wie viele andere Bakterien in der Nachbarschaft vorhanden sind. Außerdem gibt es Vorrichtungen zur Lichtsteuerung, die sich lichtsammelnder Proteine bedienen, beispielsweise der Photorezeptoren aus Pflanzen und Bakterien.[12] Die Schaltkreise, die aus solchen Gengattern aufgebaut werden, könnten eines Tages zu Bestandteilen künstlich erzeugter Zellen werden, die ihre Umwelt überwachen und entsprechend darauf reagieren.

Die Vorrichtungen kann man ihrerseits zu einem System verknüpfen. Sie können beispielsweise Rückkopplungsschleifen bilden, die entweder (mit einem Aktivator) für positive Rückkopplung sorgen wie das Mikrophon, das ein leises Geräusch zu einem Pfeifen anschwellen lässt, oder negative Rückkopplung (mit einem Repressor) herstellen wie der Thermostat, der die Heizung herunterregelt, wenn eine bestimmte Temperatur erreicht ist. Man kann Schalter bauen,[13] die auf die Bedingungen in einer Zelle oder ihrer Umgebung ansprechen und sich eines Promoters und Repressors bedienen, oder auch Oszillatoren, die in einem zyklischen Rhythmus funktionieren (man denke nur an unsere innere Uhr).

Solche Mechanismen kann man auf verschiedene Weise konstruieren, beispielsweise indem man einen negativen Rückkopplungskreis mit einer Verzögerung ausstattet, oder indem man Zähler einbaut, so dass ein Ereignis die Produktion eines Proteins auslöst, das dann seinerseits einen weiteren Proteinerzeuger aktiviert.

Auf diese Weise kann man in der synthetischen Biologie eine Hierarchie aufbauen: Man beginnt bei den Einzelteilen und geht dann zu Vorrichtungen und Systemen über. Durch solche Arbeiten verfügen wir heute über zelluläre Schaltkreise, die in einer wachsenden Bakterienpopulation Muster erzeugen, Geräusche formen, Ränder erkennen,[14] Ereignisse zählen und Schwankungen synchronisieren können.[15] Ein Team an der Cornell University konstruierte ein zellfreies Verfahren zur Produktion komplexer Biomoleküle, das natürlich als BioFactory bezeichnet wurde. Mit einer Schleife aus genetischen Anweisungen kann man ein Bakterium dazu veranlassen, wie ein Uhrwerk immer wieder zu fluoreszieren. *E. coli* lässt sich in ein Gerät zur Speicherung von Informationen verwandeln, eine »Bio-Festplatte«; dieses Produkt einer Arbeitsgruppe an der chinesischen Universität in Hongkong wurde von seinen Entwicklern als *E. cryptor* bezeichnet. Andere entwickelten Software, mit der sich die DNA-Software am Bildschirm manipulieren lässt, bevor sie im Labor mit Hilfe von Robotern in reale Sequenzen umgesetzt wird.[16]

Es gibt auch eher spielerische Projekte: Bakterien, die im Dunkeln leuchten, oder das Projekt »Eau d'e coli« des Massachusetts Institute of Technology mit Bakterien, die während des Wachstums wie Heidekraut und nach Beendigung des Wachstums wie Bananen duften. Es gibt lebende LCDs, Computermonitore, die nicht aus digitalen Pixeln bestehen, sondern aus Hefe- oder Bakterienzellen. Ein Team von der University of Texas in Austin und der University of California in San Francisco schrieb die Worte »Hello World« mit *E.-coli-*

Zellen,[17] die so gestaltet waren, dass sie auf Licht reagierten; dazu wurde das Gen lacZ, das durch Spaltung von Molekülen einen schwarzen Farbstoff erzeugen kann, mit einer Proteindomäne aus Cyanobakterien gesteuert.

Darüber hinaus konstruierten die Teams alle möglichen altruistischen Mikroorganismen, darunter solche, die in Gegenwart von Schadstoffen ihre Farbe ändern, Berechnungen durchführen,[18] auf Parasiten aufmerksam machen,[19] Landminen aufspüren oder als gewöhnliche Hefezellen Beta-Carotin erzeugen, die orangefarbene Substanz, die Karotten ihre Farbe verleiht. Eine Arbeitsgruppe der Universität Cambridge in Großbritannien entwickelte *E. chromi*, mit dem sich *E. coli* bunt färben lässt, eine Leistung, die für Kunst- und Design-Preise nominiert wurde.[20] Andere brauten das »BioBeer« mit einem hohen Gehalt an Resveratrol, einem Wirkstoff, der in Wein vorkommt und manchen Behauptungen zufolge gesundheitlichen Nutzen bringen soll.

In dem Wettbewerb ist man sich sehr genau bewusst, welche gesellschaftlichen Aspekte sich mit der synthetischen Biologie verbinden und wie notwendig es ist, dass auch Nichtwissenschaftler die Bestrebungen, mit der Maschinerie des Lebens herumzuspielen, verstehen und akzeptieren. Im Rahmen ihrer Projekte beteiligen sich die Wettbewerbsteilnehmer intensiv an der öffentlichen Diskussion; sie führen Umfragen durch und sprechen mit Pressevertretern. Auch Sicherheit ist ein zentraler Aspekt: Jedes Team muss einen Bericht über die Auswirkungen seines Projekts auf die Umwelt schreiben. Ein Teilnehmer ging sogar noch einen Schritt weiter und entwickelte Algorithmen, mit denen sich feststellen lässt, wie stark eine bestimmte DNA-Sequenz den Einträgen in der Krankheitserreger- und Giftstoffliste der Centers for Disease Control and Prevention ähnelt.[21]

Ich begrüße das BioBrick-Verfahren, weil es Studierende anzieht und ausbildet, und für die Urheber des iGEM-Wettbewerb habe ich nur höchstes Lob. Nach meiner Überzeugung haben sie die Ausbildung auf diesem Gebiet in eine neue Richtung gelenkt. Der ungeheure Erfindungsreichtum, der in den iGEM-Projekten zum Ausdruck kommt, gibt mir für die Zukunft die Hoffnung, dass wir eine neue Wissenschaftlergeneration ermutigen können, selbst die Software des Lebendigen zu manipulieren und die damit verbundene Spannung zu erleben. Von der blinden Veränderung der Genome durch selektive Kreuzung in der traditionellen Landwirtschaft und Viehzucht bis zur Planung von Lebewesen mit modernen wissenschaftlichen Methoden haben wir einen weiten Weg zurückgelegt.

Während diese jungen Leute biologisches Design erlernen, machen viele begabte Forscher an zahlreichen Labors auf der ganzen Welt regelmäßig eindrucksvolle Fortschritte. Manche entwickeln ganze Labors auf einem Chip – auf solchen »Biochips« laufen Synthese und Zusammenbau der Proteine sowie die Abbildung von Proteinmustern gemeinsam ab.[22] Andere haben gelernt, wie man in einer mikroskopisch kleinen Quarzkammer Proteine an einem einzigen DNA-Molekül erzeugt.[23] Und wie der iGEM-Wettbewerb eindringlich zeigt, bemüht man sich auch weltweit darum, genetische Schaltkreise in vitro nachzubilden.[24] Für die Genomkonstruktion werden wir in Zukunft ein Arsenal mit neuen, künstlichen Aminosäuren, Ein-Aus-Schaltern, biologischen Schiebereglern, Oszillatoren, Modulatoren, Selbstmordgenen und genetischen Wegen zur künstlichen Herstellung von Leben brauchen.

Einen Eindruck von den Möglichkeiten möchte ich anhand weniger Beispiele vermitteln. Um die Befehle der DNA-Software abzulesen, bedienen sich die Zellen sogenannter Zinkfingerproteine, häufig auch einfach »Zinkfinger« genannt. Diese Proteine wurden 1985 von Aaron Klug entdeckt, einem Nobelpreisträger, der am Laboratory of Molecular Biology des Medical Research Council im britischen Cambridge tätig ist.[25] Sie tragen ihren Namen, weil sie ein Zinkatom enthalten und wie ein Zeigefinger geformt sind.[26] Zinkfingerproteine gibt es in Hunderten von Varianten, aber alle üben ihre Funktion aus, indem sie an DNA binden; dabei lagert sich jeder Finger mit einer 3-Buchstaben-Sequenz der DNA zusammen. Je mehr Finger mitwirken, desto genauer kann man eine bestimmte Sequenz erkennen. Mit nur sechs Fingern lässt sich jedes einzelne Gen gezielt ansteuern.

Dieser wichtige biologische Mechanismus wurde durch die Bioingenieure Ahmad S. Khalil und James J. Collins von der Universität Boston an die Bedürfnisse der synthetischen Biologie angepasst. Die beiden konstruierten neuartige Zinkfinger, die an neue Zielsequenzen ankoppeln sollen.[27] Das Team in Boston konstruierte neue Schaltkreise in der Hefe, einem Eukaryonten; dazu dienten funktionstragende Module aus den Eukaryonten selbst, die mit Hilfe von Zinkfingern »verdrahtet« wurden.[28] Für solche Erfindungen eröffnen sich sofort mehrere Anwendungsmöglichkeiten, von der Entwicklung von Stammzellen für die regenerative Medizin bis zu zelleigenen Vorrichtungen und Schaltkreisen zur Diagnose früher Stadien von Krebs und anderen Krankheiten. Mit der gleichen Methode kann man auch Zellgruppen so ausstatten, dass sie zur Signalverarbeitung in Umwelt-Sensoranwendungen Berechnungsaufgaben höherer Ordnung erfüllen.

Andere bemühen sich darum, den vorhandenen genetischen Code zu erweitern und so abzuwandeln, dass er auch neue, in der Natur nicht vorkommende Aminosäuren codieren kann. Der genetische Code ist redundant: In manchen Fällen sorgen mehrere Codons für den Einbau der gleichen Aminosäure. Diese überzähligen Codons kann man auch neuen Aminosäuren zuweisen, die nicht zu den 20 natürlichen »Standard-Aminosäuren« gehören. In einer solchen Studie konstruierte Jason Chin am Laboratory of Molecular Biology des Medical Research Council neuartige Taufliegen, die in den Zellen ihrer Eierstöcke drei neue Aminosäuren in Proteine einbauten. Mit diesen neuen Aminosäuren können die Proteine auch neue Funktionen übernehmen und die Zellen widerstandsfähig gegen Virusinfektionen machen.

Am wichtigsten ist aber, dass die systematische Erforschung des Potentials der synthetischen Biologie zu einer Vertiefung unserer grundlegenden biologischen Kenntnisse führen wird. Mit ihr können wir unser Wissen über biologische Tatsachen tausendmal schneller erweitern, als es heute möglich ist. Die so gewonnenen Einblicke werden ihrerseits zur Verbesserung von Genomkonstruktionen führen, die man dann in virtuellen Zellmodellen testen kann, und das wiederum wird die Bestrebungen zur Synthese neuer Lebensformen weiter voranbringen.

Der Entwurf und die Erzeugung neuer Lebensformen werfen weiterhin eine ganze Reihe wichtiger ethischer Fragen auf. Diese wurden nicht nur in den Vereinigten Staaten, sondern auch in vielen anderen Ländern, in denen es eine hochentwickelte Biotechnologieindustrie gibt, im Rahmen zahlreicher Initiativen untersucht. Die erste ethische Analyse synthetischer Genome und synthetischer Lebensformen initiierte ich Ende der 1990er Jahre: Damals stellte mein Institut der Abteilung für Bioethik der University of Pennsylvania Geldmittel für eine Überprüfung unserer Arbeit zur Verfügung. Seit unseren Untersuchungen mit Phi X 174 arbeitete mein Team mit verschiedenen Behörden zusammen, so mit dem US-Energieministerium, dem Büro für Wissenschafts- und Technologiepolitik (OSTP) des Weißen Hauses und den National Institutes of Health. Um nur ein Beispiel zu nennen: Im Jahr 2004 erhielt unsere Strategie-Arbeitsgruppe, die von Robert Friedman geleitet wurde, zusammen mit dem Center for Strategic and International Studies (CSIS) und dem MIT von der Alfred P. Sloan Foundation für einen Zeitraum von 20 Monaten die Finanzmittel zur Veranstaltung von Workshops und einer Podiumsdiskussion, bei denen die ethischen und gesellschaftlichen Konsequenzen der künstlichen Genomsynthese erörtert werden sollten. Die Ergebnisse veröffentlichten wir (ich gehörte neben George Church, Drew Endy, Tom Knight und Ham Smith zu den Hauptverantwortlichen) im Oktober 2007 unter dem Titel *Synthetic Genomics: Options for Governance*.[29]

Darüber hinaus halte ich – genau wie andere Mitglieder meiner Arbeitsgruppe – häufig öffentliche Vorträge; wir legen bei wissenschaftlichen Tagungen detaillierte Präsentationen vor und setzen uns mit den unablässigen Fragen der Medien aus der ganzen Welt auseinander. Auf mehreren Reisen zum Capitol Hill informierten wir mehr als 50 Kongressabgeordnete, und wir korrespondierten mit dem OSTP, der CIA, der nationalen Beraterkommission für biologische Sicherheit (NSABB), der Presidential Commission for the Study of Bioethical Issues und dem Heimatschutzministerium. Berichte über synthetische Biologie wurden von vielen Institutionen herausgegeben, beispielsweise vom US-Energieministerium und dem NSABB. Darüber hinaus wurden öffentliche Diskussionen nicht nur in den Vereinigten Staaten finanziert, sondern auch in Großbritannien und anderen Ländern.[30] Delegierte aus führenden Institutionen und Vereinigungen trafen im Juli 2009 beim Symposium der OECD, der nationalen Akademien der Vereinigten Staaten und der britischen Royal Society zusammen, um über Chancen, Risiken und weiter gefasste Fragen der synthetischen Biologie zu diskutieren, darunter auch die, was es eigentlich heißt, ein Mensch zu sein. Die Frage, was die Schaffung synthetischen Lebens bedeutet, wurde aus allen Blickwinkeln lange, vollständig und ergebnisoffen diskutiert.

Im Laufe der Jahre ist mir vor allem eines immer wieder aufgefallen: Die wenigsten Fragen, die durch die Genomsynthese aufgeworfen werden, sind wirklich neu. Einen der berühmtesten Versuche, mit den Problemen synthetischer Lebensformen umzugehen, findet man in den drei Gesetzen der Robotik, die von dem Science-Fiction-Autor Isaac Asimov erstmals in seiner 1942 erschienenen Kurzgeschichte

Runaround formuliert wurden: »1. Ein Roboter darf keinen Menschen verletzen oder durch Untätigkeit zu Schaden kommen lassen. 2. Ein Roboter muss den Befehlen eines Menschen gehorchen, es sei denn, solche Befehle stehen im Widerspruch zum Ersten Gesetz. 3. Ein Roboter muss seine eigene Existenz schützen, solange dieser Schutz nicht dem Ersten oder Zweiten Gesetz widerspricht.« Später fügte Asimov noch ein »Nulltes Gesetz« hinzu, das den anderen vorausging: »0. Ein Roboter darf der Menschheit keinen Schaden zufügen oder durch seine Untätigkeit gestatten, dass die Menschheit zu Schaden kommt.« Diese Prinzipien kann man ebenso gut auf unsere Bestrebungen anwenden, die grundlegenden Lebensmechanismen zu verändern; dazu braucht man nur »Roboter« durch »synthetische Lebensform« zu ersetzen.

Eine neu entstehende Technologie, ob in der Robotik oder in der synthetischen Biologie, kann ein zweischneidiges Schwert sein. Heute wird viel über »Dual-Use«-Technologien diskutiert; eine entsprechende Studie wurde beispielsweise 2012 von der American Association for the Advancement of Science, einer Gruppe amerikanischer Universitäten und dem FBI veröffentlicht.[31] Auslöser für die Untersuchung waren Forschungsarbeiten von Teams in den Vereinigten Staaten und den Niederlanden, mit denen man an dem Influenzavirus H5N1 die Elemente identifiziert hatte, die dem Erreger seine schnelle Verbreitung ermöglichen. Als die Befunde der beiden Arbeitsgruppen im August 2011 bei *Science* und *Nature* eingereicht wurden, gaben sie allgemein Anlass zu unguten Gefühlen. Wegen der Bedenken einigten sich Wissenschaftler auf der ganzen Welt freiwillig auf ein Moratorium: Untersuchungen zur Aufklärung und Eindämmung von Pandemiegefahren sollten so lange auf Eis gelegt werden, bis man genau wusste, wie man die Arbeiten fortsetzen und in ungefährlicher Form veröffentlichen konnte.

Welches Problem sich hier stellt, ist klar: Solche Studien

können zwar zum Nachweis von Viren beitragen, die für das Leben der Menschen die größte Gefahr darstellen, und man kann mit ihrer Hilfe neue Therapieverfahren entwickeln; sie liefern aber auch Informationen, die von Terroristen missbraucht werden könnten. Das US-amerikanische National Science Advisory Board for Biosecurity untersuchte die doppelten Nutzungsmöglichkeiten und sprach die Empfehlung aus, die beiden Artikel über H5N1 zu veröffentlichen, zuvor aber entscheidende Daten daraus zu streichen. Die Weltgesundheitsorganisation dagegen gelangte bei einer Tagung im Februar 2012 zu dem Schluss, dass der Nutzen der Arbeiten gegenüber den Risiken überwog, und äußerte Bedenken hinsichtlich einer redaktionellen Bearbeitung der Artikel. Später machte das FBI in einem Bericht eine Reihe von Vorschlägen, mit denen das Gleichgewicht zwischen wissenschaftlichem Fortschritt und Risikominimierung sowie zwischen Forschungsfreiheit und nationaler Sicherheit wiederhergestellt werden sollte.

Der FBI-Bericht weist zu Beginn darauf hin, dass sich der Januskopf wissenschaftlicher Neuerungen in den letzten Jahrzehnten immer wieder erhoben hat; er unterstreicht die Bedeutung von Initiativen wie dem Treffen von Asilomar, von dem in einem früheren Kapitel bereits die Rede war, und der großen Bio- und Chemiewaffenkonvention von 1972. Die Frage der verantwortungsvollen Nutzung wissenschaftlicher Erkenntnisse ist nach meiner Überzeugung von zentraler Bedeutung und geht bis auf die Anfänge des menschlichen Erfindungsreichtums zurück, also in eine Zeit, als Menschen erstmals entdeckten, wie man nach Belieben Feuer machen kann. (Nutze ich diese Fähigkeit, um das Getreide der Konkurrenten zu verbrennen oder um mich zu wärmen?) Alle paar Monate wird auf einer Tagung das Dilemma diskutiert, dass leistungsfähige Technologie stets zwei Gesichter hat.

Dabei darf man aber auch die Chancen, die sich durch eine solche Forschung bieten, nicht aus dem Blick verlieren. Die synthetische Biologie kann dazu beitragen, wichtigen Herausforderungen zu begegnen, vor denen unser Planet und seine Bevölkerung stehen, beispielsweise im Zusammenhang mit sicherer Nahrungsversorgung, nachhaltiger Energieerzeugung und Gesundheit. Auf lange Sicht kann die synthetisch-biologische Forschung zu neuen Produkten führen, die saubere Energie erzeugen und zur Eindämmung der Umweltverschmutzung beitragen können; sie kann uns helfen, Nutzpflanzen auch auf bisher ungeeigneten Flächen anzubauen und preisgünstigere landwirtschaftliche Produkte, aber auch Impfstoffe und andere Arzneimittel herzustellen. Manche Autoren spekulieren sogar über die Möglichkeit, dass »schlaue« Proteine oder programmierte Zellen sich selbst an Krankheitsherden zusammenfinden und Schäden reparieren.

Natürlich wirft dieses scheinbar grenzenlose Potential viele beunruhigende Fragen auf, nicht zuletzt weil die synthetische Biologie die Gestaltung der Lebewesen von den Fesseln der Evolution befreit und ganz neue Panoramen eröffnet. Entscheidend ist, dass wir in grundlegende Technologien, Forschung, Bildung und Politik investieren, um eine ungefährliche, effiziente Entwicklung der synthetischen Biologie zu gewährleisten. Wir müssen durch ausreichende Finanzierung für Gelegenheiten zu öffentlichen Diskussionen über das Thema sorgen, und das Laienpublikum muss sich mit den einschlägigen Fragestellungen beschäftigen. Ich hoffe, dieses Buch wird einen kleinen Beitrag dazu leisten, dass die Leser das Spektrum der aktuellen Entwicklungen besser verstehen.

Natürlich ist Sicherheit das A und O. Dank einer Diskussion, die bis in die 1970er Jahre und nach Asilomar zurückreicht, sind robuste, vielfältige Vorschriften für die ungefährliche Nutzung von Biotechnologie und DNA-Rekombinationstechnik glücklicherweise bereits gut etabliert. Dennoch müssen wir wachsam sein und dürfen in unserer Aufmerksamkeit nie nachlassen. In den kommenden Jahren wird es vielleicht schwieriger sein, besorgniserregende Themen zu erkennen, weil sie möglicherweise anders aussehen als alles, was wir schon kennen. Der politische, gesellschaftliche und wissenschaftliche Hintergrund entwickelt sich ständig weiter und hat sich seit den Tagen der Asilomar-Konferenz stark gewandelt. Die synthetische Biologie erfordert die Mitwirkung von Wissenschaftlern, die in der Biologie kaum über Erfahrungen verfügen wie beispielsweise Mathematiker und Elektroingenieure. Wie man an den Bemühungen der angehenden synthetischen Biologen beim iGEM-Wettbewerb erkennt, ist das Fachgebiet nicht mehr nur die Domäne hochqualifizierter älterer Wissenschaftler. Die Demokratisierung des Wissens und der Aufschwung der »Open-Source-Biologie«, die Einrichtung der Biodesign-Fabrik BIOFAB[32] in Kalifornien und einfach zu benutzende Formen wichtiger Laborhilfsmittel wie der DNA-Kopiermethode PCR[33] machen es für alle einfacher, mit der Software des Lebendigen zu spielen – darunter auch für diejenigen, die außerhalb der üblichen Netzwerke von Behörden, Firmen und Universitätslabors stehen und die Kultur einer verantwortungsbewussten Ausbildung und biologischen Sicherheit nicht kennen.

Ebenso gibt es »Biohacker«, die ungehindert mit der Software des Lebendigen experimentieren wollen. Der theoretische Physiker und Mathematiker Freeman Dyson[34] stellte bereits Vermutungen darüber an, was geschehen könnte, wenn die Werkzeuge zur genetischen Abwandlung in Form einer Biotechnologie für den Hausgebrauch allgemein verfügbar werden: »Es wird Do-it-yourself-Bausätze für Gärtner geben, die mit der Gentechnik neue Rosen- und Orchideensorten züchten wollen. Ebenso gibt es Bausätze, mit denen Tauben-, Papageien-, Eidechsen- oder Schlangenliebhaber neue Formen ihrer Haustiere herstellen können. Und auch die Hunde- und Katzenzüchter werden ihre Bausätze haben.«

Vielfach war davon die Rede, welche Risiken eine solche Technologie birgt, wenn sie in die »falschen Hände« gerät.

Die Ereignisse des 11. September 2001, die nachfolgenden Anschläge mit Milzbrandbakterien sowie Gefahr einer H1N1-
und H7N9-Influenzapandemie haben deutlich gemacht, wie
ernst man solche Bedenken nehmen muss.[35] Wenn die Technologie heranreift und immer leichter verfügbar wird, wächst
die Wahrscheinlichkeit des Bioterrorismus. Ein Virus zu synthetisieren, ist allerdings nicht einfach, von einem anstecken-
den oder infektiösen Virus ganz zu schweigen;[36] ebenso ist es
schwierig, es in einer Form herzustellen, die sich in der Praxis
als Waffe einsetzen lässt. Und wie man an dem bemerkenswerten Tempo erkennt, mit dem wir heute einen Krankheitserreger sequenzieren können, macht die gleiche Technologie
es auch einfacher, mit neuen Impfstoffen gegenzusteuern.

Sorgen macht mir auch der »Bioerror«: die negativen Folgen, die sich einstellen können, wenn ein nicht wissenschaft-
lich ausgebildeter Biohacker oder »Biopunk« die DNA mani-
puliert.[37] Wenn die Methoden sich immer weiter verbreiten
und die Risiken zunehmen, verändern sich auch unser Definition des Schadens und unsere Vorstellung von der »natürlichen Umwelt«, in der die Menschen mit ihrer Tätigkeit das
Klima und damit letztlich die ganze Welt verändern.

Aus ganz ähnlichen Gründen werden auch Lebewesen,
die nicht »normal« sind, häufig als Monster angesehen, als
Produkte eines Missbrauchs von Macht und Verantwortung;
am eindringlichsten zeigt sich dies in der Geschichte von
Frankenstein.[38] Dennoch ist es wichtig, unser Gespür für die
richtige Perspektive und das Gleichgewicht nicht zu verlieren.
Trotz reflexhafter Forderungen nach immer umständlicheren
Vorschriften und Kontrollmaßnahmen, dem »Vorsorgeprin-
zip« Rechnung zu tragen – was wir mit diesem vielfach miss-
brauchten Begriff auch meinen[39] –, dürfen wir nicht aus dem
Blick verlieren, welche außerordentlich hohe Leistungsfähigkeit diese Technologie hat, wenn es um positive Nutzeffekte
für die ganze Welt geht.

Ich bin nicht der Einzige, nach dessen Überzeugung übermäßige Regulierung in diesem Bereich ebenso viel Schaden anrichten kann wie Nachlässigkeit. Zu meiner Freude konnte ich beobachten, dass meine Sichtweise sich auch in den Reaktionen auf meine Arbeit am ersten synthetischen Genom widerspiegelte: Im Dezember 2010[40] veröffentlichte die Presidential Commission for the Study of Bioethical Issues einen Bericht mit dem Titel *New Directions: The Ethics of Synthetic Biology and Emerging Technologies* [»Neue Richtungen: die Ethik der synthetischen Biologie und neu entstehender Technologien«]. Am Anfang des Dokuments stand ein Brief des Präsidenten Barack Obama, in dem er darauf hinwies, wie wichtig es sei, dass wir als Gesellschaft die Bedeutung dieser Arbeiten nachdenklich bewerten und ein Gleichgewicht zwischen »wichtigen Nutzeffekten« und »echten Bedenken« finden.

Der Kommission, die von Amy Gutmann, Politikwissenschaftlerin und Präsidentin der University of Pennsylvania, geleitet wurde, gehörten Experten für Bioethik, Jura, Philosophie und Naturwissenschaft an. In ihrem Bericht nennt sie fünf ethische Leitlinien, die sie im Zusammenhang mit den gesellschaftlichen Auswirkungen der neuen Technologien für wichtig hält: Nutzen für die Allgemeinheit, verantwortungsbewusste Fürsorge, intellektuelle Freiheit und Verantwortung, demokratische Entscheidungsfindung sowie Gerechtigkeit und Fairness. Wenn diese Grundsätze während der weiteren synthetisch-biologischen Forschung gewissenhaft eingehalten werden, während wir die Entscheidungen der Öffentlichkeit mit Kenntnissen und Leitlinien unterfüttern, dann, so die Schlussfolgerung der Kommission, können wir zuversichtlich sein, dass sich die Technologie in verantwortungsbewusster, ethisch vertretbarer Weise weiterentwickeln lässt.

In ihren Empfehlungen an den Präsidenten erklärte die Kommission, die Regierung solle eine koordinierte Bewertung der staatlichen Finanzierung von Forschungsarbeiten in der synthetischen Biologie in Angriff nehmen, darunter auch Studien über Methoden zur Risikoabschätzung und -verminderung sowie über ethische und gesellschaftliche Fragen; wenn das »Gemeinwohl« das Hauptziel sei, so die Kommission, würden auf diese Weise Lücken aufgedeckt. Glücklicherweise waren es pragmatische Empfehlungen: Angesichts der Tatsache, dass das Fachgebiet noch in den Kinderschuhen steckte, sollten Neuerungen gefördert werden, und statt ein traditionelles System von Bürokratie und Papierkrieg aufzubauen, solle man den Flickenteppich aus Vorschriften und Richtlinien, die vorhandene Körperschaften für das Fachgebiet geschaffen hatten, koordinieren.

Natürlich wurden Bedenken wegen »unwahrscheinlicher Ereignisse mit potentiell großen Auswirkungen« laut, beispielsweise im Zusammenhang mit der Schaffung eines Weltuntergangsvirus. Solche seltenen Vorgänge, die aber katastrophale Folgen haben können, sollte man nicht ignorieren – immerhin leiden wir noch heute unter dem Entsetzen des 11. September. Man sollte sie aber auch nicht zu sehr hochspielen: Zwar kann man sich »gefährliche« DNA-Sequenzen von Viren verschaffen, aber dann ist es noch ein langer Weg, bis man sie im Labor erfolgreich gezüchtet hat. Dennoch empfiehlt der Bericht einige Vorsichtsmaßnahmen zur Überwachung, Eindämmung und Kontrolle synthetisch hergestellter Lebewesen; dazu solle man beispielsweise »Selbstmordgene«, molekulare »Bremsen«, »Tötungsschalter« oder »Sicherheitsgurte« einbauen, die das Wachstum begrenzen oder besondere Nährstoffe wie beispielsweise neuartige Aminosäuren erfordern und so die Vermehrungsfähigkeit außerhalb des Labors einschränken. Wie bei unserem »Markenbakterium«, so müssen wir auch hier neue Wege finden, um synthetische Organismen zu kennzeichnen und zu markieren.

Allgemeiner forderte der Bericht einen internationalen Dialog über die neu entstehende Technologie und eine angemessene Ausbildung, mit der alle, die an derartigen Arbeiten beteiligt sind, an ihre Verantwortung und ihre Verpflichtungen erinnert werden, nicht zuletzt was biologische Sicherheit sowie die Fürsorgepflicht für biologische Vielfalt, Ökosysteme und Nahrungsversorgung angeht. Er ermuntert die Regierung zwar, eine Kultur der Selbstregulation zu fördern, drängt aber auch auf Wachsamkeit gegenüber der Möglichkeit, dass eine synthetische Biologie nach dem Do-it-yourself-Prinzip in einem »nichtinstitutionellen Umfeld« betrieben wird. Wer die synthetische Biologie mit kritischem Blick betrachtet, steht immer vor dem gleichen Problem: Das Fachgebiet entwickelt sich ungeheuer schnell. Deshalb sollte die Bewertung der Technologie durch eine ständige Begutachtung erfolgen, und wir sollten bereit sein, je nach Bedarf neue Sicherheits- und Kontrollmaßnahmen einzuführen.

Ebenso erkennt der Bericht an, dass die Gesellschaft sich die Vision der synthetischen Biologen zu eigen machen muss, wenn Demokratie wirklich funktionieren soll; deshalb fordert er wissenschaftliches, religiöses und staatsbürgerliches Engagement, staatliche Bildung und den Meinungsaustausch über Chancen und Gefahren – ohne dass Blogger und Journalisten deshalb auf faule Sensationsmache (die abgenutzte Kritik wegen des »Gottspielens«), unvollständige Berichterstattung oder Verfälschungen zurückgreifen sollten. Ich wäre der Erste, der zustimmt, dass wir uns anstrengen, sorgfältig auf die Öffentlichkeit hören und wachsam bleiben müssen, um das Vertrauen der Menschen zu gewinnen.

Es wird immer die Ewiggestrigen geben, nach deren Ansicht wir diesen Weg überhaupt nicht beschreiten sollten; sie würden die Bestrebungen zur Schaffung synthetischer Lebewesen lieber aufgeben und der »zerstörerischen Technologie« den Rücken kehren. Isaac Asimov machte 1964 über den Aufstieg der Roboter eine kluge Bemerkung, die man ebenso gut auf den Aufschwung des neugestalteten Lebens anwenden kann: »Wissen hat seine Gefahren, ja, aber lautet die Antwort darauf, man solle auf Wissen verzichten? Oder soll man das Wissen nicht lieber als Schranke gegen die Gefahren einsetzen, die es mit sich bringt? Mit solchen Gedanken im Kopf fing ich 1940 an, eigene Robotergeschichten zu schreiben – aber Robotergeschichten einer neuen Sorte. Niemals, niemals ging einer meiner Roboter stupide und ohne Zweck auf seinen Schöpfer los, nur um ein weiteres ermüdendes Mal Fausts Verbrechen und Bestrafung vorzuführen.«[41] Meine größte Befürchtung betrifft nicht den Missbrauch der Technologie, sondern die Aussicht, dass wir sie überhaupt nicht nutzen werden und uns damit in einer Zeit, in der wir unseren Planeten übervölkern und unsere Umwelt ein für alle Mal verändern, eine bemerkenswerte Chance entgehen lassen. Wenn wir eine Technologie aufgeben, berauben wir uns der Mittel, um mit ihrer Hilfe das Leben von Menschen zu verbessern und zu retten. Untätigkeit kann gefährlichere Folgen haben als der falsche Einsatz von Technologie.

Ich kann mir vorstellen, dass wir in den kommenden Jahrzehnten noch viele außergewöhnliche Entwicklungen von greifbarem Wert miterleben werden, beispielsweise Nutzpflanzen, die resistent gegen Dürre sind, Krankheiten ertragen und in einer unwirtlichen Umgebung gedeihen; Pflanzen, die eine neue, reichhaltige Quelle für Proteine und andere Nährstoffe darstellen oder die man zur Wasserreinigung in öden, trockenen Regionen einsetzen kann. Ich kann mir ausmalen, wie wir einfache tierische Lebensformen gestalten, die eine neue Quelle für Lebensmittel und Medikamente darstellen, oder wie wir menschliche Stammzellen so abwandeln können, dass sich ein alter, kranker Körper mit ihnen regeneriert. Ebenso wird es neue Wege geben, um den Körper des Menschen zu verbessern, beispielsweise durch Verstärkung der Intelligenz, die Anpassung an eine neue Umwelt wie den Weltraum mit seinem erhöhten Strahlungsniveau, die Verjüngung abgenutzter Muskeln und so weiter.

Wir sollten uns auf die globalen Probleme konzentrieren,

denen die Menschheit gegenübersteht. Viele ernste Gefahren bedrohen heute unsere empfindliche, übervölkerte Welt, die schon bald die Heimat von 9 Milliarden Menschen sein wird, in der grundlegende Ressourcen wie Nahrung, Trinkwasser und Energie zur Neige gehen und die von dem Gespenst eines unvorhersehbaren, verheerenden Klimawandels heimgesucht ist.

11. BIOLOGISCHE TELEPORTATION

> Man hörte ein scharfes Klicken, und der
> Mann war verschwunden. Verblüfft sah
> ich Challenger an. »Du liebe Güte! Haben
> Sie die Maschine angefasst, Professor?«
> Arthur Conan Doyle,
> »The Disintegration Machine« (1929)[1]

Viele große und die meisten revolutionären Ideen, von der
Mondrakete bis zum Unsichtbarmachen, wurden in Mythen,
Legenden und natürlich in der Science-Fiction-Literatur
vorweggenommen. Das gilt auch für unsere Bemühungen,
mit Hilfe der Kenntnisse über die Software des Lebendigen
die digitalen Anweisungen zum Aufbau eines Lebewesens
oder eines seiner Bestandteile auf der Erde von einem Ort
zum anderen oder sogar zu anderen Planeten und Orten
weit außerhalb unseres eigenen Sonnensystems zu transportieren.

Die uralte Vorstellung von einem Transporter, der Menschen oder Gegenstände an einem Ort zerlegt und an einem
anderen wieder zusammenbaut, wurde insbesondere in den
1960er Jahren durch Gene Roddenberry (1921–1991) und
seine Fernsehserie *Raumschiff Enterprise* populär (»Beam
mich rauf, Scotty«).[2] Der Transporter wurde geboren, weil
Roddenberry vor einem ganz banalen Problem stand: Sein
Etat reichte nicht aus, um in jeder wöchentlichen Serienfolge
die Landung eines Raumschiffes zu zeigen. Im gleichen Jahr-

zehnt lernte das britische Fernsehpublikum den Doctor Who und seine Raum-Zeit-Maschine TARDIS (*time and relative dimension in space*) kennen, eine blaue Londoner Polizei-Notrufzelle, die jeden, der sich in ihr befand, zu jedem beliebigen Zeitpunkt an jeden Ort im Universum transportieren konnte.

Die Idee der Teleportation hat ihren Ursprung aber weder bei *Raumschiff Enterprise* noch bei *Doctor Who*, sondern sie taucht in dieser oder jener Form schon seit Jahrhunderten in der Literatur auf. In *Tausendundeine Nacht*, einer Sammlung von Geschichten und Volksmärchen aus dem goldenen Zeitalter des Islam, die 1825 erstmals vollständig ins Deutsche übersetzt wurde, können Geister (Dschinns) sich und Gegenstände in einem Augenblick von einem Ort an den anderen versetzen. Arthur Conan Doyle beschreibt in seiner 1929 erschienenen Kurzgeschichte »The Disintegration Machine« (»Die Desintegrationsmaschine«) eine Maschine, die Gegenstände in ihre Atome zerlegen und neu bilden kann. Auch viele Fantasy- und Science-Fiction-Autoren haben sich mit dem Gedanken an die Teleportation auseinandergesetzt, unter ihnen Isaac Asimov (»It's Such a Beautiful Day«),[3] George Langelaan (»The Fly«, dt. »Die Fliege«), J. K. Rowling (die Harry-Potter-Romane) und Steven Gould (*Jumper*). Dabei handelt es sich zwar um rein fiktive Darstellungen der Teleportation, das Konzept der »Quanten-Teleportation« ist aber durchaus Realität und wurde von Michael Crichton in seinem 1999 erschienenen Roman *Timeline*, der später auch verfilmt wurde, einem größeren Publikum bekanntgemacht.

Die Ursprünge der Quanten-Teleportation reichen aber viel weiter zurück und beruhen letztlich auf einer Meinungsverschiedenheit zwischen zwei von Schrödingers beeindruckendsten Kollegen in der Entwicklung der Theorie des Allerkleinsten (Quantentheorie): Albert Einstein, dem der seltsame Umgang der Theorie mit der Realität nicht gefiel, und Niels Bohr (1885–1962), dem dänischen Vater der Atomphysik. Im

Jahr 1935 machte Einstein im Verlauf ihrer Diskussionen auf einen verblüffenden Aspekt der Quantentheorie aufmerksam; dazu bediente er sich eines Gedankenexperiments, das er zusammen mit seinen Kollegen Boris Podolsky (1896–1966) und Nathan Rosen (1909–1995) entwickelt hatte.

Als Erstes stellten die drei fest, dass die Quantentheorie nicht nur für einzelne Atome gilt, sondern auch für Moleküle, die aus mehreren Atomen bestehen. So kann man beispielsweise ein Molekül, das zwei Atome enthält, mit einem einzigen mathematischen Ausdruck beschreiben, einer sogenannten Wellenfunktion. Wenn man diese Atome durch eine riesige Entfernung trennt, so Einsteins Erkenntnis, ja selbst wenn man sie an die entgegengesetzten Enden des Kosmos bringen würde, werden sie dennoch von derselben Wellenfunktion beschrieben. In der Fachsprache sagt man, sie seien »verschränkt«. Mehr als ein halbes Jahrhundert später, im Jahr 1993,[4] stellten Charles H. Bennett von IBM und andere die Theorie auf, dass Paare verschränkter Atome letztlich eine »Quanten-Telefonleitung« herstellen, die alle Einzelheiten (»Quantenzustände«) eines Teilchens über eine beliebige Entfernung »teleportieren« können, ohne seinen Zustand zu kennen. Damit eröffnet sich die Möglichkeit, Daten über Atome mit einem Transporter zu übermitteln. Anschließend wurde in Experimenten nachgewiesen, dass dies tatsächlich möglich ist. Der Rekord für die Langstrecken-Quantenteleportation wird zu der Zeit, da diese Zeilen geschrieben werden, von einer internationalen Forschergruppe gehalten, die mit Hilfe der Bodenbeobachtungsstation der Europäischen Raumfahrtagentur auf den Kanarischen Inseln die Eigenschaften eines Lichtteilchens über 143 Kilometer durch die offene Luft reproduzierte.[5] In dem Experiment wurden die Zustände von Lichtteilchen (Photonen) zwischen La Palma und Teneriffa teleportiert.

Die Teleportation hat auch das Potential, einen neuen Typ von Computern möglich zu machen: Quantencomputer bearbeiten und lösen Probleme millionenfach schneller als die heutigen Rechner.[6] Eine Arbeitsgruppe am California Institute of Technology berichtete 1998 über die erste experimentelle Bestätigung für die Teleportation des Quantenzustandes eines Lichtstrahls.[7] Der Nachweis wurde zuerst für einzelne Photonen, zwischen einem Photon und Materie sowie zwischen einzelnen Regionen (geladenen Atomen) geführt. Im Jahr 2012 wurde über die erste Teleportation makroskopischer Gegenstände berichtet, die so groß waren, dass man sie sehen konnte; es handelte sich um zwei Atomanordnungen, die jeweils aus rund 100 Millionen Rubidiumatomen bestanden, einen Durchmesser von ungefähr einem Millimeter hatten und durch ein 150 Meter langes optisches Faserkabel verbunden waren. Nach Angaben des Teams, das diese Errungenschaft bekanntmachte – geleitet wurde es von Jian-Wei Pan vom Hefei National Laboratory for Physical Sciences at the Microscale der University of Science and Technlogy of China in Hefei – kann man die Methode nutzen, um in zukünftigen Quantencomputern und -netzwerken Informationen zu übertragen und auszutauschen; die Folge waren Spekulationen über ein »Quanten-Internet«.[8]

So eindrucksvoll solche Fortschritte auch sein mögen, die Verwirklichung der Teleportation nach Art von *Raumschiff Enterprise* liegt noch in ferner Zukunft. H. Jeff Kimble vom California Institute of Technology, einer der Pioniere, die 1998 das erste Experiment gemacht hatten, wurde in einem Interview der Zeitschrift *Scientific American* gefragt, welches die wichtigste falsche Vorstellung von der Teleportation sei: »Dass der Gegenstand selbst transportiert wird. Wir schicken kein Material durch die Gegend. Wenn ich Ihnen eine Boeing 757 schicken will, könnte ich Ihnen alle Teile schicken, oder ich schicke Ihnen einen Bauplan, der alle Teile zeigt. Den Bauplan zu schicken, ist viel einfacher. Teleportation ist ein Protokoll, das angibt, wie man einen Quantenzustand – eine Wellenfunktion – von einem Ort zum anderen schickt.«[9] Um einen Menschen zu teleportieren, müsste man eine Informationsmenge über seine Atome in der Größenordnung von 10^{32} Bit versenden.

Aber wie Kimble andeutet, kann man tatsächlich digitale Anweisungen oder Software verschicken. Das Genom eines Menschen enthält nur ungefähr 6×10^9 Bits an Information. Meine Arbeitsgruppe perfektioniert derzeit eine Methode, mit der man die digitale Version eines DNA-Codes in Form einer elektromagnetischen Welle verschicken kann – und dann kann man in großer Entfernung mit einem besonderen Empfänger das Lebewesen neu erschaffen. Dies würde einen Übergang zwischen zwei grundlegenden Bereichen von Teilchentypen schaffen. Alles Leben, das wir auf der Erde kennen, basiert auf Chemie; es ist ein System, dessen einzelne Strukturbestandteile – DNA, RNA, Proteine, Lipide und andere Moleküle – aus einzelnen Atomen verschiedener chemischer Elemente besteht (Kohlenstoff, Wasserstoff, Sauerstoff, Eisen und so weiter). Die Elemente und ihre Bausteine (beispielsweise die Elektronen, die den Atomkern umkreisen, und die Quarks, aus denen der Atomkern besteht) bezeichnet man zusammenfassend als Fermionen. (Der Begriff »Fermionen« erinnert an den großen Enrico Fermi [1901–1954]; er wurde von dem englischen Physiker Paul Dirac [1902–1984] geprägt, der sich 1933 mit Erwin Schrödinger den Physik-Nobelpreis »für die Entdeckung neuer, produktiver Formen der Atomtheorie« teilte.) Zur zweiten Hauptgruppe, den Bosonen, gehören das Higgs-Boson und alle anderen Teilchen, die Kräfte transportieren, insbesondere die Gluonen, die W- und Z-Teilchen und das Photon, der Baustein der elektromagnetischen Wellen. Der wichtigste Unterschied zwischen Fermionen und Bosonen besteht in einer Quanteneigenschaft, die als »Spin« bezeichnet wird. Bosonen haben definitionsgemäß einen Spin von 1; bei Quarks, Elektronen und allen anderen Fermionen beträgt er ½. Die Folge sind große Unterschiede im Verhalten, und bei den Fermionen ist der Spin für ihre gesamten che-

mischen und damit auch biologischen Eigenschaften verantwortlich.

Wenn wir ein Genom sequenzieren und damit die genetische Information ablesen, wandeln wir den physischen Code
der DNA in einen Digitalcode um; diesen kann man in eine
elektromagnetische Welle verwandeln und dann mit Lichtgeschwindigkeit übertragen. Dimitar Sasselow, der Leiter der
Origins of Life Initiative an der Harvard University, machte
mich darauf aufmerksam, wie diese Leistung die beiden großen Gruppen der Teilchen verbindet:

> Das Leben, wie wir es kennen und wie es anscheinend in
> der Vergangenheit auf unserem Planeten entstanden ist,
> ist also ein Fermionenphänomen – alle seine Strukturen
> bestehen aus Fermionen. Die Information wird im DNA-
> Molekül mit Hilfe von Fermionen codiert und mit Hilfe
> von Fermionen abgelesen. Unsere heutige Fähigkeit, diese
> Information in digitaler Form darzustellen und mittels
> elektromagnetischer Wellen (mit Lichtgeschwindigkeit!)
> über große Entfernungen zu übertragen, kennzeichnet den
> Übergang des Lebens vom reinen Fermionen- zum Boso-
> nenphänomen.[10]

Bei dem Unternehmen Synthetic Genomics, Inc. (SGI) können wir den digitalen DNA-Code einer Software füttern, die
dann automatisch feststellt, wie man die Sequenz im Labor
neu synthetisieren kann. Man kann also automatisch überlappende Oligonucleotide von 50 bis 80 Basenpaaren entwerfen, einzigartige Restriktionsstellen und Wasserzeichen
hinzufügen und alles dem integrierten Oligonucleotidsyn-
thesizer eingeben. Dieser produziert dann sehr schnell die
Oligonucleotide, die automatisch gemischt und mit unserem
Gibson-Aufbauroboter zusammengesetzt werden.

Aber auch wenn man Oligonucleotide heute weitaus ori-
ginalgetreuer synthetisieren kann als noch vor 40 Jahren,

bleibt ihre Herstellung ein fehleranfälliger Prozess, der einen gewissen Anteil nicht gewollter DNA-Sequenzen erzeugt; dieser Anteil wächst mit der Größe der synthetischen DNA-Fragmente. Bei der Synthese von Oligonucleotiden mit Standardlänge liegt die Fehlerquote während der Synthese ungefähr bei einem Fehler je 1000 Basenpaare. Angesichts einer solchen Quote sollte man also damit rechnen, dass die meisten oder alle DNA-Fragmente aus mehr als 10 000 Basen eine gewisse Anzahl an Fehlern enthalten, es sei denn, man beseitigt falsch zusammengesetzte Oligonucleotide schon in einem frühen Stadium des Prozesses – beispielsweise indem man sie kloniert und sequenziert oder mit einem Fehlerkorrekturenzym behandelt. Um mit diesem grundsätzlichen Problem fertigzuwerden, entwickelten wir ein neues Verfahren, das den Weg zu einer sehr präzisen DNA-Synthese eröffnen sollte.

Nach dem Zusammenbau der Oligonucleotide und ihrer Vervielfältigung durch PCR können wir jetzt mit einem Enzym namens Endonuclease alle fehlerhaften DNA-Moleküle beseitigen. Dieser spezielle biologische Roboter wurde mit einer Software namens Archetype entdeckt, die Toby Richardson und sein Team bei SGI für die Speicherung, Handhabung und Analyse biologischer Sequenzdaten entwickelt hatten. Die »Fehlerkorrektur« beginnt mit Denaturierung und dem Wiederverbinden der PCR-vermehrten DNA, die nun Doppelstränge bildet. Einige dieser doppelsträngigen DNA-Moleküle enthalten auf ihrer ganzen Länge die richtige Sequenz und werden deshalb von der Endonuclease nicht beachtet. Hat dagegen in der DNA ein Basenaustausch, eine Deletion oder der Einbau zusätzlicher Nucleotide stattgefunden, entsteht eine sogenannte Heteroduplex, das heißt eine DNA mit falsch gepaarten Basen. Diese werden von der Endonuclease erkannt und gespalten.

Da unversehrte Moleküle sich effizienter vervielfältigen lassen als solche, die von der Endonuclease gespalten wurden,

können wir nun mit einer zweiten PCR den Anteil der fehler-
freien synthetischen Fragmente steigern. Mit diesem Verfahren erzielt man allgemein eine viel geringere Fehlerquote:
Sie liegt bei weniger als einem Fehler je 15 000 synthetisierte
Basenpaare, und wenn man die Fehlerkorrektur erneut laufen
lässt, kann man sie weiter verbessern. Mittlerweile haben wir
ein DNA-Molekül so präzise hergestellt, dass es ein eigen-
ständiges Endprodukt darstellen kann, beispielsweise einen
DNA-Impfstoff (den man in Körperzellen einschleust, damit
dort das immunisierende Protein erzeugt wird). Das Potential
ist unbegrenzt. Mit derart synthetisierter DNA wird man
letztlich alle Lebensformen erschaffen können.

Mit zellfreier In-vitro-Proteinsynthese, wie sie in ähnlicher Form bereits in den 1960er Jahren durch die Pionierarbeiten von Marshall Nirenberg entwickelt wurde, kann
man heute synthetische DNA-Konstrukte zur Herstellung
von Proteinen in einem automatischen System nutzen. Man
braucht die DNA eines Phagen oder Virus nur in eine auf-
nahmebereite Bakterienzelle einzuschleusen, dann bringt sie
dort den Protein- und DNA-Syntheseapparat unter ihre Kontrolle und stellt Kopien ihrer selbst her.

In dem Augenblick, in dem eine Technologie wie der »biologische Teleporter« sich aus einer Idee herauskristallisiert
und Wirklichkeit wird, fällt es manchmal schwer, über den
Horizont der derzeitigen Potentiale hinauszublicken. So war
es sicher auch mit dem Laser, der anfangs als Lösung auf der
Suche nach einem Problem bezeichnet wurde.[11] Nach meinem Eindruck können wir uns aber jetzt schon eine Vorstellung davon machen, wie unsere Zukunft durch die Möglichkeit, die Software des Lebens in Licht zu verwandeln, geprägt
werden könnte. Die Möglichkeit, einen DNA-Code in weniger als einer Sekunde an jeden Ort auf der Erde zu schicken,
birgt, wenn es um die Behandlung von Krankheiten geht,
eine Fülle von Möglichkeiten. Die Information könnte einen
neuen Impfstoff codieren, aber auch ein therapeutisches Pro-

tein (beispielsweise Insulin oder Wachstumshormon), einen Phagen, mit dem man eine Infektion mit einem resistenten Bakterienstamm bekämpft, oder eine neue Zelle zur Herstellung von Arzneistoffen, Lebensmitteln, Brennstoff oder sauberem Trinkwasser. In Verbindung mit Synthesegeräten für den Hausgebrauch wird die Technologie auch eine maßgeschneiderte Therapie möglich machen, die sich für die genetische Ausstattung jedes einzelnen Patienten eignet und deshalb Nebenwirkungen so gering wie möglich hält.

Der naheliegendste unmittelbare Anwendungsbereich ist die Verteilung von Impfstoffen in dem Fall, dass eine Influenza-Pandemie ausbricht. Über den letzten derartigen Ausbruch wurde am 11. Juni 2009 berichtet: Damals erklärte die Weltgesundheitsorganisation die »Schweinegrippe« des Typs H1N1 zur ersten Pandemie seit mehr als 40 Jahren, was eine internationale Reaktion zur Eindämmung dieser wichtigen Bedrohung für die Volksgesundheit nach sich zog. Das Ergebnis war die schnellste weltweite Anstrengung aller Zeiten zur Impfstoffentwicklung. Schon nach sechs Monaten hatte man Hunderte von Millionen Impfstoffdosen erzeugt und auf der ganzen Welt verteilt – ein Beweis, dass die schnelle, weltweite Mobilisierung und Kooperation staatlicher und privatwirtschaftlicher Institutionen möglich ist.

Aber selbst diese beispiellos schnelle Reaktion kam nicht schnell genug. Nennenswerte Impfstoffmengen waren erst zwei Monate nach dem Höhepunkt der Virusinfektion verfügbar, so dass die Mehrheit der Bevölkerung dem Erreger in der Zeit, in der er am stärksten zirkulierte, schutzlos ausgesetzt war. Die Sterblichkeit war zwar relativ niedrig, aber eine gewaltige Zahl von Menschen kam mit dem Virus in Kontakt. An H1N1 starben rund 250 000 Menschen, und wegen der besonderen Natur des Erregers waren die meisten Opfer relativ jung. Hätte das Virus eine stärker pathogene Wirkung gehabt, die zeitliche Verzögerung bei der Impfstoffentwicklung hätte zu einer schweren Gesundheitskrise geführt, und die Folgen in den betroffenen Städten hätten durchaus Unruhen, Chaos und gesellschaftlicher Zusammenbruch sein können.

Ein solcher stark pathogener Stamm von Grippeviren fegte vor knapp 100 Jahren um die Welt und hatte verheerende Auswirkungen. Die Pandemie von 1918 bis 1920 forderte ungefähr 50 Millionen Todesopfer, mehr als der gesamte Erste Weltkrieg. Nach Aussage eines Arztes war es »die bösartigste Form der Lungenentzündung, die man jemals gesehen hat«. Auf der Grundlage der Berichte über die Sterblichkeit bei dieser Pandemie prophezeite eine Arbeitsgruppe unter Leitung von Christopher Murray von der Harvard University in dem Fachblatt *Lancet*, dass innerhalb eines Jahres 62 Millionen Menschen – davon 96 Prozent in den Entwicklungsländern – sterben könnten, wenn heute eine ähnliche Pandemie auftreten würde. Die Schweinegrippe der jüngsten Zeit war ein Weckruf und machte deutlich, dass Impfstoffe unbedingt sehr schnell zu den Menschen gelangen müssen.

Wie Synthetic Genomics, Inc. und das J. Craig Venter Institute bekanntgegeben haben, wurde ein auf drei Jahre angelegtes Abkommen mit dem Pharmakonzern Novartis geschlossen: Gemeinsam will man die Hilfsmittel und Methoden der synthetischen Genomik einsetzen, um die Produktion von Influenza-Originalsaatstämmen zu beschleunigen. Als Originalsaatstamm bezeichnet man die ursprüngliche Kultur, die lebende Referenzkultur eines Virus; er dient als Ausgangsbasis, aus der man das Virus für den Impfstoff in größeren Mengen heranzüchten kann. Das Gemeinschaftsprojekt, das durch eine Auszeichnung der US-amerikanischen Biomedical Advanced Research and Development Authority (BARD) unterstützt wurde, könnte letztlich effizientere Reaktionen auf jahreszeitliche und pandemische Influenza-Infektionen ermöglichen.

Derzeit überlassen es Novartis und andere Impfstoffhersteller der Weltgesundheitsorganisation, die Originalsaatstämme zu identifizieren und zu verteilen. Um diesen Prozess zu beschleunigen, bedienen wir uns einer Methode namens »umgekehrte Impfstoffforschung«; erstmals angewandt wurde sie, als Rino Rappuoli, der heute bei Novartis arbeitet, einen Impfstoff gegen Meningokokken entwickelte. Dahinter steht der Grundgedanke, dass man das gesamte Genom eines pathogenen Influenzavirus mit den Methoden der Bioinformatik durchforsten kann, um so seine Gene zu identifizieren und zu analysieren. Als Nächstes sucht man bestimmte Gene aus, die sich aufgrund ihrer Eigenschaften besonders gut als Ziele für Impfstoffe eignen wie beispielsweise die Proteine der Membranaußenseite. Diese Proteine werden dann mit den normalen Methoden daraufhin geprüft, ob sie eine Immunantwort hervorrufen.

Meine Arbeitsgruppe hat zahlreiche Gene sequenziert, in denen sich die Vielfalt der seit 2005 aufgetretenen Influenzaviren widerspiegelt. Wir haben die vollständigen Genome einer großen Sammlung von Influenza-Isolaten aus Menschen sequenziert, außerdem aber auch ausgewählte Influenzastämme von Vögeln und anderen Tieren, die für die Evolution von Viren mit Pandemiepotential von Bedeutung sind; die Informationen wurden öffentlich zugänglich gemacht. Die Stämme wurden so ausgewählt, dass sie viele Subtypen mit breiter geographischer und zeitlicher Verteilung repräsentieren. Im Rahmen unserer Zusammenarbeit entwickeln Novartis und SGI eine »Bank« aus synthetisch konstruierten Originalsaatstämmen, die sofort in die Produktion gehen können, wenn die Weltgesundheitsorganisation die im Umlauf befindlichen Stämme des Grippeerregers identifiziert hat. Mit dieser Technologie könnte man die Zeit bis zur Impfstoffproduktion auf zwei Monate verkürzen, was im Fall einer Pandemie ein entscheidender Nutzen wäre.

Das Standardverfahren zur Herstellung von Grippeimpfstoffen ist zeitaufwendig. Ein wichtiger geschwindigkeitsbegrenzender Schritt ist der Zeitraum zwischen der Auswahl des Stammes – WHO und die Centers for Disease Control in Atlanta identifizieren die im Umlauf befindlichen Stämme und geben globale Empfehlungen für die Herstellung eines bestimmten Originalsaatstammes ab – und der eigentlichen Impfstoffproduktion. Bei der traditionellen Methode züchtet man die Viren in befruchteten Hühnereiern. Das dauert insgesamt ungefähr 35 Tage: Das Referenzvirus wird getestet und verteilt, die Eier werden parallel auch mit Standardviren infiziert, und der Originalsaatstamm muss isoliert und gereinigt werden. Als wir uns die wichtigen Fortschritte der synthetischen Biologie und der zellbasierten Herstellung zunutze machten und gleichzeitig das spannende Konzept der Umwandlung vom Digitalen zum Biologischen einführten, konnten wir und Novartis einen Impfstoff von besserer Qualität in weniger als fünf Tagen herstellen.

Der Impfstoff basiert auf zwei Proteinen: dem Hämagglutinin (HA) der Virushülle, das »Spikes« bildet und dem Influenzavirus die Anheftung an die Zellen ermöglicht, und der Neuraminidase (NA), die auf der Oberfläche der Virusteilchen knopfartige Strukturen bildet und ihre Freisetzung aus den infizierten Zellen katalysiert, so dass das Virus sich verbreiten kann. Wenn man originalgetreue synthetische HA- und NA-Gene erzeugt hat, »rettet« man im nächsten Schritt den vollständigen Saatstamm, indem man das HA- und NA-Gen mit den wenigen anderen Genen des Influenza-Genoms zusammenbaut, dessen Software insgesamt nur für die Produktion von elf Proteinen ausreicht. Wir bedienten uns eines Verfahrens der »umgekehrten Genetik« und ersetzten die Eier in der Herstellung des Grippeimpfstoffes durch eine Zelllinie namens MDCK (Madin-Darby canine kidney) von Novartis, die 2012 von der US-Arzneimittelbehörde FDA zugelassen worden war. Die Zellen werden mit gestreckten, synthetischen DNA-Kassetten infiziert, in denen die einschlägigen Gene codiert sind. 72 Stunden nach der Transfektion kann man im Zellkulturmedium die Influenzaviren nachweisen; den gewünschten Virusstamm isoliert man dann, um ihn weiter zu vermehren und schließlich als Originalsaatstamm für die Impfstoffherstellung zu verwenden.

Ob das Prinzip tragfähig ist, wurde am 29. August 2011 überprüft: Wir wiesen nach, dass die Prozesse zur Herstellung synthetischer Originalsaatstämme leistungsfähig und nachvollziehbar sind. Ausgehend von den Sequenzen des HA- und NA-Gens eines schwach pathogenen nordamerikanischen H7N9-Vogelgrippestammes, der vom BARDA stammte und von den Centers for Disease Control zur Verfügung gestellt wurde, begann um acht Uhr morgens die Oligonucleotidsynthese. Am Mittag des 4. September, genau vier Tage und vier Stunden nach Beginn des Prozesses, wurden die Originalsaatviren produziert. Nachdem dieser erste Machbarkeitsnachweis geführt war, wurde der Prozess für mehrere weitere Influenzastämme und -subtypen wiederholt, so für H1N1, H5N1 und H3N2. Zu der Zeit, da diese Zeilen geschrieben werden, sind noch keine Stämme aufgetaucht, die man nicht synthetisch zusammensetzen und neu erschaffen könnte.

Das Projekt der synthetischen Influenzaviren tritt jetzt in eine wichtige neue Entwicklungsphase ein. Die schnelle, effiziente Herstellung von Impfstoff-Originalsaatstämmen zeigt, mit welchen neuen Möglichkeiten man sich auf Pandemien vorbereiten kann, wenn Kenntnisse über die Evolution des Virus hinzukommen. Influenzaviren sind dynamische Erreger, die sich grundsätzlich auf zweierlei Weise verändern: durch Antigendrift und Antigenverschiebung. Als Drift, einen ununterbrochen ablaufenden Vorgang, bezeichnet man kleine, allmähliche Veränderungen, die auf Punktmutationen in den beiden Genen für die zuvor erwähnten Oberflächenproteine Hämagglutinin und Neuraminidase zurückzuführen sind. Antigenverschiebung ist eine abrupte, größere Veränderung, durch die ein ganz neues Influenzavirus entsteht; ihre Ursache ist entweder die direkte Übertragung von Tieren (beispielsweise Schweinen oder Vögeln) auf Menschen oder die Vermischung der Gene von menschlichen und tierischen Influenza-A-Viren, wobei durch einen Vorgang namens genetische Umordnung ein neuer Virus-Subtyp entsteht. Wenn wir die Veränderungen der Erreger und neu entstehende Virusstämme überwachen und analysieren, können wir uns auf mutmaßlich auftauchende Stämme einstellen, statt nur mühsam zu reagieren, wenn bereits ein Ausbruch stattgefunden hat. Für Stämme, die potentiell zur Bedrohung werden könnten, kann man im Voraus Impfstoff-Originalsaatstämme herstellen und in Virusbanken aufbewahren, so dass sie bei Bedarf sofort zur Verfügung stehen.

Die Vorbereitungen auf die nächste Pandemie sind bereits im Gang. Derzeit wird eine umfassende Datenbank aufgebaut, die Informationen über Sequenzen, Antigenvariation und Wachstumseigenschaften früherer Influenza-Stämme enthält; sie ist schon heute mit ungefähr 66 000 Sequenzen einzelner Isolate und 33 000 Paaren von Antigendaten gefüllt. Man entwickelt immer neue Algorithmen, um zeitliche Veränderungen der Anteile verschiedener im Umlauf befindlicher Virus-Unterpopulationen vorauszusagen, Schätzungen über tatsächlich oder potentiell zur Impfstoffherstellung geeignete Stämme abzugeben und damit einerseits den Schutz zu optimieren und andererseits die Vorhersagekraft der Stammselektion zu verbessern.

Ein weiterer wichtiger Schritt in Richtung hochentwickelter, synthetischer Influenza-Impfstoffe ist die Zusammenführung der Herstellung synthetischer Saatstämme und der eigentlichen industriellen Impfstoffproduktion. Novartis lässt so etwas bereits Realität werden, und aus dieser Realität ergeben sich für die Reaktion auf globale Pandemien gewaltige Konsequenzen. Nachdem man ertragreichere Virus-Saatstämme mit den synthetischen Verfahren schneller, einfacher und präziser herstellen kann, eröffnet sich nicht nur die Aussicht auf eine schnellere Reaktion auf Pandemien, sondern auch die Möglichkeit einer zuverlässigeren Versorgung mit Grippeimpfstoffen.

Impfstoffe sind das beste Mittel zur Vorbeugung gegen Pandemien, und die synthetische Biologie hat dazu beigetragen, sie wirksamer zu machen; heute stehen wir aber auch vor einer anderen infektionsbedingten Bedrohung, denn eine der wichtigsten Waffen der Menschen zur Krankheitsbekämpfung, die Antibiotika, verlieren immer mehr an Wirksamkeit. Seit der Mitte des letzten Jahrhunderts haben wir im historischen Kampf gegen die Mikroorganismen eine Feuerpause erlebt, nachdem der britische Mikrobiologe Alexander Fleming (1881–1955) durch einen Zufall das Penicillin entdeckt hatte und der Australier Howard Walter Florey (1898–1968) zusammen mit dem Deutschen Ernst Boris Chain (1906–1979) und dem englischen Biochemiker Norman Heatley (1911–2004) eine Methode zur Massenproduktion des Medikaments entwickelt hatte.[12] Für ihre folgenreichen Arbeiten erhielten Fleming, Florey und Chain 1945 gemeinsam den Nobelpreis für Medizin. In den seither vergangenen acht Jahrzehnten wurden Antibiotika zur Heilung eines breiten Spektrums einstmals tödlicher Infektionskrankheiten eingesetzt; sie retteten Millionen Menschenleben und ermöglichten einen stark erweiterten Einsatz chirurgischer Verfahren – man stelle sich vor, heute würde ein Blinddarm ohne sie entfernt, von einer Herz- oder Nierentransplantation oder auch der Einpflanzung einer künstlichen Hüfte ganz zu schweigen.

Diese Wirkstofffamilie hat zwar ungeheuer viel zur Verlängerung der Lebenserwartung beigetragen, die Mikroorganismen, gegen die sie sich richtet, schlugen aber auch von Anfang an zurück. Schon kurze Zeit nachdem im Zweiten Weltkrieg erstmals Soldaten mit Penicillin behandelt wurden, hatten die Bakterien im Rahmen ihrer Evolution bereits Wege gefunden, um den Antibiotika zu widerstehen. Erkenntnisse darüber, wie Bakterien sich gegen ein bestimmtes Antibiotikum zur Wehr setzen, lieferten elegante Experimente, die Joshua Lederberg (1925–2008) an der University of Wisconsin anstellte; die Anregung zur Erforschung der Bakteriengenetik hatte er aus dem bahnbrechenden Artikel bezogen, in dem Avery, McLeod und McCarthy 1944 die DNA als »transformierendes Prinzip« benannt hatten. In Zusammenarbeit mit seiner Ehefrau Esther Zimmer Lederberg konnte er nachweisen, dass Bakterienstämme, die gegen Penicillin resistent sind, in der Natur auch vor dem medizinischen Einsatz des Penicillins bereits vorhanden waren; diese Erkenntnis war nur ein kleiner Teil seiner vielen wichtigen Forschungsergebnisse, die ihm den Nobelpreis einbrachten.

Resistente Stämme neutralisieren die Wirkungen der Antibiotika mit einem breiten Spektrum verschiedener Proteine. Wirkstoffe wie Tetracyclin und Streptomycin binden an bestimmte Teile eines Ribosoms und beeinträchtigen so die Proteinsynthese; zur Abwehr dieser Wirkstoffe haben sich in der Evolution der Mikroorganismen Ribosomen gebildet, die nicht mehr an die Wirkstoffmoleküle binden. Manche Mikroorganismen verfügen auch über »Lenzpumpen«, Proteine, die ein Antibiotikum aus der Zelle entfernen, bevor es seine Wirkung entfalten kann. Wieder andere hüllen sich in undurchlässige Membranen, und noch andere »fressen« sogar Antibiotika.[13] Es gibt so viele Resistenzmechanismen,[14] dass manche Autoren sogar von einem »Resistom« sprechen.[15]

Da Bakterien sich so schnell teilen, gewinnen resistente Stämme in einer Population sehr schnell die Oberhand. Darüber hinaus verbreitet sich die Resistenz auch durch einen anderen Mechanismus: In einem Prozess, der als »laterale Genübertragung« oder »horizontaler Gentransfer« bezeichnet wird, können sie ihre DNA-Software untereinander austauschen. Wie Lederberg zeigen konnte, besteht ein Weg zu diesem Ziel im unmittelbaren Kontakt von Zelle zu Zelle oder in einer brückenartigen Verbindung.[16] Auf molekularer Ebene werden dabei Plasmide ausgetauscht, die Gene für die Resistenz gegen mehrere Antibiotika enthalten können. Wenn ein solcher Transfer gelingt, wird ein »Supererreger« geboren.

Dass sich resistente Mikroorganismen entwickeln, lässt sich nicht vermeiden, aber leider wurde dieser Vorgang auch durch eine schlechte Infektionsbekämpfung begünstigt; letztlich geht es dabei vor allem um Hygiene und Händewaschen oder dessen Unterlassung. Der Vormarsch der Resistenzen wurde auch durch kritiklosen Einsatz von Antibiotika insbesondere in der Landwirtschaft vorangetrieben; weitere Ursachen sind der Missbrauch bei der Behandlung von Virusinfektionen wie der gewöhnlichen Erkältung, die zu geringe Nutzung durch vorzeitigen Abbruch der Behandlung und die übermäßige Nutzung in Seifen und anderen Haushaltsprodukten. Als wäre das alles nicht schon schlimm genug, bieten auch die derzeitigen Marktbedingungen für die Unternehmen kaum Anreize, in mühsamer Arbeit neue Antibiotika zu entwickeln. Im Gegensatz zu Herzmedikamenten und anderen Arzneimitteln werden Antibiotika nur ungefähr eine Woche lang eingenommen. Wegen des erbarmungslosen Vormarsches der Resistenzen werden alle Antibiotika nach einiger Zeit wirkungslos, das heißt, ein neues Präparat kann nur während einer begrenzten Zeit eingesetzt werden.

Das Ganze ist ein aufschlussreiches Beispiel für darwinistische Evolution, allerdings ergibt sich daraus eine deprimierende Erkenntnis: Das goldene Zeitalter der Antibiotika dürfte zu Ende gehen. Für das Vordringen der Resistenzen gibt es unzählige Beispiele: Ein hartnäckiger Besucher von Krankenhausstationen, der methicillinresistente *Staphylococcus aureus*, hat mittlerweile vollständige Resistenz gegen Vancomycin erlangt, einen Wirkstoff, der häufig als letzte therapeutische Zuflucht genannt wurde. In den letzten Jahren wurde immer wieder die Befürchtung geäußert, eine Rückkehr in das Vor-Antibiotikazeitalter stehe bevor,[17] das heißt in eine Zeit, als Bakterieninfektionen die häufigste

Todesursache waren und jedes Krankenhaus eine Brutstätte ansteckender Krankheiten darstellte – womit es der letzte Ort war, an dem man sich aufhalten wollte, wenn man wirklich auf Genesung hoffte.

Hier kann die Genomforschung helfen. Wir können den Vormarsch eines Supererregers verfolgen, in Erfahrung bringen, wie er die Antibiotika abwehrt, und neue Medikamenten-Ansatzpunkte finden. Außerdem können wir mit der synthetischen Genomherstellung auch Alternativen zu den Antibiotika erzeugen. Wir verfolgen beispielsweise den Ansatz, die sogenannte Phagentherapie wiederzubeleben, eine Methode zur Bekämpfung von Bakterien, bei der die Mikroorganismen mit Bakteriophagen abgetötet werden, die für einen bestimmten Bakterienstamm spezifisch sind. Alle paar Tage wird die Hälfte aller Bakterien auf der Erde von Phagen abgetötet.[18] Können wir sie zu Helfern bei der Bekämpfung der Supererreger machen?

Die Bakteriophagen, die ungefähr zehnmal zahlreicher sind als die Bakterien, wurden – vielleicht unabhängig von zwei verschiedenen Personen[19] – vor ungefähr 100 Jahren entdeckt. Als Erster wies sie 1915 der englische Wissenschaftler Frederick Twort (1877–1950) nach, ein exzentrischer Universalgelehrter, der Violinen, Radioapparate und anderes baute und außerdem die größte Erbse Englands züchten wollte.[20] Der französisch-kanadische Mikrobiologe Félix d'Herelle (1873–1949) tritt in der Geschichte der Phagen 1917 zum ersten Mal auf und bediente sich für sie auch erstmals des Begriffs »Bakteriophagen« (»Bakterienfresser«). Er behauptete, das von Twort beschriebene Phänomen sei in Wirklichkeit etwas ganz anderes.[21] D'Herelle vermutete, dass Bakteriophagen eine Rolle für die Genesung von der Ruhr spielten, erkannte damit ihr Potential für die Infektionsbekämpfung[22] und führte 1919 die erste Studie an Menschen durch. Nachdem D'Herelle selbst und seine Kollegen die Phagenpräparation in hoher Dosis zu sich genommen hatten, um damit ihre

Ungefährlichkeit zu bestätigen, verabreichte er sie in verdünnter Form einem zwölfjährigen Jungen, der an schwerer Ruhr litt; der Patient wurde innerhalb weniger Tage gesund.

D'Herelles Untersuchungen lieferten die Erklärung für eine rätselhafte Beobachtung: Warum bot das Wasser mancher Flüsse, zum Beispiel des von Abwässern verseuchten Ganges und des Yamuna in Indien, Schutz vor der Cholera?[23] Jetzt war die Antwort klar. In jedem Tropfen Fluss- oder Abwasser wimmelt es von Millionen Phagen. In den 1930er Jahren stellten europäische und amerikanische Unternehmen Phagencocktails zur Therapie zahlreicher Infektionskrankheiten her. Zwei der wichtigsten derartigen Labors gehörten d'Herelle: Das eine befand sich in Frankreich, das andere hatte er in Tiflis, der Hauptstadt der Sowjetrepublik Georgien, 1923 mit gegründet. Das Institut trug nach seinem Mitbegründer, dem georgischen Phagenforscher George Eliava (1892–1937), der den Segen des sowjetischen Diktators Josef Stalin hatte, den Namen Eliava-Institut für Bakteriophagenforschung, Mikrobiologie und Virologie. Unter anderem wegen seiner Zusammenarbeit mit ausländischen Wissenschaftlern wie d'Herelle, aber auch wegen seines Interesses an einer Frau, die auch von Stalins Geheimpolizeichef Lawrenti Berija angebetet wurde, erklärte man Eliava schließlich zum »Volksfeind«, und 1937 wurde er hingerichtet.[24] Das Eliava-Institut überlebte auch ohne seinen Gründer und wurde eine der größten Einrichtungen zur Entwicklung medizinisch verwendbarer Phagen; in seiner Blütezeit produzierte es jeden Tag mehrere Tonnen. Im Jahr 1989 wurde Eliava von Michail Gorbatschow, dem letzten Präsidenten der Sowjetunion, im Rahmen einer Neubewertung der großen Säuberungsaktionen rehabilitiert.

Mitte der 1930er Jahre hatten sich die hochgesteckten Hoffnungen, man könne mit der Phagentherapie die bakteriellen Erkrankungen ausrotten, nicht verwirklicht; alle Belege für ihre Wirksamkeit wurden durch fehlende Standardisierung des Materials vernebelt.[25] Im gleichen Jahrzehnt äußerte die American Medical Association eine vernichtende Kritik an der Methode,[26] aber die Phagen, die nun einmal an der Grenze zwischen Leben und Unbelebtem standen, faszinierten die Grundlagenforscher weiterhin. Als ein Zeichen für die Bedeutung derartiger Arbeiten richteten Alfred Hershey und Salvador Luria zusammen mit Max Delbrück sogar eine »Phagenkirche« ein, in der sie sich auf die Grundlagen der biologischen Verdoppelung und damit der Vererbung konzentrieren wollten.

Während des Zweiten Weltkrieges wurde die Phagentherapie in der sowjetischen und deutschen Armee angewandt, aber mit dem Aufstieg der Antibiotika und dem Ende des Krieges betrachtete man sie im Westen wie alles, was nach Kommunismus roch, mit Misstrauen.[27] Gunther Stent, ein Jünger aus Delbrücks »Kirche«, schrieb 1963: »Das seltsame medizinhistorische Kapitel der Bakteriophagentherapie aus der Geschichte der Medizin kann jetzt mit Fug und Recht als beendet betrachtet werden. Warum Bakteriophagen, die im Reagenzglas so stark bakterientötend wirken, sich in vivo als so unwirksam erwiesen haben, wurde nie befriedigend erklärt.«[28]

Unter anderem lag es daran, dass die Geschichte der Phagentherapie – eigentlich wie die Geschichte von nahezu allem, was man sich ausdenken kann – »reich an Politik, persönlichen Fehden und unerkannten Konflikten« ist.[29] Bedeutsamer ist aber ein anderer Grund: Eine Verfeinerung der Therapie war erst mit dem Aufschwung der modernen wissenschaftlichen Methoden möglich. Als die Sowjetunion sich 1991 auflöste, lieferte das Eliava-Institut glücklicherweise immer noch Phagen an das jetzt unabhängige Georgien, und wichtige Arbeit wurde auch am Ludwik-Hirszfeld-Institut für Immunologie und experimentelle Therapie im polnischen Wroclaw geleistet. Heute, da der Rüstungswettlauf mit den Mikroben sich zu ihren Gunsten verlagert, denken viele Wissenschaftler – darunter auch meine Arbeitsgruppe – neu über die Verwendungsmöglichkeiten von Phagen zur Infektionsbekämpfung nach.[30]

Im Gegensatz zu den traditionellen Antibiotika, die eine Riesenzahl »freundlicher« Bakterien in unserem Körper – beispielsweise solche, mit denen wir unsere Nahrung verdauen – abtöten und damit beträchtliche Kollateralschäden anrichten können, sind Phagen gewissermaßen molekulare »kluge Bomben«: Sie zielen nur auf einen Stamm oder wenige Unterstämme der Bakterien ab. Heute haben wir ein detailliertes Bild davon, wie diese mikrobiologischen Tötungsmaschinen mit chirurgischer Genauigkeit eine einzige Bakterienart angreifen können. Ein Beispiel ist der Phage T4, der von vielen Pionieren des Fachgebiets untersucht wurde, von Max Delbrück und Salvador Luria bis zu James Watson und Francis Crick. Die 169 000 Basen seines Genoms enthalten alle Anweisungen, mit denen er den Mikroorganismus *E. coli* infizieren und zerstören kann.

Mit einer Breite von 90 und einer Länge von 200 Nanometern ist T4 im Vergleich zu anderen Phagen relativ groß; er sieht aus wie eine mikroskopisch kleine Mondlandefähre: Die »Beine« heften sich auf der Oberfläche einer *E.-coli*-Zelle an spezifische Rezeptoren an, und der hohle Schwanz kann die Software in das Bakterium injizieren. (Wie man erst kürzlich entdeckt hat, durchsticht T4 die Zellmembran mit einem Stachel mit Eisenspitze.)[31] Die derart eingeschleuste DNA sieht zwar ganz anders aus als die der Wirtszelle, die Codierungssprache ist aber die gleiche; entsprechend führt das Bakterium die Anweisungen aus und baut einen Phagen auf, wobei es selbst ums Leben kommt. Nachdem rund 100 bis 150 Phagen entstanden sind, platzt die Bakterienzelle und setzt einen Schwarm neuer Phagen in die Umgebung frei.

Für Phagen gilt das Gleiche wie für Antibiotika: Zellen können mutieren, eine Resistenz entwickeln und dann überleben.[32] Außerdem werden Phagen im menschlichen Organismus schnell aus dem Blut beseitigt. Dennoch bieten sie offensichtlich eine interessante Alternative zu den Antibiotika. Phagen, die man derzeit in der Therapie bereits verwendet hat, wurden aus der Umwelt – beispielsweise aus Abwasser – isoliert, und die Wissenschaft musste sich auf das Spektrum der natürlich vorkommenden Phagen beschränken. Mit unseren neuen Hilfsmitteln zur Synthese und zum Zusammenbau von DNA könnten wir jedoch jeden Tag Hunderte neue Phagen entwerfen und synthetisieren, oder wir synthetisieren mehr als 5000 neue Variationen eines Sequenzthemas. Mit dieser einzigartigen Fähigkeit werden wir in der Lage sein, d'Herelles Traum zu erproben und zu realisieren.

Unsere Technologie wird einen vollständigen Kreislauf zur schnellen Herstellung von Bakteriophagen möglich machen, der sich von der Isolation über die Charakterisierung, Veränderung und Evolution bis zur Zusammenstellung von Bibliotheken therapeutisch optimierter Phagen erstreckt, mit denen man Supererreger im klinischen Alltag bekämpfen kann. Wie wir am Beispiel von Phi X 174 nachgewiesen haben, ist die Selektion durch Infektionsfähigkeit – ein Bakterium vervielfältigt pflichtschuldigst die Phagen, die sich zu seiner Infektion am besten eignen – ein sehr leistungsfähiges Hilfsmittel: Es ermöglicht ein Hochdurchsatz-Screening neu synthetisierter Phagen, die man dann je nach den gewünschten Eigenschaften einer weit oder eng gefassten Wirksamkeit auswählen kann.

Vielleicht wird es in Zukunft möglich sein, einen Krankheitserreger aus einem einzelnen Patienten zu sequenzieren, den Mikroorganismus zu identifizieren und sehr schnell eine maßgeschneiderte Phagentherapie zu entwickeln. Den neuen Phagen könnte man mit der beschriebenen Teleportationstechnik sofort zum Patienten, einem Therapiezentrum oder einem Krankenhaus schicken. Solche Phagen könnte man beispielsweise so gestalten, dass sie bei den Supererregern auf andere Zielproteine oder Genschaltkreise abzielen als herkömmliche Medikamente, so dass man sie allein oder in

Kombination mit Antibiotika verwenden kann. Wir gehen davon aus, dass wir wirksamere Formen des Lysins herstellen werden, einer leistungsfähigen molekularen Bakterien-Tötungsmaschine, die einem Phagen hilft, aus einer infizierten Zelle auszubrechen. Eine Form dieses Enzyms, PlyC (Lysin des Streptokokken-Phagen C1) genannt, tötet Bakterien schneller ab als Chlorbleiche und besteht aus neun Proteinteilen, die sich zu einem Gebilde von der Form einer fliegenden Untertasse zusammenlagern; der Komplex dockt mit acht Bindungsstellen, die auf einer Seite der Untertasse liegen, an die Bakterienoberfläche an.[33] Die beiden »Gefechtsköpfe« von PlyC fressen sich durch die Zellwand, töten das Bakterium und setzen den Phagen frei. Man hat bereits Lysine entwickelt, mit denen sich ein breites Spektrum grampositiver Krankheitserreger unter Kontrolle halten lässt, darunter *S. aureus, S. pneumoniae, E. faecalis, E. faecium, B. anthracis* und die Streptokokken der Gruppe B.

Da Phagen so spezifisch sind, kann man auch damit rechnen, dass von ihnen keine Gefahr ausgeht. Im August 2006 genehmigte die FDA das Einsprühen von Fleisch mit einem Phagenpräparat, das von dem Unternehmen Intralytix hergestellt wird und sich gegen *Listeria monocytogenes* richtet. Im folgenden Jahr wurde am Royal National Throat, Nose and Ear Hospital in London eine erste klinische Studie zur Behandlung von *Pseudomonas-aeruginosa*-Ohreninfektionen (Otitis) abgeschlossen; die Ergebnisse waren vielversprechend.[34]

Der potentielle Wert neuer, synthetischer Phagen für die Behandlung medikamentenresistenter Infektionen wird sich wahrscheinlich wegen der immer stärker beschleunigten Entwicklung auf den Gebieten von synthetischer Genomik und genetischer Informationsübertragungstechnik schon in sehr naher Zukunft verwirklichen. Aber noch bedarf es strenger, moderner Methoden, um die Phagentherapie aus ihrer pseudowissenschaftlichen Vergangenheit herauszuholen. Wahrscheinlich werden solche Therapieformen auch umstritten sein, weil es sich um Viruscocktails handelt, die in der Lage sind, sich zu vermehren und eine Evolution durchzumachen. Immerhin spielen sie auch für die Krankheitsentstehung eine Rolle, weil sie Bakterien mit bestimmten Genen ausstatten, unter anderem mit solchen, die mit der Diphtherie im Zusammenhang stehen; bis die Ungefährlichkeit nachgewiesen ist, bedarf es also noch sorgfältiger Arbeiten. Dennoch habe ich die Vermutung, dass solche Bedenken schnell zerstreut werden, wenn die Methode sich beispielsweise in der Tiermedizin oder zur Behandlung verbreiteter Krankheiten wie der Akne als aussichtsreich erweist.[35]

Um das Potential zur Bekämpfung von Infektionskrankheiten zu nutzen, testet meine Arbeitsgruppe bereits Methoden zur Übertragung und zum Empfang von DNA-Software. Die NASA hat uns Finanzmittel für Experimente auf ihrem Testgelände in der Mojavewüste zur Verfügung gestellt, die an der Grenze zwischen Kalifornien, Nevada, Utah und Arizona liegt. Wir werden dort das mobile Labor des JCVI einsetzen, das mit Apparaturen zur Entnahme von Bodenproben, DNA-Isolation und DNA-Sequenzierung ausgestattet ist; das Ziel ist die Dokumentation und Erprobung aller Schritte zur selbständigen Isolierung von Mikroorganismen aus dem Boden, der Sequenzierung ihrer DNA und der Übertragung dieser Informationen in die Cloud mit einer »Sendeeinheit für digitalisiertes Leben«, wie wir sie nennen.

Ich habe keinen Zweifel, dass dieses Verfahren funktionieren wird. In einer einfacheren Form haben wir die Probenentnahme in abgelegenen Gebieten auf der ganzen Welt bereits seit zehn Jahren ausprobiert; dies geschah vorwiegend auf der Expedition der *Sorcerer II* – der Name erinnert an die Yacht, mit der ich früher über die Weltmeere fuhr. Wir haben mehr als 80 000 Seemeilen zurückgelegt und dabei alle 200 Meilen Proben entnommen; hätten wir bereits über die zuvor beschriebene Technik verfügt, wäre es sogar möglich gewesen, auf See die Sequenzierung vorzunehmen. Aber da die derzeit verfügbaren Labor-Sequenzautomaten zu empfindlich sind, mussten wir das Material mit Federal Express oder UPS in unsere Institute schicken.

Als Ergänzung unserer Bemühungen zum Bau einer Sendeeinheit für digitalisiertes Leben konstruieren wir auch einen Empfänger, in dem die übertragene DNA neu produziert werden kann. Dieses Gerät trägt derzeit eine Reihe von Namen, darunter »biologischer Digitalkonverter«, »biologischer Teleporter« oder – der Lieblingsausdruck des früheren *Wired*-Chefredakteurs Chris Anderson – »Lebensreplikator«. Leben mit Lichtgeschwindigkeit zu erschaffen, ist Teil einer neuen industriellen Revolution, in deren Verlauf sich die Herstellung dank der 3-D-Drucker weg von den zentralisierten Fabriken der Vergangenheit und hin zu einer dezentralen, häuslichen Produktion verlagern wird. Die Technologie dient schon heute dazu, embryonale Stammzellen zu Gewebe zusammenzubauen, Knochen zu züchten und Flugzeuge oder sogar ganze Bauwerke durch »Betondruck« aufzubauen. Warum soll man noch Lagerhäuser mit Einzelteilen füllen, wenn man heute ganze Konstruktionen in virtuellen Computer-Warenlagern speichern kann, wo sie nur darauf warten, an Ort und Stelle je nach Bedarf ausgedruckt zu werden? Eines Tages werden wir so weit sein, dass jeder Mensch jedes gewünschte Produkt selbst herstellen kann, vom Türgriff über das Smartphone bis hin zu einem 3-D-Drucker der nächsten Generation. Bald wird es möglich sein, ein defektes Teil einer Waschmaschine, eines Fernsehers oder eines beliebigen anderen Haushaltsgeräts mit dem Smartphone zu fotografieren und dann die Lizenz zum Nachdruck des Teils zu bezahlen. Entsprechend werden die Eckpfeiler der Konsumkultur – Einkaufszentrum und Fabrik – immer mehr an Bedeutung verlieren.

Die wichtigsten wirtschaftlichen Überlegungen werden in diesem Szenario die Rohstoffe und die Kosten für geistiges Eigentum betreffen. Was den Nutzen angeht, so halte ich insbesondere den Einsatz spezieller Drucker in der biologischen Produktion für revolutionär. Heute müssen wir uns noch darauf beschränken, Proteinmoleküle, Viren, Phagen und einzelne Mikrobenzellen herzustellen, aber das Gebiet wird sich äußerst schnell in Richtung komplexerer lebender Systeme weiterentwickeln. Es gibt bereits 3-D-Drucker für den Hausgebrauch, und einige Arbeitsgruppen bemühen sich darum, abgewandelte Tintenstrahldrucker zum Ausdrucken von Zellen und Organen zu verwenden. In diesem faszinierenden Bereich schichtet man lebende Zellen auf ein Strukturgerüst, das die Form eines Blutgefäßes oder eines menschlichen Organs hat. Wie wir solche Vorrichtungen in Zukunft auch nennen werden, ich bin zuversichtlich, dass wir in den kommenden Jahren digitale Information in lebende Zellen umsetzen können, die zu komplexen vielzelligen Organismen werden oder die man in Form eines dreidimensionalen, funktionsfähigen Gewebes »ausdrucken« kann. Die Möglichkeit, ein ganzes Lebewesen zu drucken, ist noch ein wenig weiter entfernt, aber auch sie wird schon bald realistisch werden. Wir bewegen uns in Richtung einer grenzenlosen Welt, in der Elektronen und elektromagnetische Wellen digitalisierte Information hierhin, dorthin und überallhin tragen werden. Und Leben, das aus solchen Wellen der Information erwächst, wird sich mit Lichtgeschwindigkeit bewegen.

12. LEBEN MIT LICHTGESCHWINDIGKEIT

> Die Verwandlung von Körpern in Licht
> und von Licht in Körper ist sehr gemäß
> dem Laufe der Natur, welche anschei-
> nend entzückt über Umwandlungen ist.
> Sir Isaac Newton, *Opticks* (1718)[1]

Wenn Leben am Ende mit Lichtgeschwindigkeit reisen kann, wird das Universum schrumpfen, und unsere Fähigkeiten werden sich erweitern. Einfache Berechnungen zeigen, dass wir Sequenzinformationen elektromagnetisch in nur 4,3 Minuten an einen digital-biologischen Konverter auf dem Mars schicken können, wenn der Rote Planet uns am nächsten steht, um so den Siedlern in einer Kolonie Impfstoffe, Antibiotika oder personalisierte Medikamente zukommen zu lassen. Wäre beispielsweise der NASA-Marsroboter *Curiosity* mit einer Vorrichtung zur DNA-Sequenzierung ausgestattet gewesen, er hätte den digitalen Code eines Mars-Mikroorganismus zur Erde übermitteln können, und wir hätten hier den Organismus im Labor neu erschaffen.

Der zuletzt genannte Ansatz zur Suche nach außerirdischem Leben geht von zwei wichtigen Voraussetzungen aus. Erstens müsste das Leben auf dem Mars genau wie auf der Erde auf DNA basieren. Nach meiner Überzeugung ist das eine vernünftige Annahme, denn wir wissen, dass Leben auf der Erde schon vor fast 4 Milliarden Jahren existierte und dass Erde und Mars ständig Material ausgetauscht haben. Planeten und ihre Satelliten im inneren Sonnensystem – auch die Erde – haben seit Jahrmilliarden gemeinsames Material: Immer wieder wurden Gestein und Boden nach Kollisionen mit Asteroiden oder Kometen in den Weltraum geschleudert.[2] Die chemische Analyse bestätigt, dass Meteoriten, die man auf der Erde gefunden hat, durch den Einschlag eines Asteroiden aus der Oberfläche des Roten Planeten herausgeschlagen wurden. Simulationen legen die Vermutung nahe, dass nur vier Prozent des vom Mars weggeschleuderten Materials nach einer Reise, die bis zu 15 Millionen Jahre dauern kann, schließlich unseren Planeten erreichen. Dennoch tauschen Erde und Mars nach Schätzungen jedes Jahr eine Materialmenge in der Größenordnung von 100 Kilogramm aus; entsprechend enthält wahrscheinlich jede Schaufel Erde einige Spuren des Marsbodens. Deshalb ist es wahrscheinlich, dass Mikroorganismen von der Erde vor langer Zeit zum Mars gelangten und dort die Ozeane bevölkerten, und ebenso dürften Mikroorganismen vom Mars überlebt haben und heute auf der Erde gedeihen.

Die zweite Überlegung ist grundsätzlicherer Natur: Ich gehe davon aus, dass es tatsächlich auch an anderen Orten im Universum Leben gibt. Immer noch glauben viele – insbesondere religiöse – Menschen, das Leben auf der Erde sei in irgendeiner Form etwas Besonderes oder Einzigartiges, und wir seien allein im Kosmos. Zu ihnen gehöre ich nicht.

Wissenschaftler nehmen mit großer Zuversicht an, dass man auf dem Mars Belege für heutiges oder früheres Leben finden wird. Deshalb sind sie und die Medien häufig ein wenig voreilig, wenn es darum geht, Beobachtungen vom Roten Planeten zu interpretieren. In Kapitel 3 habe ich berichtet, welche Aufregung im Jahr 1996 herrschte, nachdem in einem Artikel beschrieben wurde, aufgrund welcher Belege einige Wissenschaftler der NASA an mikrobiologisches Leben auf dem Mars glaubten. Die angeblichen Spuren von Lebewesen, die man in dem fraglichen Meteoriten – er hieß ALH 84001[3] –

gefunden hatte, waren bei weitem nicht die ersten zweideutigen Indizien. Schon 1989 hatte eine Arbeitsgruppe unter Leitung von Colin Pillinger an der Open University im britischen Milton Keynes in einem anderen Marsmeteoriten mit der Bezeichnung EETA 79001 organisches Material gefunden, wie es für die Überreste von Lebewesen typisch ist;[4] dennoch hatte die Gruppe von der Behauptung, man habe Leben auf dem Mars gefunden, Abstand genommen. Andere glaubten ungewisse Anzeichen für Leben zu erkennen, nachdem sie die von den *Viking*-Missionen der NASA gesammelten Daten neu ausgewertet hatten; diese Sonden hatten sich mit ihren Messungen vor Ort erstmals auf den Nachweis organischer Verbindungen konzentriert, nachdem sie 1976 auf dem Roten Planeten gelandet waren.[5]

Ende 2012 rankten sich viele hektische Spekulationen um die Befunde, die Sample Analysis on Mars (SAM) geliefert hatte, ein Instrument des *Curiosity*-Marsfahrzeugs, das Bodenkörner aus einer Verwehung namens Rocknest untersucht hatte. Einige Wochen zuvor hatte ein wissenschaftlicher Mitarbeiter des Projekts unabsichtlich Erwartungen auf eine folgenschwere Offenbarung geweckt, als er dem Rundfunksender National Public Radio sagte, die Daten seien »reif für die Geschichtsbücher«.

Als die Wissenschaftler, die mit dem Instrument arbeiteten, dann im Dezember bei der Tagung der American Geophysical Union in San Francisco erklärten, es gebe tatsächlich Hinweise auf organische Verbindungen, aber man müsse erst mit weiteren Arbeiten feststellen, ob sie tatsächlich vom Mars stammten,[6] war die Enttäuschung mit den Händen zu greifen. Diese Daten geben zwar tatsächlich potentielle Hinweise auf Marslebewesen, aber wenn wir solche außergewöhnlichen Behauptungen aufstellen wollen, brauchen wir auch außergewöhnliche Belege. Ich bin überzeugt, dass einst Lebewesen auf dem Mars gediehen, und auch heute könnte es sie unter der Oberfläche des Planeten noch geben. Überzeugende Daten lassen den Schluss zu, dass es auf der Marsoberfläche früher flüssiges Wasser und möglicherweise sogar Ozeane gab,[7] und Ablagerungen rund um den Matijevic Hill deuten darauf hin, dass dieses Wasser sogar sauber genug zum Trinken war.[8] Heute dagegen existiert es anscheinend in gefrorener Form, insbesondere in den Eiskappen der Pole und in Form von Permafrost. Ende 2012 fand *Curiosity* die Spuren eines alten Flussbettes, in dem Wasser früher mit schneller Strömung floss.[9] Immer mehr Indizien deuten darauf hin, dass unter der Marsoberfläche beträchtliche Mengen von gefrorenem Wasser vorhanden sind, und man kann spekulieren, dass tiefer im Inneren des Planeten auch flüssiges Wasser vorkommt.[10] Aufgrund von Berechnungen kann man schätzen, dass Salzwasser in einer Tiefe von vier Kilometern und reines, flüssiges Wasser in einer Tiefe von acht Kilometern liegt.[11] Außerdem enthalten die tieferen Schichten des Mars auch beträchtliche Mengen an Methan,[12] das ebenfalls biologischen Ursprungs sein könnte; wir können allerdings nicht ausschließen, dass es auf rein geologischem Wege oder durch eine Kombination beider Vorgänge entstanden ist.

An den Bestrebungen zum Nachweis unterirdischer Lebewesen war ich bereits beteiligt. Eines unserer Teams von Synthetic Genomics untersuchte in Zusammenarbeit mit BP drei Jahre lang die Lebensformen in den Methanquellen von Kohlelagerstätten in Colorado. Interessanterweise fanden wir Mikroorganismen in Wasserproben aus 1,6 Kilometern Tiefe, und das in der gleichen Dichte wie in den Ozeanen (eine Million Zellen je Milliliter). Die Artenvielfalt der unterirdischen Lebewesen war allerdings viel geringer, was wahrscheinlich am Sauerstoffmangel (alle tief unter der Erde lebenden Zellen sind Anaerobier) und dem Fehlen von ultravioletter Strahlung (der wichtigsten Ursache genetischer Mutationen) lag. Solche Lebensbedingungen und die geringe Evolutionsgeschwindigkeit hatten unter anderem eine faszinierende Folge: Wie wir entdeckten, ähnelten die Sequenzen im Genom eines derartigen Organismus stark denen einer Mikrobenart, die wir aus einem Vulkan in Italien isoliert hatten. Auch unter der Erde herrscht zwar noch eine große Artenvielfalt, aber wenn wir eine Gruppe von Lebewesen betrachten, liegt die Variationsbreite nur bei einem bis drei Prozent, in den Ozeanen dagegen kann sie – beispielsweise bei SAR11, der am weitesten verbreiteten photosynthetisch aktiven Mikrobenart in den Meeren – bis zu 50 Prozent betragen.

In den Tiefen unseres Planeten entdeckten wir ein breites Spektrum von Extremophilen, die in ihrem Lebensraum Kohlendioxid und Wasserstoff nutzen können, um Methan zu produzieren; etwas ganz Ähnliches tun auch die Zellen von *Methanococcus jannaschii*, die in der Nähe eines »Rauchers« isoliert wurden, das heißt an einem hydrothermalen Schlot in 2600 Metern Tiefe im Pazifik. Einfache Berechnungen deuten darauf hin, dass es unter der Oberfläche der Erde ebenso viel biologische Vorgänge und Biomasse gibt wie in der gesamten sichtbaren Welt auf der Planetenoberfläche. Die unterirdischen Arten gedeihen dort wahrscheinlich schon seit Jahrmilliarden.

Wenn man anerkennt, dass flüssiges Wasser gleichbedeutend mit Leben ist, sollte auch der Mars von ähnlichen Organismen bevölkert sein. Immer mehr Indizien deuten darauf hin, dass es auf dem Roten Planeten vor 3 Milliarden Jahren und vielleicht sogar noch vor einer Milliarde Jahren, als die Eiskappen an den Polen nach einem Meteoreinschlag abschmolzen, Ozeane gab. Die Befunde der vielen Marsfahrzeuge und Marssonden legen die Vermutung nahe, dass bewohnbare Umgebungen, die es auf dem Planeten einstmals gab, vermutlich schon vor einigen Milliarden Jahren ausgetrocknet sind.

Die Strahlung ist auf dem Mars viel stärker als auf der Erde; das hat zwei Gründe: Die Atmosphäre ist dort hundertmal dünner als auf unserem Planeten, und der Mars besitzt kein Magnetfeld, das ihn ganz umgibt. Deshalb treffen viele schnelle, geladene Teilchen auf seine Oberfläche. Dass Leben ein solches Strahlungsniveau überstehen kann, ist unwahrscheinlich, aber nicht unmöglich: Auch auf der Erde gibt es sehr strahlungsresistente Arten wie *Deinococcus radiodurans*. Plausibler ist aber die Vermutung, dass die Lebewesen unter der Oberfläche Zuflucht suchen, das heißt, man wird Proben aus einer Bodentiefe von mindestens einem Meter, in der die Organismen geschützt wären, entnehmen müssen.

Sollte nachgewiesen werden, dass es unmittelbar unter der Oberfläche oder in tieferen Schichten keine lebenden Zellen gibt, würde sich die Zielrichtung der Suche nach Leben auf dem Mars verschieben. (Auf dem Roten Planeten könnten Lebewesen wegen des flacheren Temperaturgradienten und der kühleren Oberfläche in größeren Tiefen gedeihen als auf der Erde.) Im nächsten Schritt würde man dann untersuchen, ob DNA in dem Eis erhalten geblieben ist; für die Erhaltungszeit langer, intakter DNA-Moleküle gibt es allerdings eine Grenze. Morten Erik Allentoft von der Universität Kopenhagen gelangte in einer Studie zu dem Schluss, dass DNA eine maximale Halbwertszeit von rund einem halben Jahrtausend (521 Jahre) hat, das heißt, nach etwa 500 Jahren hat sich die Hälfte der Bindungen zwischen den Nucleotiden im Rückgrat einer DNA-Probe aufgelöst, nach weiteren rund 500 Jahren ist wiederum die Hälfte der noch verbliebenen Bindungen zerstört und so weiter. Den vorliegenden Befunden zufolge hat DNA eine maximale Lebensdauer von rund 1,5 Millionen Jahren, wenn sie unter optimalen Temperaturbedingungen gelagert wird,[13] möglicherweise ist sie aber in der trockenen, kalten Umwelt auf dem Mars sogar noch länger erhalten geblieben.

Die Tatsache, dass Wissenschaftler noch heute über die Bedeutung der in den 1970er Jahren gesammelten *Viking*-Daten diskutieren, unterstreicht aber eine wichtige Erkenntnis: Die beste Aussicht, Leben auf dem Mars zu finden, wäre sein direkter Nachweis. Seit Apollo 11 die ersten außerirdischen

Materialproben in Form von rund 22 Kilo Mondgestein zur Erde brachte, bestand immer die glühende Hoffnung, auch Bodenproben vom Mars für die Untersuchung auf der Erde zu beschaffen. Dabei wurde argumentiert, Wissenschaftler auf der Erde könnten die Proben viel gründlicher und detaillierter analysieren als die Roboterapparaturen auf dem Planeten selbst. Eine bemannte Marsmission dürfte zwar noch in ferner Zukunft liegen, wir könnten aber Maschinen einsetzen. Die Sowjetunion leistete Pionierarbeit bei der Verwendung von Robotern, die Proben zurückbringen; insbesondere Luna 16 holte 101 Gramm Material vom Mond. Die Sowjets hatten 1975 auch das erste Projekt zur Probengewinnung auf dem Mars geplant; aber die Mission mit dem 20 Tonnen schweren Roboter Mars 5NM wurde aufgegeben.

Seit jener Zeit wurde außerirdisches Material von der *Genesis*-Mission gesammelt, die Proben des Sonnenwindes zur Erde bringen konnte, in der Wüste von Utah aber 2004 eine Bruchlandung machte; die Sonde *Stardust* entnahm 2006 Materialproben des Kometen Wild 2; und die japanische Sonde *Hayabusa* sammelte Proben, nachdem sie sich dem Asteroiden 25143 Itokawa genähert hatte und auf ihm gelandet war. Solche Projekte sind aber mit zahlreichen Schwierigkeiten verbunden. So konnte beispielsweise die russische Mission *Phobos-Grunt*, die Proben von dem Marsmond Phobos gewinnen sollte, die Erdumlaufbahn nicht verlassen und stürzte in den Südpazifik. Die NASA plant schon seit langem eine Marsmission zur Probengewinnung, bisher reichte aber die Finanzierung nicht aus, um die Idee über die Zeichenbretter hinaus weiterzuentwickeln.[14]

Jede Marsmission steht vor außerordentlich großen technischen Hürden. Betrachtet man die Geschichte der Raumfahrt, so stellt man fest, dass der Rote Planet das Bermudadreieck des Sonnensystems ist. Er hat schon viele gescheiterte Missionen erlebt, von dem sowjetischen Programm Mars 1M (in westlichen Medien als »Marsnik« bezeichnet) der 1960er

Jahre bis zu dem vom Pech verfolgten britischen *Beagle 2*, der 2003 verlorenging, nachdem er das Mutterschiff verlassen hatte und auf der Marsoberfläche aufsetzen sollte.[15] Um Proben auf die Erde zu bringen, müsste die Sonde sicher starten, sicher landen, eine Probe von einer vielversprechenden Stelle, an der es früher Wasser gab, oder besser noch von mehreren gewinnen und dann dieses Material zur Erde transportieren. Ein solches Programm zur Gewinnung von jeweils 500 Gramm an zwei Stellen würde 15 verschiedene Fahrzeuge und Raumschiffe sowie zwei Landesonden erfordern, und vom Start bis zur Rückkehr der kostbaren Fracht auf die Erde würden rund drei Jahre vergehen.[16]

Während der Entwicklung müsste man sicherstellen, dass die Proben nicht mit Lebewesen von der Erde verunreinigt werden; höchstwahrscheinlich haben wir allerdings den Mars mit unseren vielen Sonden bereits infiziert. Alle Teile der Sonde, die mit Proben vom Mars in Berührung kommen werden, müssten keimfrei sein, damit die Experimente zum Nachweis von Leben nicht beeinträchtigt werden. Die Sequenzierautomaten sind heute so empfindlich, dass ein einziger irdischer Mikroorganismus, der in eine Materialprobe vom Mars gelangt, das gesamte Experiment ruinieren könnte. Verunreinigungen sind der Fluch vieler Experimente, ob in der Gerichtsmedizin oder in den Bestrebungen, DNA aus alter Zeit zu gewinnen.

Die Bedenken wegen der Verunreinigung gelten in beiden Richtungen. Man müsste auch dafür sorgen, dass potentielle Lebensformen vom Mars nicht die Erde verunreinigen. (Wie bereits erwähnt, kommen wir vermutlich mit unserer Besorgnis um rund eine Milliarde Jahre zu spät, denn sie sind wahrscheinlich bereits hier.) Eine Mission, die Proben vom Mars holt, müsste Anforderungen zum Schutz der Planeten genügen, die anspruchsvoller sind als für alle bisherigen Missionen. Der Vertrag über die Grundsätze zur Regelung der Tätigkeiten von Staaten bei der Erforschung und Nutzung des Weltraums einschließlich des Mondes und anderer Himmelskörper (kurz Weltraumvertrag genannt) von 1967[17] legt in seinem Artikel IX fest: »Die Vertragsstaaten führen die Untersuchung und Erforschung des Weltraums einschließlich des Mondes und anderer Himmelskörper so durch, dass deren Kontamination vermieden und in der irdischen Umwelt jede ungünstige Veränderung infolge des Einbringens außerirdischer Stoffe verhindert wird; zu diesem Zweck treffen sie, soweit erforderlich, geeignete Maßnahmen.«

Solche Bedenken werden zwar bis heute durch keinerlei wissenschaftliche Befunde gestützt, nach Ansicht mancher Experten bestehen aber stichhaltige Gründe, vorsichtig zu sein; ihr Hintergrund ist nach meiner Überzeugung zum Teil die Angst vor dem Unbekannten, wie sie sich am besten in den Werken des verstorbenen Michael Crichton verkörpern, der modernen Mary Shelley. Der studierte Arzt und Science-Fiction-Autor war ein großer Geschichtenerzähler, und seine Bücher machten Spaß, aber wie *Frankenstein* enthielten sie auch stark wissenschaftsfeindliche Themen mit einer Mischung aus Fantasy, Gewalt und Vergeltung, wie man sie auch in den warnenden Märchen der Gebrüder Grimm findet: »Aschenputtel«, »Rotkäppchen«, »Rapunzel« und andere spielen mit den tiefsten Ängsten der Öffentlichkeit. In Crichtons Science-Fiction-Klassiker *Andromeda* von 1971 stürzt ein militärischer Satellit in der Wüste ab, und bevor man ihn bergen kann, werden die Einwohner einer nahe gelegenen Ortschaft durch eine tödliche Seuche dezimiert; der Erregerstamm, der dem Roman seinen Namen gab, ist anders als alle irdischen Lebensformen.[18] Durch Anwendung moderner wissenschaftlicher Erkenntnisse lassen sich aber die meisten potentiellen Probleme, die sich durch Materialproben von entfernten Himmelskörpern ergeben könnten, umgehen.

Das Fahrzeug *Curiosity*, das am 6. August 2012 im Rahmen der bisher letzten Marsmission im Krater Gale landete, hat eine ganze Reihe komplexer Instrumente an Bord, ein

Alphateilchen-Röntgenspektrometer; einen Röntgenbeu-
gungs- und Röntgen-Fluoreszenzanalysator; eine Puls-Neu-
tronenquelle; einen Detektor zum Nachweis von Wasserstoff,
Eis und Wasser; eine Umweltüberwachungsstation und ein
Instrumentarium, das zwischen geochemischem und biologischem Ursprung unterscheiden und sowohl organische Fest-
stoffe als auch Gase analysieren kann, darunter Sauerstoff
sowie das Kohlenstoff-Isotopenverhältnis in Kohlendioxid
und Methan aus Atmosphäre und festen Proben.

Die meisten dieser Instrumente sind weitaus komplizierter als manche modernen DNA-Sequenzierautomaten, wie
sie beispielsweise von dem Unternehmen Life Technologies
hergestellt werden; solche Instrumente passen auf einen
Tisch. Der »Halbleitersequenzierer« bedient sich komple-
mentärer Metalloxid-Halbleiter, wie man sie in ähnlicher
Form auch in Digitalkameras findet; aus ihnen entsteht das
weltweit kleinste Festkörper-pH-Meter, mit dem sich chemische Informationen in digitale Form überführen lassen.
Die darin verwendeten Halbleiterchips sind nicht größer als
ein Daumen, enthalten aber 165 Millionen bis 660 Millionen
Vertiefungen, in denen die Sequenzierung parallel ablaufen
kann. Einzelsträngige DNA wird mit einem Ende an winzige Perlen gebunden, die man dann über die mikroskopisch
kleinen Vertiefungen verteilt. Anschließend werden diese mit
einer Lösung gefüllt, die alle vier Nucleotide und DNA-Polymerase enthält. Wird ein Nucleotid, beispielsweise ein A, an
eine DNA-Matrize gebunden und dann in den DNA-Strang
aufgenommen, wird ein einzelnes Proton (Wasserstoffion)
frei und sorgt in der Vertiefung für eine pH-Veränderung,
die von dem Chip registriert wird. Der Computer hält fest,
in welchen Vertiefungen sich die pH-Veränderung abgespielt
hat, und zeichnet entsprechend den Buchstaben A auf. Durch
ständige Wiederholung des Vorganges kann man in jeder der
mehreren hundert Millionen Vertiefungen einige hundert
Buchstaben des DNA-Codes ablesen. Im Gegensatz zu den

meisten anderen DNA-Sequenzierungsverfahren ist hier zum Ablesen des Signals kein optisches System erforderlich, das heißt, das Verfahren ist robust und wird durch Bewegungen nicht beeinträchtigt. Man kann die Apparatur sogar noch weiter verkleinern; das ist praktisch für Weltraummissionen, bei denen Gewicht und Größe der Nutzlast von entscheidender Bedeutung sind. Was die Beschaffung der Proben sowie die Extraktion und Präparation der DNA angeht, sind zwar noch einige Fragen zu klären, aber keine davon dürfte eine unüberwindliche Hürde darstellen.

Der Tag, an dem wir eine robotergesteuerte Genom-Sequenzierungsapparatur mit einer Sonde zu anderen Planeten schicken können, damit sie dort die DNA-Sequenz aller möglicherweise vorhandenen, lebenden oder erhalten gebliebenen Mikroorganismen abliest, ist nicht mehr fern. Viel schwieriger wird es nach meiner Überzeugung für die NASA oder private Gruppen werden, eine Bohrung tief genug – nämlich bis in wasserführende Schichten – voranzutreiben. Die gute Nachricht dabei: Schon eine der nächsten Sonden wird in der Lage sein, einige Meter tief zu bohren, und das könnte durchaus reichen, um mögliche Spuren gefrorener Lebensformen zu finden.

Der nächste Gedankensprung ist nun nicht mehr groß: Wenn die Mars-Mikroorganismen auf DNA basieren und wenn wir ihre Genomsequenzen ablesen und zur Erde funken können, sollten wir in der Lage sein, das Genom zu rekonstruieren. Mit der synthetischen Version des Mars-Genoms könnte man dann die Lebensformen vom Mars neu erschaffen und detailliert untersuchen, ohne dass man die unglaublich schwierige logistische Aufgabe lösen müsste, die Probe unversehrt auf die Erde zu bringen. Wir könnten die Marsbewohner in einem Labor der höchsten Sicherheitsstufe P4 nachbauen, statt das Risiko einzugehen, dass sie beim Aufschlag auf dem Ozean oder einer Bruchlandung im Amazonasgebiet verspritzt werden. Wenn der Vorgang vom

Mars aus funktioniert, verfügen wir auch über ein neues Mittel, um das Universum mit den Hunderttausenden von Erden und Super-Erden zu erkunden, die das Kepler-Weltraumteleskop entdeckt. Einen Sequenzierautomaten dorthin zu schicken, kommt mit der heutigen Raketentechnologie in absehbarer Zeit nicht in Frage – die Planeten, die den roten Zwerg Gliese 581 umkreisen, sind »nur« ungefähr 22 Lichtjahre oder mehr als 2×10^{14} Kilometer entfernt – aber Daten von dort zur Erde zu funken, würde nur 22 Jahre dauern, und wenn es in diesem System eine hochentwickelte Lebensform gibt, hat sie vielleicht schon Sequenzinformationen verschickt, genau wie wir es in den letzten Jahren getan haben.

Aus der Möglichkeit, DNA-Software in Form von Licht zu verschicken, ergibt sich eine ganze Reihe faszinierender Folgerungen. In den letzten zehn Jahren, seit mein eigenes Genom sequenziert wurde, hat meine Software in Form elektromagnetischer Wellen die Reise angetreten; die Wellen, die durch den Weltraum wandern, tragen meine genetische Information weit über die Erde hinaus. Von diesen Wellen getragen, wandert mein Leben heute mit Lichtgeschwindigkeit. Dass dort draußen irgendeine Lebensform sein könnte, die in den Anweisungen meines Genoms einen Sinn erkennen kann, ist nur einer von vielen neuen, faszinierenden Gedanken, die aus jener kleinen Frage erwachsen, die Schrödinger vor mehr als einem halben Jahrhundert stellte.

Als ich an jenem warmen Abend in Dublin meinen Schrödinger-Vortrag beendete, erinnerte ich die Zuhörer daran, welch unglaublichen Weg die Wissenschaft zurückgelegt hat, seit Schrödinger selbst in seinen bahnbrechenden Vorlesungen über die Natur des Lebendigen nachgrübelte. Damals wussten wir noch nicht, worum es sich bei unserem genetischen Material handelt, aber in den seither vergangenen 70 Jahren haben wir gelernt, dass DNA das Medium ist. Wir haben den genetischen Code entschlüsselt und Genome sequenziert, und heute schreiben wir selbst Genome zur Schaffung neuen Lebens. Ich habe nur kurz angedeutet, welche Möglichkeiten sich aus unseren neuen Kenntnissen und Fähigkeiten ergeben, die ihrerseits aus dem durch Synthese geführten Beweis erwachsen, dass DNA die Software des Lebendigen ist. Immer noch reiten wir auf den machtvollen Wellen, die von Schrödingers Vorträgen ausgegangen sind. Man kann sich kaum ausmalen, wohin sie uns in den nächsten 70 Jahren tragen werden, aber welche Richtung diese neue Ära der Biologie auch nimmt, ich weiß, dass es nicht nur ein außergewöhnlicher Weg sein wird, sondern auch ein Weg, der uns viele neue Fähigkeiten vermittelt.

DANKSAGUNG

Von dem großen französischen Physiologen Claude Bernard (1813–1878) stammt der berühmte Satz »Kunst ist Ich; Wissenschaft ist Wir«. Das gilt heute mehr als je zuvor. In den letzten Jahrzehnten habe ich in der Wissenschaft viele Abenteuer erlebt, und alle basierten auf den Anstrengungen vieler begabter Männer und Frauen. Von ihrer Klugheit, Erfindungsgabe und Kreativität konnte ich unmittelbar profitieren, und die Beiträge von Generationen großer Wissenschaftler, die vor ihnen kamen, halfen mir indirekt, als ich zuerst Proteine analysierte und später die grundlegende Software des Lebendigen las, interpretierte und schließlich neu schrieb.

Aber auch mit allem guten Willen der Welt könnte ich wegen der Beschränktheit von Platz, Erinnerungsvermögen und Zeit niemals alle nennen, die direkt oder indirekt zu meinen Anstrengungen beigetragen haben, von einer vollständigen Erläuterung ihrer Leistungen ganz zu schweigen. Dennoch hoffe ich, dass dieses Buch zumindest einen kleinen Eindruck davon vermittelt, welch große Gemeinschaftsleistung wir als Wissenschaft bezeichnen und welchen Anteil sie daran hat, die grundlegenden Lebensmechanismen zu verstehen.

Auch dieses Buch hätte ohne die Hilfe vieler Menschen nicht entstehen können. Deshalb wird man es mir hoffentlich nachsehen, dass ich einige von ihnen herausgreife. Da ist zunächst einmal Heather Kowalski, meine Ehefrau, Publizistin und langjährige Partnerin, die mir in turbulenten Zeiten vom himmelhohen Jauchzen bis zur tiefsten Betrübtheit zur Seite

261

gestanden hat. Für ihre unglaubliche Unterstützung und Ermutigung danke ich ihr von ganzem Herzen. Eine besondere Erwähnung verdienen meine großartigen wissenschaftlichen Mitarbeiter Ham Smith, Clyde Hutchison und Dan Gibson. Ich kann mich immer darauf verlassen, dass sie im Labor geschickt, kreativ und erfindungsreich sind. Erling Norrby verdient besondere Dankbarkeit für seine Freundschaft und die langen Gespräche auf See über das Wesen des Lebendigen. Als es darum ging, Entwürfe dieses Manuskripts zu lesen, haben sie mir großzügig Zeit eingeräumt und Ratschläge gegeben. Ebenso möchte ich Lisa Berning und Michelle Tull herausgreifen, die mich unermüdlich durch jeden einzelnen Tag dirigiert haben.

Weiterhin danke ich meinem Agenten John Brockman für seine Beratung und Freundschaft, und dem Lektor Rock Kot sowie seinen begabten Kolleginnen und Kollegen beim Verlag Viking: Wir alle hatten schon bei meiner Autobiographie *Entschlüsselt* zusammengearbeitet, und es war mir eine große Freude, das damals Erlebte zu wiederholen.

Ebenso wurde ich wieder einmal von meinem Außenlektor Roger Highfield unterstützt, der neben seiner hilfreichen redaktionellen Bearbeitung auch wichtige Recherchen beisteuerte. Roger profitierte seinerseits von der Beratung durch die Kollegen am Londoner Science Museum (insbesondere Robert Bud, Peter Morris und Andrew Nahum); manche Abschnitte überprüfte er zusammen mit Peter Coveney, Masaru Tomita und Markus Covert.

Ich arbeite zwar schon seit einiger Zeit an diesem Projekt, aber der Funke der Inspiration, der mich veranlasste, meine Gedanken und Entwürfe in Buchform zu bringen, sprang bei der Veranstaltung »What Is Life?« über, die 2012 in Dublin im Rahmen des Euroscience Open Forum stattfand. Ich danke Patrick Cunningham, Eamonn Cahill, Luke Drury, David McConnell, Brendan Loftus, Pauric Dempsey und der Royal Irish Academy, die mir die Gelegenheit gaben, in die großen

Fußstapfen von Erwin Schrödinger zu treten, was mir eine große Ehre war, aber auch viel Freude machte. Wie Luke O'Neill mich, Heather, Erling und Roger nach meinem Vortrag zu später Stunde im Clarence Hotel zu einem Ad-hoc-Klavierkonzert einlud, werde ich nie vergessen.

ANMERKUNGEN

Kapitel 1

1 Erwin Schrödinger. *What is Life?* Cambridge: Cambridge University Press: 2012 (Reprint) [dt. *Was ist Leben?* Üb. v. L. Mazurcak; München: Piper 1989].

2 Für diesen Hinweis danke ich Patrick Cunningham, leitender wissenschaftlicher Berater der Regierung Irlands.

3 Walter J. Moore. *Schrödinger: Life and Thought.* Cambridge: Cambridge University Press 1989, S. 66.

4 Timofdeff-Ressovsky, Nikolai V., Karl G. Zimmer, Max Delbrück (1935). »Über die Natur der Genmutation und der Genstruktur.« Nachrichten von der Gesellschaft der Wissenschaften zu Göttingen, Mathematisch-physikalische Klasse, Fachgruppe VI, Biologie, Neue Folge, 1,13, S. 189–245.

5 Richard Dawkins. *River Out of Eden.* New York: Basic Books 1995 [dt. *Und es entsprang ein Fluß in Eden,* üb. v. S. Vogel; München: C. Bertelsmann 1996].

6 Motoo Kimura. »Natural selection as the process of accumulating genetic information in adaptive evolution.« *Genetical Research,* 2, S. 127–140 (1961).

7 Sydney Brenner. »Life's Code Script.« *Nature* 482, S. 461 (23. Februar 2012).

8 W. J. Kress und D. L. Erickson. »DNA barcodes: Genes, genomics, and bioinformatics.« *Proceedings of the National Academy of Sciences* 105, Nr. 8, S. 2761–2762 (2008).

9 Lulu Qian und Erik Winfree. »Scaling Up Digital Circuit Computation with DNA Strand Displacement Cascades.« *Science* 332, Nr. 6034, S. 1196–1201 (3. Juni 2011).

10 George M. Church, Yuan Gao und Sriram Kosuri. »Next-Generation Digital Information Storage in DNA.« *Science* 337, Nr. 6102, S. 1628 (28. September 2012).

11 Siehe http://edge.org/conversation/what-is-life.

264

Kapitel 2

1 Steven Benner. *Life, the Universe ... and the Scientific Method.* Gainesville, FL: Foundation of Applied Molecular Evolution 2009, S. 45.

2 Jacques Loeb. *The Dynamics of Living Matter.* New York: Columbia University Press 1906; online unter http://archive.org/stream/dynamicslivingmooloebgoog#page/n6/mode/2up.

3 Rebecca Lemov. *World as Laboratory. Experiments with Mice, Mazes, and Men.* New York: Hill and Wang 2005.

4 Francis Bacon: *Neues Organon*, Abschnitt 71–73; üb. v. R. Hoffmann; Berlin: Akademie Verlag 1982.

5 Das Buch erschien 1627, ein Jahr nach Bacons Tod.

6 Im Original heißt es »Salomon«.

7 Francis Bacon: *Neu-Atlantis*, üb. v. G. Bugge, Stuttgart: reclam 1982, S. 43, 46 und 47].

8 Angesichts der neuen wissenschaftlichen Erkenntnisse braucht der aufgeklärte Geist nicht mehr an die Herstellung von Protoplasma zu glauben, um sich davon zu überzeugen, dass zwischen belebter und unbelebter Materie kein grundsätzlicher Unterschied und keine absolute Trennlinie besteht.

9 Berzelius wird manchmal als Vitalist bezeichnet, aber wie John H. Brooke betont, ist diese Behauptung mit Vorsicht zu genießen. John H. Brooke: »Wöhler's Urea and its Vital Force – a verdict from the Chemists.« *Ambix* 15 (1968), S. 84–114.

10 Zitate aus *The Life and Work of Friedrich Wöhler* (1800–1882). Edited by Johannes Büttner. Edition Lewicki-Büttner, Vol. 2. (Kindle Locations 1927–1933.) Verlag T. Bautz GmbH. Kindle Edition.

11 »... denn ich kann, so zu sagen, mein chemisches Wasser nicht halten und muß Ihnen sagen, daß ich Harnstoff machen kann, ohne dazu Nieren oder überhaupt ein Thier, sey es Mensch oder Hund, nöthig zu haben.« Otto Wallach (Hrsg.). *Briefwechsel zwischen J. Berzelius und F. Wöhler.* Leipzig: Engelmann 1901. Bd. 1, S. 206.

12 *The Life and Work of Friedrich Wöhler* (1800–1882). Edited by Johannes Büttner. Edition Lewicki-Büttner, Vol. 2. (Kindle Locations 1927–1933.) Verlag T. Bautz GmbH. Kindle Edition.

13 Siehe http://www.biodiversitylibrary.org/item/46624#page/2o/modehup.

14 Peter J. Ramberg. »The Death of Vitalism and the Birth of Organic Chemistry: Wöhler's Urea Synthesis and the Disciplinary Identity of Organic Chemistry.« *Ambix* 47, Nr. 3, S. 174 (November 2000).

15 Hermann Kolbe. *Ausführliches Lehrbuch der organischen Chemie.* Braunschweig: Vieweg 1854.

16 »Friedrich Wöhler orbituary«. *Scientific American Supplement,* Nr. 362 (Dezember 1882); online unter http://www.fullbooks. com/Scientific-American-Supplement-No-3621.html.

17 John H. Brooke: »Wöhler's Urea and its Vital Force – a verdict from the Chemists.« *Ambix* 15 (1968), S. 84–114.

18 Ebd.

19 John Waller. *Fabulous Science: Fact and Fiction in the History of Scientific Discovery.* Oxford: Oxford University Press 2010, S. 18.

20 Felix Alexandre le Dantec. *The Nature and Origin of Life.* Trans. Stoddard Dewey. New York: A. S. Barnes 1906.

21 A. M. Turing. »The chemical basis of morphogenesis.« *Philosophical Transactions of the Royal Society of London* B 237 (1952), S. 37–72.

22 Jonathan D Moreno. »The First Scientist to ›Play God‹ was not Craig Venter.« *Science Progress.* http://scienceprogress. org/2010/05/synbio-ethics/.

23 George Dyson. *Turing's Cathedral: The Origins of the Digital Universe.* London: Allen Lane 2012, S. 284.

24 Erwin Schrödinger. *What is Life?* (1944), S. 20–21 [dt. *Was ist Leben?* Üb. v. L. Mazurcak; München: Piper 1989, S. 56, 111].

25 Sydney Brenner. »Life's Code Script.« *Nature* 482, S. 461 (23. Februar 2012).

26 J. D. Watson und F. H. Crick. »Molecular structure of nucleic acids; a structure for deoxyribose nucleic acid.« *Nature* 171, Nr. 4356, S. 737–738 (25. April 1953).

27 A. M. Turing. »Computing Machinery and Intelligence.« *Mind,* New Series, Vol. 59, Nr. 236, S. 433–460 (Oktober 1950); online unter: http://www.loebner.net/Prizef/TuringArticle.html.

28 Ebd.

29 Mark A. Bedau. »Artificial life: organization, adaptation and complexity from the bottom up.« *Trends in Cognitive Sciences* 7, Nr. 11, S. 505–512 (November 2003); online unter: http://people. reed.edu/-mab/publications/papers/BedauTICS03.pdf.

30 George Dyson. *Turing's Cathedral: The Origins of the Digital Universe.* London: Allen Lane 2012, S. 3.

31 George Dyson. »Darwin Among the Machines; or, the Origins of [Artifical] Life.« *Edge*; online unter: http://www.edge.org/3rd_culture/dyson/dyson_p2.html.

32 Siehe Charles Ofria und Claus O. Willke. »Avida: A software platform for research in computational evolutionary biology.« *Artificial Life* 10, Nr. 2, S. 191–229 (Frühjahr 2004); online unter: http://www.mitpressjournals.org/doi/abs/10.1162/106454604773563612.

33 George Dyson. *Turing's Cathedral: The Origins of the Digital Universe.* London: Allen Lane 2012, S. 336.

34 George Dyson. »A Universe of Self-Replicating Code.« *Edge*, 26. März 2012; online unter: http://edge.org/conversation/a-universe-of-self-replicating-code/.

35 George Dyson. *Turing's Cathedral: The Origins of the Digital Universe.* London: Allen Lane 2012, S. 233.

Kapitel 3

1 O. T. Avery. Brief zitiert in R. D. Hotchkiss. »Gene, transforming principle, and DNA.« *Phage and the Origins of Molecular Biology*, hrsg. v. J. Cairns, G. S. Stent, und J. D. Watson. Cold Spring Harbor, N. Y.: Cold Spring Harbor Laboratory Press 1966.

2 Erasmus Darwin. *Zoonomia; or the Laws of Organic Life* (1794); online unter: http://books. google.co.uk/books?id=AogSAA-AAYAAJ.

3 O. T. Avery, C. M. MacLeod und M. McCarty. »Studies on the Chemical Nature of the Substance Inducing Transformation of Pneumococcal Types: Induction of Transformation by a Desoxyribonucleic Acid Fraction Isolated from Pneumococcus Type III.« *Journal of Experimental Medicine* 79, S. 137–158 (Januar 1944).

4 Jacob Stegenga. »The Chemical Characterization of the Gene: Vicissitudes of Evidential Assessment Hist.« *History and Philosophy of the Life Sciences* 33, S. 105–127 (2011).

5 F. Sanger. »The arrangement of amino acids in proteins.« *Advances in Protein Chemistry* 7, S. 1–66 (1952).

6 Antony O. W. Stretton. »The First Sequence: Fred Sanger and Insulin.« *Genetics* 126, Nr. 2, S. 527–532 (1. Oktober 2002).

7   F. Sanger. »Sequences, sequences, and sequences.« *Annual Review of Biochemistry* 57, S. 1–28 (1988).

8   A. D. Hershey und M. Chase (1952). »Independent functions of viral protein and nucleic acid in growth of bacteriophage.« *Journal of General Physiology* 36, S. 39–56 (1952).

9   Das von Franklin aufgenommene Foto 51 befindet sich heute in der wissenschaftshistorischen Sammlung des Venter Institute.

10 J. D. Watson und F. H. Crick. »Molecular structure of nucleic acids; a structure for deoxyribose nucleic acid.« *Nature* 171, Nr. 4356, S. 737–738 (25. April 1953).

11 Siehe http://oralhistories.library.caltech.edu/33/o/OH_Sinsheimer.pdf.

12 Erling Norrby. *Nobel Prizes and Life Sciences.* Singapur: World Scientific Publishing 2010.

13 D. A. Jackson, R. H. Symons und P. Berg. »Biochemical method for inserting new genetic information into DNA of simian virus 40: Circular SV40 DNA molecules containing lambda phage genes and the galactose operon of *Escherichia coli.*« *Proceedings of the National Academy of Sciences* 69, Nr. 10, S. 2904–2909 (1972).

14 R. Jaenisch und B. Mintz. »Simian Virus 40 DNA sequences in DNA of healthy adult mice derived from preimplantation blastocysts injected with viral DNA.« *Proceedings of the National Academy of Sciences* 71, Nr. 4, S. 1250–1254 (1974).

15 Joshua Lederberg. »DNA Splicing: Will Fear Rob Us of Its Benefits?« *Prism* 3, S. 33–37 (November 1975).

16 Robert Hooke. *Micrographia* (1665).

17 Ute Deichmann. »›Molecular‹ versus ›Colloidal‹ Controversies in Biology and Biochemistry, 1900–1940.« *Bulletin for the History of Chemistry* 32, Nr. 2 (2007); online unter: http://www.scs.illinois.edu/~mainzv/HIST/awards/OPA%20Papers/2009-Deichmann.pdf.

18 Bruce Alberts. »The Cell as a Collection of Protein Machines: Preparing the Next Generation of Molecular Biologists.« *Cell* 92, S. 291 (6. Februar 1998).

19 Marco Piccolino. »Biological machines: from mills to molecules.« *Nature Reviews: Molecular Cell Biology* 1, S. 149–152 (November 2000).

20 Gregory S. Engel, Tessa R. Calhoun, Elizabeth L. Read, Tae-Kyu Ahn, Tomä Mancal, Yuan-Chung Cheng, Robert E. Blankenship

und Graham R. Fleming. »Evidence for wavelike energy transfer through quantum coherence in photosynthetic systems.« *Nature* 446, S. 782–786 (12. April 2007).

21 Fleming, Graham R., Gregory D. Scholes, Yuan-Chung Cheng. »Quantum effects in biology.« *Procedia Chemistry* 3, Nr. 1, S. 38–57 (2011); online unter: www.sciencedirect.com/science/article/pii/S18766196n000507.

22 M. A. Martin-Delgado. »On Quantum Effects in a theory of Biological Evolution.« *Scientific Reports* 2, Artikel Nummer 302 (12. März 2012).

23 Joachim Frank und Rajendra Kumar Agrawal. »A ratchet-like inter-subunit reorganization of the ribosome during translocation.« *Nature* 406, S. 318–322 (20. Juli 2000).

24 Ein Ångström ist ungefähr die Länge eines Atoms: 10 Milliarden Ångström sind ein Meter.

25 Siehe http://library.cshl.edu/oralhistory/interview/cshl/memories/harry-noller-and-ribosome/.

26 C. Napoli, C. Lemieux, R. Jorgensen. »Introduction of a Chimeric Chaicone Synthase Gene into Petunia Results in Reversible Co-Suppression of Homologous Genes in trans.« *Plant Cell* 2, Nr. 4, S. 279–289 (1990).

27 E. Eden, N. Geva-Zatorsky, I. Issaeva, A. Cohen, E. Dekel, T. Danon, L. Cohen, A. Mayo und U. Alon. »Proteome haif-life dynamics in living human cells.« *Science* 331, Nr. 6018, S. 764–768 (11. Februar 2011).

28 Das Video der Proteinfaltung ist zu sehen unter http://www.youtube.com/watch?v =sD6vyfTtE4U&feature=youtu.be; siehe auch http://www.ks.uiuc.edu/Research/folding/.

29 Fei Sun, Zhibao Mi, Steven B. Condliffe, Carol A. Bertrand, Xiaoyan Gong, Xiaoli Lu, Ruilin Zhang, Joseph D. Latoche, Joseph M. Pilewski, Paul D. Robbins und Raymond A. Frizzell. »Chaperone displacement from mutant cystic fibrosis transmembrane conductance regulator restores its function in human airway epithelia.« *FASEB Journal* 22, Nr. 9, S. 3255–3263 (2. September 2008).

30 Varshavsky Alexander. »The N-end rufe pathway of protein degradation.« *Genes to Cells* 2, Nr. 1, S. 13–28 (1997).

31 George Oster und Hongyun Wang. »How Protein Motors Convert Chemical Energy into Mechanical Work«. In: M. Schliwa (Hrsg.). *Molecular Motors.* Weinheim: Wiley-VCH 2003; on-

line unter: http://users.soe.ucsc.edu/-hongwang/publications/ Schliwa_o8.pdf.

32 Ebd.

Kapitel 4

1 Sydney Brenner. »Biochemistry Strikes Back.« In. Jan Witkowski (Hrsg.). *The Inside Story. DNA to RNA to Protein.* Cold Spring Harbour, NY: Cold Spring Harbour Laboratory Press 2005, S. 367.

2 Walter Gilbert und Allan Maxam. »The Nucleotide Sequence of the lac Operator.« *Proceedings of the National Academy of Science* 70, Nr. 12, Part 1, S. 3581–3584 (1973).

3 R. W. Holley, G. A. Everett, J. T. Madison und A. Zamir. »Nucleotide Sequences In The Yeast Alanine Transfer Ribonucleic Acid.« *Journal of Biological Chemisty* 240, Nr. 5, S. 2122–2128 (Mai 1965).

4 G. G. Brownlee, F. Sanger und B. G. Barrell (1967). »Nucleotide sequence of 5S-ribosomal RNA from Escherichia coli.« *Nature* 215, Nr. 5102, S. 735–736 (1967).

5 F. Sanger, G. M. Air, B. G. Barrell, N. L. Brown, A. R. Coulson, C. A. Fiddes, C. A. Hutchison, P. M. Slocombe et al. »Nucleotide sequence of bacteriophage φX174 DNA.« *Nature* 265, Nr. 5596, S. 687–695 (1977).

6 Siehe http://oralhistories.library.caltech.edu/33/.

7 J. Craig Venter. *Entschlüsselt: mein Genom, mein Leben*, üb. v. S. Vogel. Frankfurt am Main: S. Fischer 2009.

8 Frederick Sanger, Nobelpreisvortrag, 8. Dezember 1980.

9 F. Z. Chung, K. U. Lentes, J. Gocayne, M. Fitzgerald, D. Robinson, A. R. Kerlavage, C. M. Fraser und J. C. Venter. »Cloning and sequence analysis of the human brain beta-adrenergic receptor. Evolutionary relationship to rodent and avian beta-receptors and porcine muscarinic receptors.« *FEBS Letters* 211, Nr. 2, S. 200–206 (26. Januar 1987).

10 Lloyd M. Smith, Jane Z. Sanders, Robert J. Kaiser, Peter Hughes, Chris Dodd, Charles R. Connell, Cheryl Heiner, Stephen B. H. Kent und Leroy E. Hood. »Fluorescence detection in automated DNA sequence analysis.« *Nature* 321, S. 674–679 (12. Juni 1986).

11 M. D. Adams, J. M. Kelley, J. D. Gocayne, M. Dubnick, M. H. Po-
lymeropoulos, H. Xiao, C. R. Merril, A. Wu, B. Olde, R. E Moreno
et al. »Complementary DNA sequencing: Expressed sequence
tags and human genome project.« *Science* 252, S. 1651–1656
(1991).

12 J. Craig Venter. *A Life Decoded: My Genome: My Life.* New
York: Viking 2007 [dt. *Entschlüsselt: mein Genom, mein Leben*,
üb. v. S. Vogel. Frankfurt am Main: S. Fischer 2009].

13 Ebd.

14 Ebd.

15 C. M. Fraser, J. D. Gocayne, O. White, M. D. Adams, R. A. Clayton,
R. Fleischmann, C. J. Bult, A. R. Kerlavage, G. Sutton, J. M. Kel-
ley, J. L. Fritchn, J. F. Weidman, K. V. Small, M. Sandusky, J. Fuhr-
mann, D. Nguyen, T. R. Utterback, D. M. Saudek, C. A. Phillips,
J. M. Merrick, J. Tomb, B. A. Dougherty, K. F. Bott, P. Hu, T. S. Lu-
cier, S. N. Peterson, H. O. Smith, C. A. Hutchison und J. C. Venter.
»The Minimal Gene Complement of *Mycoplasma genitalium*.«
Science 270, S. 397–403 (1995).

16 M. G. Lee und P. Nurse. »Complementation used to clone a
human homologue of the fission yeast cell cycle control gene
cdc2.« *Nature* 327, S. 31–35 (1987).

17 Eugene V. Koonin, Arcady R. Mushegian und Kenneth E. Rudd.
»Sequencing and analysis of bacterial genomes.« *Current Biology* 6, Nr. 4, S. 404–416 (1996).

18 Carl R. Woese und George E. Fox (1977). »Phylogenetic structure
of the prokaryotic domain: the primary kingdoms.« *Proceedings
of the National Academy of Sciences* 74, Nr. 11, S. 5088–5090
(1977).

19 C. J. Bult, O. White, G. J. Olsen, L. Zhou, R. D. Fleischmann,
G. G. Sutton, J. A. Blake, L. M. FitzGerald, R. A. Clayton, J. D. Go-
cayne, A. R. Kerlavage, B. A. Dougherty, J. F. Tomb, M. D. Adams,
C. I. Reich, R. Overbeek, E. F. Kirkness, K. G. Weinstock,
J. M. Merrick, A. Glodek, J. L. Scott, S. M. Geoghagen, J. F. Weidman, J. L. Fuhrmann, D. Nguyen, T. R. Utterback, J. M. Kelley,
J. D. Peterson, P. W. Sadow, M. C. Hanna, M. D. Cotton, K. M. Roberts, M. A. Hurst, B. P. Kaine, M. Borodovsky, H. P. Klenk,
C. M. Fraser, H. O. Smith, C. R. Woese und J. C. Venter. »Complete Genome Sequence of the Methanogenic Archaeon, *Methanococcus jannaschii*.« *Science* 372, S. 1058–1073 (1996).

20 J. Craig Venter. *A Life Decoded: My Genome: My Life.* New

York: Viking 2007 [dt. *Entschlüsselt: mein Genom, mein Leben*, üb. v. S. Vogel. Frankfurt am Main: S. Fischer 2009].

21 Simonetta Gribaldo, Anthony M. Poole, Vincent Daubin, Patrick Forterre und Celine Brochier-Armanet. »The origin of eukaryotes and their relationship with the Archaea: are we at a phylogenomic impasse?« *Nature Reviews: Microbiology* 8, S. 743–752 (Oktober 2010). doi:10.1038/nrmicro2426.

22 D. Raoult, M. Drancourt, S. Azza et al. (Februar 2008). »Nanobacteria Are Mineralo Fetuin Complexes.« *PLoS Pathogens* 4, Nr. 2: e41 (Februar 2008). J. M. Garcia-Ruiz, E. Melero-Garcia und S. T. Hyde. »Morphogenesis of self-assembled nanocrystalline materials of barium carbonate and silica.« *Science* 323, Nr. 5912, S. 362–365 (Januar 2009).

23 J.-E. Tomb, O. White, A. R. Kerlavage, R. A. Clayton, G. G. Sutton, R. D. Fleischmann, K. A. Ketchum, H.-P. Klenk, S. Gill, B. A. Dougherty, K. Nelson, J. Quackenbush, L. Zhou, E. F. Kirkness, S. Peterson, B. Loftus, D. Richardson, R. Dodson, H. G. Khalak, A. Glodek, K. McKenney, L. M. Fitzgerald, N. Lee, M. D. Adams, E. K. Hickey, D. E. Berg, J. D. Gocayne, T. R. Utterback, J. D. Peterson, J. M. Kelley, M. D. Cotton, J. M. Weidman, C. Fujii, C. Bowman, L. Whatthey, E. Wallin, W. S. Hayes, M. Borodovsky, P. D. Karp, H. O. Smith, C. M. Fraser und J. C. Venter. »The Complete Genome Sequence of the Gastric Pathogen *Helicobacter pylori*.« *Nature* 388, S. 539–547 (1997).

24 Siehe http://www.nobelprize.org/nobel_prizes/medicine/laureates/2005/marshall-cv.html.

25 H. P. Klenk et al. »The Complete Genome Sequence of the Hyperthermophilic, Sulphate-Reducing Archaeon *Archaeoglobus fulgidu*.« *Nature* 390, S. 364–370 (1997).

26 A. Goffeau, B. G. Barrell, H. Bussey, R. W. Davis, B. Dujon, H. Feldmann, F. Galibert, J. D. Hoheisel, C. Jacq, M. Johnston, E. J. Louis, H. W. Mewes, Y. Murakami, P. Philippsen, H. Tettelin und S. G. Oliver. »Life with 6000 genes.« *Science* 274, Nr. 5287, S. 546, S. 563–567 (1996).

27 Siehe http://www.nobelprize.org/nobel_prizes/medicine/laureates/1983/press.html.

Kapitel 5

1 Siehe http://www.presidency.ucsb.edu/ws/index.php?pid=28606.
2 Sinsheimer: »Die beiden kleinsten Bakterienviren, die man in der Literatur finden konnte, waren der in England entdeckte S13 und Phi X 174, den man in Frankreich entdeckt hatte. Nun kann man fragen: ›Und wie wurden sie entdeckt?‹ Die Leute haben in gewisser Weise einfach Viren in Kategorien eingeteilt. Sie nahmen ein wenig Abwasser aus der Kanalisation von Paris und untersuchten, wie viele Viren zu finden waren, wie viele Wirtszellen es gab, auf denen man sie ausplattieren konnte, und wie die Plaques aussahen. Der Name Phi X 174 bedeutet, dass es sich um das 174. Virus in der zehnten gefundenen Phagenserie handelte. Eine andere Bedeutung hat der Name nicht. Es war die zehnte Versuchsreihe, die man angestellt hatte – das X ist eigentlich eine 10.«
Siehe http://oralhistories.library.caltech.edu/33/0/OH_Sinsheimer.pdf.
3 Siehe http://www.presidency.ucsb.edu/ws/index.php?pid=28606#axznufDunxa6.
4 »Creating Life in the Test Tube.« Arthur Kornberg Papers, 1959–1970. National Library of Medicine. Kornberg DNA Synthesis references: »Closer to Synthetic Life.« *Time* 90, S. 66 (22. Dezember 1967). »Viable Synthetic DNA.« *Science News* 92, S. 629–630 (30. Dezember 1967).
5 S. Nagata, H. Taira, A. Hall, L. Johnsrud, M. Streuli, J. Ecsödi et al. »Synthesis in E. coli of a polypeptide with human leukocyte interferon activity.« *Nature* 284, S. 316–320 (1980).
6 M. A. Billeter, J. E. Dahlberg, H. M. Goodman, J. Hindley und C. Weissmann. »Sequence of the first 175 nucleotides from the 5′ terminus of Qbeta RNA synthesized in vitro.« *Nature* 224, S. 1083–1086 (1969).
7 Charles Weissmann. »End of the Road.« *Prion* 6, Nr. 2, S. 97–104 (1. April 2012). doi: 10.4161/pri.19778.
8 T. Taniguchi, M. Palmieri und C. Weissmann. »QB DNA-containing hybrid plasmids giving rise to QB phage formation in the bacterial host.« *Nature* 274, S. 223–228 (1978).
9 V. R. Racaniello und D. Baltimore. »Molecular cloning of poliovirus cDNA and determination of the complete nucleotide sequence of the viral genome.« *Proceedings of the National Academy of Sciences* 78, S. 4887–4891 (1981).

10 Siehe Fußnote 9 in Keril J. Blight, Alexander A. Kolykhalov und Charles M. Rice. »Efficient Initiation of HCV RNA Replication in Cell Culture.« *Science* 290, Nr. 5498, S. 1972–1974 (8. Dezember 2000).

11 Eckard Wimmer, Steffen Mueller, Terrence M. Tumpey und Jeffery K. Taubenberger. »Synthetic viruses: a new opportunity to understand and prevent viral disease.« *Nature Biotechnology* 27, Nr. 12, S. 1163 (Dezember 2009).

12 J. Craig Venter, Karin Remington, John F. Heidelberg, Aaron L. Halpern, Doug Rusch, Jonathan A. Eisen, Dongying Wu, Ian Paulsen, Karen E. Nelson, William Nelson, Derrick E. Fouts, Samuel Levy, Anthony H. Knap, Michael W. Lomas, Ken Nealson, Owen White, Jeremy Peterson, Jeff Hoffman, Rachel Parsons, Holly Baden-Tillson, Cynthia Pfannkoch, Yu-Hui Rogers und Hamilton O. Smith. »Environmental Genome Shotgun Sequencing of the Sargasso Sea.« *Science* 304, Nr. 5667, S. 66–74 (2. April 2004).

13 Siehe http://oralhistories.library.caltech.edu/33/0/OH_Sinsheimer.pdf.

14 Walter Fiers und Robert L. Sinsheimer. »The structure of the DNA of bacteriophage φX174, III: Ultracentrifugal evidence for a ring structure.« *Journal of Molecular Biology* 5, Nr. 4, S. 424–434 (Oktober 1962).

15 Jeronimo Cello, Aniko V. Paul und Eckard Wimmer. »Chemical Synthesis of Poliovirus cDNA: Generation of Infectious Virus in the Absence of Natural Template.« *Science* 297, Nr. 5583, S. 1016–1018 (9. August 2002). doi:10.1126/science.1072266.

16 Siehe http://www.fbi.gov/about-us/history/famous-cases/anthrax-amerithrax/ amerithrax-investigation.

17 Siehe http://www.umass.edu/legal/derrico/amherst/lord_jeff.html.

18 Siehe http://www.who.int/mediacentre/factsheets/smallpox/en/index.html.

19 Mildred K. Cho, David Magnus, Arthur L. Caplan, Daniel McGee und die Ethics of Genomics Group. »Ethical Considerations in Synthesizing a ›Minimal Genome‹.« *Science* 286, Nr. 5447, S. 2087–2090 (10. Dezember 1999).

20 George Church und Ed Regis. *Regenesis: How Synthetic Biology Will Reinvent Nature and Ourselves.* New York: Basic Books 2012, S. 9.

21 Mildred K. Cho et al. »Ethical Considerations in Synthesizing a Minimal Genome.« *Science* 286, Nr. 5447, S. 2087–2090 (10. Dezember 1999).
22 Kenneth I. Berns, Arturo Casadevall, Murray L. Cohen, Susan A. Ehrlich, Lynn W. Enquist, J. Patrick Fitch, David R. Franz, Claire M. Fraser-Ligett, Christine M. Grant, Michael J. Imperiale, Joseph Kanabrocki, Paul S. Keim, Stanley M. Lemon, Stuart B. Levy, John R. Lumpkin, Jeffrey F. Miller, Randall Murch, Mark E. Nance, Michael T. Osterholm, David A. Relman, James A. Roth und Anne K. Vidaver. »Policy: Adaptations of avian flu virus are a cause for concern.« *Nature* 482, S. 153–154 (9. Februar 2012). doi:10.1038/482153a.

Kapitel 6

1 Samuel Butler. *Erewhon*. 1872, S. 318–319 [dt. *Erewhon*, üb. v. F. Güttinger. Frankfurt am Main: Eichborn 1981, S. 276].
2 Mirel oder Polyhydroxybutyrat.
3 Siehe http://www.scarabgenomics.com/.
4 Farren J. Isaacs, Peter A. Carr, Harris H. Wang, Marc J. Lajoie, Bram Sterling, Laurens Kraal, Andrew C. Tolonen, Tara A. Gianoulis, Daniel B. Goodman, Nikos B. Reppas, Christopher J. Emig, Duhee Bang, Samuel J. Hwang, Michael C. Jewett, Joseph M. Jacobson und George M. Church. »Precise manipulation of chromosomes in vivo enables genome-wide codon replacement.« *Science* 333, Nr. 6040, S. 348–353 (15. Juli 2011).
5 Tae Seok Moon, Chunbo Lou, Alvin Tamsir, Brynne C. Stanton und Christopher A. Voigt. »Genetic programs constructed from layered logic gates in single cells.« *Nature* 491, S. 249–253 (8. November 2012).
6 Piro Siuti, John Yazbek und Timothy K. Lu. »Synthetic circuits integrating logic and memory in living cells.« *Nature Biotechnology* 31, S. 448–452 (2013). doi:10.1038/nbt.2510.
7 S. Wuchty, B. F. Jones und B. Uzzi. »The increasing dominance of teams in production of knowledge.« *Science* 316, Nr. 5827, S. 1036–1039 (2007).
8 Kira J. Weissman und Peter F. Leadlay. »Combinatorial biosynthesis of reduced polyketides.« *Nature Reviews: Microbiology* 3, S. 925–936 (Dezember 2005).

9 Richard E. Green, Johannes Krause, Adrian W. Briggs, Tomislav
Maricic, Udo Stenzel, Martin Kircher, Nick Patterson, Heng Li,
Weiwei Zhai, Markus Hsi-Yang Fritz, Nancy F. Hansen, Eric
Y. Durand, Anna-Sapfo Malaspinas, Jeffrey D. Jensen, Tomas
Marques-Bonet, Can Alkan, Kay Prüfer, Matthias Meyer,
Hernan A. Burbano, Jeffrey M. Good, Rigo Schultz, Ayinuer
Aximu-Petri, Anne Butthof, Barbara Höben, Barbara Höffner,
Madlen Siegemund, Antje Weihmann, Chad Nusbaum, Eric
S. Lander, Carsten Russ, Nathaniel Novod, Jason Affourtit,
Michael Egholm, Christine Verna, Pavao Rudan, Dejana Brajko-
vic, Zeljko Kucan, Ivan Gugic, Vladimir B. Doronichev, Liubov
V. Golovanova, Carles Lalueza-Fox, Marco de la Rasilla, Javier
Fortea, Antonio Rosas, Ralf W. Schmitz, Philip L. F. Johnson,
Evan E. Eichler, Daniel Falush, Ewan Birney, James C. Mullikin,
Montgomery Slatkin, Rasmus Nielsen, Janet Kelso, Michael
Lachmann, David Reich und Svante Pääbo. »A Draft Sequence
of the Neandertal Genome.« *Science* 328, Nr. 5979, S. 710–722
(7. Mai 2010).

10 Siehe http://mammoth.psu.edu/index.html.

11 George Church und Ed Regis. *Regenesis: How Synthetic Biology Will Reinvent Nature and Ourselves.* New York: Basic Books
2012, S. 11.

12 O. White, J. A. Eisen, J. F. Heidelberg, E. K. Hickey, J. D. Peterson,
R. J. Dodson, D. H. Haft, M. L. Gwinn, W. C. Nelson, D. L. Ri-
chardson, K. S. Moffat, H. Qin, L. Jiang, W. Pamphile, M. Crosby,
M. Shen, J. J. Vamathevan, P. Lam, L. McDonald, T. Utterback,
C. Zalewski, K. S. Makarova, L. Aravind, M. J. Daly, K. W. Min-
ton, R. D. Fleischmann, K. A. Ketchum, K. E. Nelson, S. Salzberg,
H. O. Smith, J. C. Venter und C. M. Fraser. »Complete Genome
Sequencing of the Radioresistant Bacterium, *Deinococcus radio-
durans* R1.« *Science* 286, Nr. 5444, S. 1571–1577 (19. November
1999).

13 J. C. Venter und C. Yung (Hrsg.). *Target-Size Analysis of Membrane Proteins.* New York: Alan R. Liss 1987.

14 Mitsuhiro Itaya, Kenji Tsuge, Maki Koizumi und Kyoko Fujita.
»Combining two genomes in one cell: Stable cloning of the Sy-
nechocystis PCC6803 genome in the *Bacillus subtilis* 168 genome.« *Proceedings of the National Academy of Science* 102,
Nr. 44, S. 15971–15976 (2005). doi:10.1073/pnas.0503868102.

15 V. Larionov, N. Kouprina, J. Graves, X. N. Chen, J. R. Korenberg

und M.A. Resnick. »Specific cloning of human DNA as yeast artificial chromosomes by transformation-associated recombination.« *Proceedings of the National Academy of Science* 93, Nr. 1, S. 491–496 (1996).

Kapitel 7

1 Thomas S. Kuhn. *The Structure of Scientific Revolutions.* Chicago: University of Chicago Press 1962, S. 84–85 [dt. *Die Struktur wissenschaftlicher Revolutionen,* üb. bearb. v. H. Vetter. Frankfurt am Main: Suhrkamp 1976, S. 97/98].

2 C. Lartigue, J. I. Glass, N. Alperovich, R. Pieper, P. P. Parmar, C. A. Hutchison III, H. O. Smith und J. C. Venter. »Genome transplantation in bacteria: changing one species to another.« *Science* 317, Nr. 5838, S. 632–638 (3. August 2007).

3 L. Wilmut, A. E. Schnieke, J. McWhir, A. J. Kind und K. H. Campbell. »Viable offspring derived from fetal and adult mammalian cells.« *Nature* 385, Nr. 6619, S. 810–813 (1997).

4 I. Wilmut und R. Highfield. *After Dolly: The Uses and Misuses of Human Cloning.* New York: Norton 2006.

5 S. M. Willadsen. »Nuclear transplantation in sheep embryos.« *Nature* 320, S. 63–65 (6. März 1986); online unter: http://www.nature.com/nature/journal/v320/n6057/abs/320063a0.html.

6 H. Spemann. *Embryonic Development and Induction.* New Haven, CT: Yale University Press 1938.

7 J. B. Gurdon. »The developmental capacity of nuclei taken from intestinal epithelium cells of feeding tadpoles.« *Journal of Embryology and Experimental Morphology* 34, S. 93–112 (1962).

8 Siehe http://www.nobelprize.org/nobel_prizes/medicine/laureates/2012/press.html#. Siehe auch I. Wilmut und R. Highfield. *After Dolly: The Uses and Misuses of Human Cloning.* New York: Norton 2006.

9 J. F. Heidelberg, J. A. Eisen, W. C. Nelson, R. A. Clayton, M. L. Gwinn, R. J. Dodson, D. H. Haft, E. K. Hickey, I. D. Peterson, L. Umayam, S. R. Gill, K. E. Nelson, T. D. Read, H. Tettelin, D. Richardson, M. D. Ermolaeva, J. Vamathevan, S. Bass, H. Qin, I. Dragoi, P. Seilers, L. McDonald, T. Utterback, R. D. Fleishmann, W. C. Nierman, O. White, S. L. Salzberg, H. O. Smith, R. R. Colwell, J. J. Mekalanos, J. C. Venter und C. M. Fraser. »DNA se-

quence of both chromosomes of the cholera pathogen *Vibrio cholerae.*« *Nature* 406, Nr. 6795, S. 477–483 (3. August 2000).

10 Weltgesundheitsorganisation. »Cholera Fact Sheet No. 107.« August 2011; online unter http://www.who.int/mediacentre/factsheets/fs107/en/index.html.

11 A. Fischer, B. Shapiro, C. Muriuki, M. Heller, C. Schnee et al. »The Origin of the *Mycoplasma mycoides* Cluster' Coincides with Domestication of Ruminants.« *PLoS ONE* 7, Nr. 4: e36150 (2012).

12 DNA kann sich nur dann im überspiralisierten Zustand befinden, wenn sie völlig unversehrt ist. Einzel- oder Doppelstrangbrüche führen immer dazu, dass die Überspiralisierung sich auflöst.

13 Der Gedanke geht vermutlich mindestens bis auf Laplace zurück; er sagte: »Das Gewicht der Belege für eine außergewöhnliche Behauptung muss proportional zu ihrer Seltsamkeit sein.«

Kapitel 8

1 »In ›The Value of Science‹, *What Do You Care What Other People Think?*« (1988, 2001), S. 247. Gesammelt in Richard Feynman. *The Pleasure of Finding Things Out* (2000) [dt. *es ist so einfach: vom Vergnügen, Dinge zu entdecken*, üb. v. I. Leipold. München: Piper 2001, S. 104].

2 H. Gardner. *Creating Minds: An Anatomy of Creativity Seen through the Lives of Freud, Einstein, Picasso, Stravinsky, Eliot, Graham, and Ghandi.* New York: Harper Collins 1993 [dt. *So genial wie Einstein: Schlüssel zum kreativen Denken*, üb. v. U. Spengler. Stuttgart: Klett-Cotta 1996].

3 Siehe http://www.nobelprize.org/nobel_prizes/chemistry/laureates/2008/shimomura.html.

4 C. Lartigue, S. Vashee, M. A. Algire, R. Y. Chuang, G. A. Benders, L. Ma, V. N. Noskov, E. A. Denisova, D. G. Gibson, N. Assad-Garcia, N. Alperovich, D. W. Thomas, C. Merryman, C. A. Hutchison III, H. O. Smith, J. C. Venter und J. I. Glass. »Creating bacterial strains from genomes that have been cloned and engineered in yeast.« *Science* 325, Nr. 5948, S. 1693–1696 (25. September 2009). doi:10.1126/science.1173759. Gwynedd A. Benders, Vladimir N. Noskov, Evgeniya A. Denisova, Carole Lartigue, Daniel

G.Gibson, Nacyra Assad-Garcia, Ray-Yuan Chuang, William Carrera, Monzia Moodie, Mikkel A.Algire, Quang Phan, Nina Alperovich, Sanjay Vashee, Chuck Merryman, J.Craig Venter, Hamilton O.Smith, John I.Glass und Clyde A.Hutchison III. »Cloning whole bacterial genomes in yeast.« *Nucleic Acids Research* 38, Nr.8, S.2558–2569 (Mai 2010). doi:10.1093/nar/gkq119.

D.G.Gibson, G.A.Benders, K.C.Axelrod, J.Zaveri, M.A.Algire, M.Moodie, M.G.Montague, J.C.Venter, H.O.Smith und C.A.Hutchison III. »One-step assembly in yeast of 25 overlapping DNA fragments to form a complete synthetic *Mycoplasma genitalium* genome.« *Proceedings of the National Academy of Science* 105, S.20404–20409 (2008).

5 Carole Lartigue, Sanjay Vashee, Mikkel A.Algire, Ray-Yuan Chuang, Gwynedd A.Benders, Li Ma, Vladimir N.Noskov, Evgeniya A.Denisova, Daniel G.Gibson, Nacyra Assad-Garcia, Nina Alperovich, David W.Thomas, Chuck Merryman, Clyde A.Hutchison III, Hamilton O.Smith, J.Craig Venter und John I.Glass. »Creating Bacterial Strains from Genomes That Have Been Cloned and Engineered in Yeast.« *Science* 325, Nr.5948, S.1693–1696 (25.September 2009).

6 Bei Windows XP sind es beispielsweise etwa 45 Millionen. Siehe http://www facebook.com/windows/posts/155741344475532.

7 Daniel G.Gibson, John I.Glass, Carole Lartigue, Vladimir N.Noskov, Ray-Yuan Chuang, Mikkel A.Algire, Gwynedd A.Benders, Michael G.Montague, Li Ma, Monzia M.Moodie, Chuck Merryman, Sanjay Vashee, Radha Krishnakumar, Nacyra Assad-Garcia, Cynthia Andrews-Pfannkoch, Evgeniya A.Denisova, Lei Young, Zhi-Qing Qi, Thomas H.Segall-Shapiro, Christopher H.Calvey, Prashanth P.Parmar, Clyde A.Hutchison III, Hamilton O.Smith und J.Craig Venter. »Creation of a Bacterial Cell Controlled by a Chemically Synthesized Genome.« *Science* 329, Nr.5987, S.52–56 (2.Juli 2010).

Kapitel 9

1 Daniel E.Koshland, Jr. »The Seven Pillars of Life.« *Science* 295, Nr. 5563, S. 2215–2216 (22. März 2002). doi:10.1126/sciencem 68489.

2 Robert B. Leighton und Richard Feynman. *The Feynman Lectures on Physics.* Band I, 8–2. Boston: Addison-Wesley 1964.

3 Ian Sample. »Craig Venter creates synthetic life form«, *Guardian*, 20. Mai 2010; online unter http://www.guardian.co.uk/science/2m/may/2o/craig-venter-synthetic-life-form.

4 Phillip F. Schewe. *Maverick Genius: The Pioneering Odyssey of Freeman Dyson.* New York: Thomas Dunne 2013.

5 Nicholas Wade. »Researchers Say They Created a ›Synthetic Cell‹.« *New York Times*, 20. Mai 2010; online unter http://www.nytimes.com/2010/05/21/science/21cell.html.

6 Siehe Leveson Inquiry: http://www.levesoninquiry.org.uk/.

7 Fiona Macrae. »Scientist Accused of Playing God after Creating Artificial Life by Making Designer Microbnes from Scratch – But Could It Wipe Out Humanity?« *Daily Mail*, 3. Juni 2010; online unter: http://www.dailymail.co.uk/sciencetech/article-1279988/Artificial-life-created-Craig-Venter-wipe-humanity.html.

8 New Directions: The Ethics of Synthetic Biology and Emerging Technologies. Presidential Commission for the Study of Bioethical Issues. Washington D.C., Dezember 2010; http://www.bioethics.gov.

9 »Vatican greets development of first synthetic cell with caution.« *The Catholic Transcript Online*; http://www.catholictranscript.org/about/1492-vatican-greets-development-of-first-synthetic-cell-with-caution.html.

10 Text online unter http://life.ou.edu/pubs/fatm/.

11 Paul Nurse. »Wee beasties.« *Nature* 432, Nr. 7017, S. 557 (Dezember 2004).

12 Shao Jun Du, Zhiyuan Gong, Garth L. Fletcher, Margaret A. Shears, Madonna J. King, David R. Idler und Choy L. Hew. »Growth Enhancement in Transgenic Atlantic Salmon by the Use of an All Fish' Chimeric Growth Hormone Gene Construct.« *Bio/Technology* 10, Nr. 2, S. 176–181 (1992).

13 William B. Whitman, David C. Coleman und William J. Wiebe (1998). »Prokaryotes: The unseen majority.« *Proceedings of the National Academy of Sciences* 95, Nr. 12, S. 6578–6583 (1998). doi:10.1073/pnas.95.12.6578.

14 Francis Crick. *Life Itself: Its Origin and Nature.* New York: Simon and Schuster 1981 [dt. *Das Leben selbst: sein Ursprung, seine Natur*, üb. v. F. Griese. München: Piper 1983].

15 C. C. Price. »The new era in science.« *Chemical and Engeneering News* 43, Nr. 39, S. 90 (1965).

16 Stanley L. Miller. »Production of Amino Acids Under Possible Primitive Earth Conditions.« *Science* 117, Nr. 3046, S. 528–529 (Mai 1953).

17 J. Oró und A. P. Kimball. »Synthesis of purines under possible primitive earth conditions. I. Adenine from hydrogen cyanide.« *Archives of Biochemistry and Biophysics* 94, S. 217–227 (August 1961). J. Oró und S. S. Kama. »Amino-acid synthesis from hydrogen cyanide under possible primitive earth conditions.« *Nature* 190, Nr. 4774, S. 442–443 (April 1961). J. Oró in S. W. Fox (Hrsg.). *Origins of Prebiological Systems and of Their Molecular Matrices.* New York: Academic Press 1967, S. 137.

18 Thomas R. Cech. »The RNA worlds in context.« *Cold Spring Harbor Perspectives in Biology* 4, Nr. 7 (1. Juli 2012); online unter: http://cshperspectives.cshlp.org/content/4/7/a006742.

19 Carl Woese. *The Genetic Code.* New York: Harper and Row 1967.

20 K. Kruger, P. J. Grabowski, A. J. Zaug, J. Sands, D. E. Gottschling und T. R. Cech. »Self-splicing RNA: autoexcision and autocyclization of the ribosomal RNA intervening sequence of Tetrahymena.« *Cell* 31, Nr. 1, S. 147–157 (November 1982).

21 C. Guerrier-Takada, K. Gardiner, T. Marsh, N. Pace und S. Altman (1983). »The RNA moiety of ribonuclease P is the catalytic subunit of the enzyme.« *Cell* 35, Nr. 3, Part 2, S. 849–857 (1983).

22 Den Chemie-Nobelpreis 1989 erhielten Thomas R. Cech und Sidney Altman »für ihre Entdeckung der katalytischen Eigenschaften von RNA«.

23 Einen aktuellen Überblick liefert David Deamer. *First Life: Discovering the Connections Between Stars, Cells and How Life Began.* Berkeley und Los Angeles: University of California Press 2011.

24 Jack Szostak erhielt 2009 zusammen mit Elizabeth Blackburn und Carol W. Greider den Nobelpreis für Medizin oder Physiologie für die Entdeckung der Wege, auf denen Chromosomen durch Telomere geschützt werden.

25 Jack W. Szostak, David P. Bartel und P. Luigi Luigi. »Synthesizing life.« *Nature* 409, S. 387–390 (18. Januar 2001).

26 Rich Roberts, der heute bei New England Biolabs arbeitet, teilte sich 1993 den Nobelpreis für Physiologie oder Medizin mit

Phillip Sharp für die Entdeckung der Introns in Eukaryonten-DNA und des Spleißmechanismus der Gene.

27 I. A. Chen, R. W. Roberts und J. W. Szostak. »The emergence of competition between model protocells.« *Science* 305, S. 1474–1476 (3. September 2004).

28 Kurt J. Isselbacher. »Paul C. Zamecnik (1912–2009).« *Science* 326, Nr. 5958, S. 1359 (4. Dezember 2009).

29 M. W. Nirenberg und H. J. Matthaei. »The Dependence Of Cell-Free Protein Synthesis In *E. coli* Upon Naturally Occurring Or Synthetic Polyribonucleotides.« *Proceedings of the National Academy of Sciences* 47, Nr. 10, S. 1588–1602 (1961).

30 Y. Shimizu et al. »Cell-free translation reconstituted with purified components.« *Nature Biotechnology* 19, S. 751–755 (2001).

31 Geoff Baldwin, Travis Bayer, Robert Dickinson, Tom Ellis, Paul S. Freemont, Richard I. Kitney, Karen Polizzi und Guy-Bart Stan. *Synthetic Biology: A Primer*. London: Imperial College Press 2012, S. 142.

32 Mansi Srivastava, Oleg Simakov, Jarrod Chapman, Bryony Fahey, Marie E. A. Gauthier, Therese Mitros, Gemma S. Richards, Cecilia Conaco, Michael Dacre, Uffe Hellsten, Claire Larroux, Nicholas H. Putnam, Mario Stanke, Maja Adamska, Aaron Darling, Sandie M. Degnan, Todd H. Oakley, David C. Plachetzki, Yufeng Zhai, Marcin Adamski, Andrew Calcino, Scott F. Cummins, David M. Goodstein, Christina Harris, Daniel J. Jackson et al. »The *Amphimedon queenslandica* genome and the evolution of animal complexity.« *Nature* 466, S. 720–726 (5. August 2010). doi:10.1038/nature09201.

33 K. W. Jeon, I. J. Lorch und J. F. Danielli. »Reassembly of Living Cells from Dissociated Components.« *Science* 167, Nr. 3925, S. 1626–1627 (20. März 1970).

Kapitel 10

1 Charles Darwin. *On the Origin of Species* (1859) [dt. *Die Entstehung der Arten*, üb. v. V. Carus. Nachdruck Darmstadt: Wissenschaftliche Buchgesellschaft 1992].

2 Siehe http://vph-noe.eu.

3 D. Noble. »Cardiac Action and Pacemaker Potentials based

on the Hodgkin-Huxley Equations.« *Nature* 188, S. 495–497 (5. November 1960).

4 D. Noble. »From the Hodgkin–Huxley axon to the virtual heart.« *Journal of Physiology* 580, Nr. 1, S. 15–22 (1. April 2007). doi:10.1113/jphysiol.2006.119370.

5 Siehe http://www.humanbrainproject.eu/.

6 Siehe http://europa.eu/rapid/press-release_IP-13-54_en.htm.

7 Nobuyoshi Ishii, Kenji Nakahigashi, Tomoya Baba, Martin Robert, Tomoyoshi Soga, Akio Kanai, Takashi Hirasawa, Miki Naba, Kenta Hirai, Aminul Hoque, Pei Yee Ho, Yuji Kakazu, Kaori Sugawara, Saori Igarashi, Satoshi Harada, Takeshi Masuda, Naoyuki Sugiyama, Takashi Togashi, Miki Hasegawa, Yuki Takai, Katsuyuki Yugi, Kazuharu Arakawa, Nayuta Iwata, Yoshihiro Toya, Yoichi Nakayama, Takaaki Nishioka, Kazuyuki Shimizu, Hirotada Mori und Masaru Tomita. »Multiple High-Throughput Analyses Monitor the Response of *E. coli* to Perturbations.« *Science* 316, Nr. 5824, S. 593 (27. April 2007).

8 Siehe http://wholecell.stanford.edu/.

9 Siehe http://wholecellkb.stanford.edu/.

10 W. C. Nierman, T. V. Feldblyum, M. T. Laub, I. T. Paulsen, K. E. Nelson, J. A. Eisen, J. F. Heidelberg, M. R. Alley, N. Ohta, J. R. Maddock, I. Potocka, W. C. Nelson, A. Newton, C. Stephens, N. D. Phadke, B. Ely, R. T. DeBoy, R. J. Dodson, A. S. Durkin, M. L. Gwinn, D. H. Haft, J. E. Kolonay, J. Smit, M. B. Craven, H. Khouri, J. Shetty, K. Berry, T. Utterback, K. Tran, A. Wolf, J. Vamathevan, M. Ermolaeva, O. White, S. L. Salzberg, J. C. Venter, L. Shapiro und C. M. Fraser. »Complete genome sequence of *Caulobacter crescentus.*« *Proceedings of the National Academy of Science* 98, Nr. 7, S. 4136–4141 (27. März 2001); siehe auch Erratum in *Proceedings of the National Academy of Science* 98, Nr. 11, S. 6533 (22. Mai 2001).

11 Beat Christen, E. Abeliuk, J. M. Collier, V. S. Kalogeraki, B. Passarelli, J. A. Coller, M. J. Fero, H. H. McAdams und L. Shapiro. »The essential genome of a bacterium.« *Molecular Systems Biology* 7, Artikel Nummer 528 (2011).

12 Geoff Baldwin et al. *Synthetic Biology: A Primer.* London: Imperial College Press 2012.

13 T. S. Gardner, C. R. Cantor und J. J. Collins. »Construction of a genetic toggle switch in Escherichia coli.« *Nature* 403, Nr. 6767, S. 339–342 (20. Januar 2000).

14 J. J. Tabor, H. Salis, Z. B. Simpson, A. A. Chevalier, A. Levskaya, E. M. Marcotte, C. A. Voigt und A. D. Ellington. »A Synthetic Genetic Edge Detection Program.« *Cell* 137, Nr. 7, S. 1272–1281 (2009).

15 Tal Danino, Octavio Mondragón-Palomino, Lev Tsimring und Jeff Hasty. »A synchronized quorum of genetic clocks.« *Nature* 463, S. 326–330 (21. Januar 2010).

16 Siehe www.clothocad.org.

17 Baldwin et al. *Synthetic Biology: A Primer.* London: Imperial College Press 2012. S. 121.

18 Karmella A. Haynes, Marian L. Broderick, Adam D. Brown, Trevor L. Butner, James O. Dickson, W. Lance Harden, Lane H. Heard, Eric L. Jessen, Kelly J. Malloy, Brad J. Ogden, Sabriya Rosemond, Samantha Simpson, Erin Zwack, A. Malcolm Campell, Todd T. Eckdahl, Laurie J. Heyer und Jeffrey L. Poet. »Engeneering bacteria to solve the Burnt Pancake Problem.« *Journal of Biological Engeneering* 2, Nr. 8 (2008). doi:10.1186/174-1611-2-8.

19 Parasight, Imperial College London; http://2010.igem.org/Team:Imperial_College_London.

20 Geoff Baldwin et al. *Synthetic Biology: A Primer.* London: Imperial College Press 2012, S. 121.

21 Laura Adam, Michael Kozar, Gaelle Letort, Olivier Mirat, Arunima Srivastava, Tyler Stewart, Mandy L. Wilson und Jean Peccoud. »Strengths and limitations of the federal guideance on synthetic DNA.« *Nature Biotechnology* 29, S. 208–210 (2010). doi:10.1038/nbt.1802.

22 Yael Heyman, Amnon Buxboim, Sharon G. Wolf, Shirley S. Daube und Roy H. Bar-Zvi. »Cell-free protein synthesis and assembly on a biochip.« *Nature Nanotechnology* 7, S. 374–378 (2012). doi:10.1038/nnano.2012.65.

23 Taji Okano, Tomoaki Matsuura, Yasuaki Kazuta, Hioraki Suzuki und Yomo Tetsuya. »Cell-free protein synthesis from a single copy of DNA in a glass microchamber.« *Lab Chip* 12, Nr. 15, S. 2704–2711 (2012). doi:10.1039/C2LC40098G.

24 V. Noireaux, R. Bar-Ziv und A. Libchaber (2003). »Principles of cell-free genetic circuit assembly.« *Proceedings of the National Academy of Science* 100, S. 12672–12677 (2003).

25 Siehe http://library.cshLedu/oralhistory/interview/cshl/research/zing-finger-proteins-discovery-and-application/.

26 J. Miller, A. D. McLachlan und A. Klug. »Repetitive zinc-binding domains in the protein transcription factor IIIA from *Xenopus oocytes.*« *EMBO Journal* 4, Nr. 6, S. 1609–1614 (Juni 1985).

27 Ahmad S. Khalil, Timothy K. Lu, Caleb J. Bashor, Cherie L. Ramirez, Nora C. Pyenson, J. Keith Joung und James J. Collins. »A Synthetic Biology Framework for Programming Eukaryotic Transcription Functions.« *Cell* 150, Nr. 3, S. 647–658 (3. August 2012).

28 Ebd.

29 *Synthetic Genomics: Options for Governance*; online unter: http://www.synbiosafe.eu/uploads///pdf/Synthetic%20Genomics%20 Options%20for%20Governance.pdf.

30 Siehe »Playing democs games to explore synthetic biology.« Edinethics, unter http://www.edinethics.co.uk/synbio/synbio%20 democs%20report.pdf; und Nuffield Council on Bioethics unter http://www.nuffieldbioethics.org/emerging-biotechnologies.

31 »Bridging Science and Security for Biological Research: A Discussion about Dual Use Review and Oversight at Research Institutions. Report of a Meeting September 13–14, 2012.« American Association for the Advancement of Science in conjunction with the Association of American Universities, Association of Public and Land-Grant Universities, and the Federal Bureau of Investigation.

32 Siehe http://www.biofab.org/

33 Marcus Wohlsen. *Biopunk: DIY Scientists Hack the Software of Life.* New York: Current 2011, S. 65 und 155.

34 Freeman Dyson. »Our Biotech Future.« *The New York Review of Books.* 19. Juli 2007.

35 Siehe A. S. Kahn. »Public health preparedness and response in the USA since 9/11: A national health security imperative.« *Lancet* 378, S. 953–956 (2011); und den »Bridging Science and Security for Biological Research« Report.

36 *Biotechnology Research in an Age of Terrorism: Confronting the ›Dual Use‹ Dilemma.* Washington, D. C.: National Academies Press 2004.

37 Marcus Wohlsen. *Biopunk: DIY Scientists Hack the Software of Life.* New York: Current 2011.

38 Geoff Baldwin et al. *Synthetic Biology: A Primer.* London: Imperial College Press 2012, S. 139.

39 Es gibt viele Formulierungen. Siehe Kenneth R. Foster, Paolo

Vecchia und Michael H. Repacholi. »Science and the Precautionary Principle.« *Science* 288, Nr. 5468, S. 979–981 (2000).

40 Siehe http://www.bioethics.gov/documents/synthetic-biology/
PCSBI-Synthetic-Biology-Report-12.16.10.pdf.

41 Isaac Asimov. »Introduction«. In: Ders. *The Rest of the Robots*.
New York: Doubleday 1964.

Kapitel 11

1 Arthur Conan Doyle. »The Disintegration Machine« (1929);
online unter: http://gutenberg.net.au/ebooks06/0601391h.
html.

2 Captain Kirk. »The Gamesters of Triskelion.« *Star Trek*, 5. Januar 1968. (Der Satz »Beam mich rauf, Scotty« wurde zwar mit
der Fernsehserie und den Filmen in Verbindung gebracht, er
wird dort aber in Wirklichkeit nie ausgesprochen.)

3 Isaac Asimov. »It's Such a Beautiful Day.« *Star Science Fiction
Stories* Nr. 3, 1954.

4 C. H. Bennett, G. Brassard, C. Crepeau, R. Jozsa, A. Peres und
W. K. Wootters. »Teleporting an Unknown Quantum State via
Dual Classical and Einstein-Podolsky-Rosen Channels.« *Physical Review Letters* 70, S. 1895–1899 (1993).

5 Xiao-Song Ma, Thomas Herbst, Thomas Scheidl, Daqing Wang,
Sebastian Kropatschek, William Naylor, Bernhard Wittmann,
Alexandra Mech, Johannes Kofler, Elena Anisimova, Vadim
Makarov, Thomas Jennewein, Rupert Ursin und Anton Zeilinger. »Quantum teleportation« over 143 kilometres using active
feed-forward.« *Nature* 489, S. 269–273 (2012). doi:10.1038/
nature11472.

6 David D. Awschalom, Lee C. Bassett, Andrew S. Dzurak, Evelyn
L. Hu und Jason R. Petta. »Quantum Spintronics: Engineering and Manipulating Atom-Like Spins in Semiconductors.«
Science 339, Nr. 6124, S. 1174–1179 (2013). doi:10.1126/science.1231364.

7 A. Furusawa, J. L. Sorensen, S. L. Braunstein, C. A. Fuchs, H. J.
Kimble und E. S. Polzik. »Unconditional Quantum Teleportation.« *Science* 282, Nr. 5389, S. 706–709 (23. Oktober 1998).
doi:10.1126/science.282.5389.706.

8 Xiao-Hui Bao, Xiao-Fan Xu, Che-Ming Li, Zhen-Sheng Yuan,

Chao-Yang Lu und Jian-Wei Pan. »Quantum teleportation between remote atomic-ensemble quantum memories.« *Proceedings of the National Academy of Science* 109, Nr. 50 (11. Dezember 2012). doi:10.1073/pnas.1207329109.

9 J. R. Minkel. »Beam Me Up, Scotty?« *Scientific American,* 14. Februar 2008; online unter http://www.scientificamerican. com/article.cfm?id=why-teleporting-is-nothing-like-star-trek&page=2.

10 Sasselov, Dimitar, persönliche Mitteilung, 6. August 2012.

11 Charles H. Townes. »The first laser.« In: Laura Garwin und Tim Lincoln (Hrsg.). *A Century of Nature: Twenty-One Discoveries that Changed Science and the World.* Chicago: University of Chicago Press 2003, S. 107–112.

12 E. Chain, H. W. Florey, A. D. Gardner, N. G. Heatley, B. M. Jennings, J. Orr-Ewing und A. G. Sanders. »Penicillin as a chemotherapeutic Agent.« *Lancet* 236, Nr. 6104, S. 226–228 (24. August 1940).

13 Edward Topp, Ralph Chapman, Marion Devers-Lamrani, Alain Hartmann, Romain Marti, Fabrice Martin-Laurent, Lyne Sabourin, Andrew Scott und Mark Sumarah. »Accelerated Biodegradation of Veterinary Antibiotics in Agricultural Soil following Long-Term Exposure, and Isolation of a Sulfamethazine-degrading Microbacterium sp.« *Journal of Environmental Quality* 42, Nr. 1, S. 173–178 (6. Dezember 2012). doi:10.2134/jeq2012.0162.

14 A. Fajardo, N. Martinez-Martin, M. Mercadillo, J. C. Galän, B. Ghysels et al. »The Neglected Intrinsic Resistome of Bacterial Pathogens.« *PLoS ONE* 3, Nr. 2: e1619 (2008).

15 Gerard D. Wright. »The antibiotic resistome: the nexus of chemical and genetic diversity.« *Nature Reviews Microbiology* 5, S. 175–186 (März 2007).

16 J. Lederberg und E. L. Tatum. »Gene recombination in *E. coli*.« *Nature* 158, Nr. 4016, S. 558 (1946).

17 Otto Carrs. »Meeting the challenge of antibiotic resistance.« *British Medical Journal* 337: a1438 (2008).

18 Jean Marx. »New Bacterial Defense Against Phage Invaders Identified.« *Science* 315, Nr. 5819, S. 1650–1651 (23. März 2007).

19 J. Cairns, Gunther Stent und James Watson. *Phage and the Origins of Molecular Biology.* Cold Spring Harbor: Cold Spring Harbor Laboratory Press 2007, S. 5.

20 Siehe http://newsarchive.asm.org/sepoi/animalcule.asp.

21 Siehe Alexander Sulakvelidze, Zemphira Alavidze und J. Glenn Morris, Jr. »Bacteriophage Therapy«. *Antimicrobial Agents Chemotherapy* 45, Nr. 3, S. 649–659 (März 2001). doi.10.1128/AAC.45.3.649-659.2001.

22 F. d'Herelle. »Sur un microbe invisible antagoniste des bacillus dysenterique.« *Comptes rendus de l'Académie des Sciences* 165, S. 373–375 (1917).

23 E. H. Hankin. »L'action bactericide des eaux de la Jumna et du Gange sur le vibrion du cholera.« *Annales de l'Institut Pasteur* 10, S. 511–523 (1896).

24 Siehe Eliava Institute unter http://www.eliava-institute.org/?-rid=2.

25 J. Cairns, Gunther Stent und James Watson. *Phage and the Origins of Molecular Biology.* Cold Spring Harbor: Cold Spring Harbor Laboratory Press 2007, S. 5.

26 Editorial. »Limitations of bacteriophage therapy.« *JAMA* 96, S. 693 (1933), und Editorial. »Commercial aspects of bacteriophage therapy.« *JAMA* 100, S. 1603–1604 (1933).

27 William C. Summers. »The Strange History of Phage Therapy.« *Bacteriophage* 2, Nr. 2, S. 130–133 (2012).

28 G. S. Stent. *Molecular Biology of Bacterial Viruses.* San Francisco und London: W. H. Freeman 1963, S. 8–9.

29 William C. Summers. »The Strange History of Phage Therapy.« *Bacteriophage* 2, Nr. 2, S. 130–133 (2012).

30 Lauren Gravitz. »Turning a new phage.« *Nature Medicine* 18, S. 1318–1320 (2012). doi:10.1038/nm0912-1318.

31 Christopher Browning, Mikhail Shneider, Valorie Bowman, David Schwarzer und Petr Leiman. »Phage Pierces the Host Cell Membrane with the Iron-Loaded Spike.« *Structure* 20, Nr. 2, S. 326–339 (8. Februar 2012).

32 M. S. Zahid, S. M. Udden, A. S. Faruque, S. B. Calderwood, J. J. Mekalanos et al. »Effect of phage an the infectivity of *Vibrio cholerae* and emergence of genetic variants.« *Infection and Immunity* 76, S. 5266–5273 (2008). Jean Marx. »New Bacterial Defense Against Phage Invaders Identified.« *Science* 315, Nr. 5819, S. 1650–1651 (23. März 2007).

33 Sheena McGowan, Ashley M. Buckle, Michael S. Mitchell, James T. Hoopes, D. Travis Gallagher, Ryan D. Heselpoth, Yang Shen, Cyril F. Reboul, Ruby H. P. Law, Vincent A. Fischetti, James

C. Whisstock und Daniel C. Nelson. »X-ray crystal structure of the streptococcal specific phage lysin PlyC.« *Proceedings of the National Academy of Science* 109, Nr. 31 (31. Juli 2012). doi:10.1073/pnas.1208424109.

34 A. Wright, C. H. Hawkins, E. E. Anggärd und D. R. Harper. »A controlled clinical trial of a therapeutic bacteriophage preparation in chronic otitis due to antibiotic-resistant Pseudomonas aeruginosa; a preliminary report of efficacy.« *Clinical Otolaryngology* 34, Nr. 4, S. 349–357 (August 2009).

35 L. J. Marinelli et al. »Propionibacterium acnes bacteriophages display limited genetic diversity and broad killing activity against bacterial skin isolates.« *mBio* 3, Nr. 5: e00279-12 (2012).

Kapitel 12

1 Isaac Newton. *Opticks*, 2nd edition (1718), Book 3, Query 30, 349.

2 Brett J. Gladman, Joseph A. Burns, Martin Duncan, Pascal Lee und Harold F. Levison. »The exchange of impact ejecta between terrestrial planets.« *Science* 271, Nr. 5254, S. 1387(6) (8. März 1996).

3 David S. McKay et al. »Search for Past Life on Mars: Possible Relic Biogenic Activity in Martian Meteorite ALH84001.« *Science* 273, Nr. 5277, S. 924–930 (1996).

4 I. P. Wright, M. M. Grady und C. T. Pillinger. »Organic materials in a martian meteorite.« *Nature* 340, S. 220–222 (20. Juli 1989).

5 Carnegie Institution Geophysical Laboratory Seminar am 14. Mai 2007. Zusammenfassung in Gilbert V. Levin. »Analysis of evidence of Mars life.« *Electroneurobiologia* 15, Nr. 2, S. 39–47 (2007). Ronald Paepe. »The Red Soil on Mars as a proof for water and vegetation (PDP).« *Geophysical Research Abstracts* 9, Nr. 1794 (2007). R. Navarro-González et al. »The limitations on organic detection in Mars-like soils by thermal volatilization-gas chromatography-MS and their implications for the Viking results.« *Proceedings of the National Academy of Science* 103, Nr. 44, S. 16089–16094 (2006). Siehe auch: Rafael Navarro-González, Edgar Vargas, José de la Rosa, Alejandro C. Raga und Christopher P. McKay. »Reanalysis of the Viking results suggest perchlorate and organics at midlatitudes on Mars.«

Journal of Geophysical Research 115 (2010); online unter www.earth.northwestern.edu/individ/seth/438/mckay,viking.pdf.

6 Siehe http://www.nasa.gov/mission_pages/msl/multimedia/pia16576.html.

7 M. Carr und J. Head. »Oceans on Mars: An assessment of the observational evidence and possible fate.« *Journal of Geophysical Research* 108, S. 5042 (2003). doi:10.1029/2002JE001963.

8 Siehe http://marsrover.nasa.govinewsroom/pressreleases/219121204a.html.

9 Marc Kaufmann. »Mars Curiosity Rover Finds Proof of Flowing Water – A First.« *National Geographic*, 27. September 2012; online unter
http://news.nationalgeographic.com/news/2012/09/120927-nasa-mars-science-laboratory-curiosity-rover-water-life-jpl/.

10 Francis M. McCubbin, Erik H. Hauri, Stephen M. Elardo, Kathleen E. Vander Kaaden, Jianhua Wang und Charles K. Shearer Jr. »Hydrous melting of the Martian mantle produced both depleted and enriched shergottites.« *Geology*, G33242.1 (15. Juni 2012).

11 Konferenz über die Geophysical Detection of Subsurface Water on Mars (2001).

12 M. Max und S. M. Clifford. »Mars methane: A critical in-situ resource to support human exploration.« Concepts and Approaches for Mars Exploration (2012); online unter www.lpi.usra.edu/meetings/marsconcepts2012/pdf/4385.pdf.

13 Morten E. Allentoft, Matthew Collins, David Harker, James Haile, Charlotte L. Oskam, Marie L. Hale, Paula F. Campos, Jose A. Samaniego, M. Thomas P. Gilbert, Eske Willerslev, Guojie Zhang, R. Paul Scofield, Richard N. Holdaway und Michael Bunce. »The half-life of DNA in bone: measuring decay kinetics in 158 dated fossils.« *Proceedings of the Royal Society B* 279, Nr. 1748, S. 4724–4733 (7. Dezember 2012).

14 Yudijit Bhattacharjee. »Failure to Launch: Mars Mission Sidelined in New NASA Budget Proposal.« *Science*, Science Insider Blog, 13. Februar 2012; online unter http://news.sciencemag.org/scienceinsider/2012/02/failure-to-launch-mars-missions.html?ref=hp.

15 Der Report der Commission of Inquiry on the loss of the *Beagle 2* mission findet sich unter www.bis.gov.uk/assets/ukspaceagency/docs/space-science/ beagle-2-commission-of-inquiry-report.pdf.

16 H. Price et al. »Mars Sample Return Spacecraft Systems Archi-
    tecture.« Jet Propulsion Laboratory. California Institute of Tech-
    nology;   http://trs-new-jpl.nasa.gov/dspace/bitstream/2014/
    13724/1/00-0092.pdf.

17 Der UN-Vertrag findet sich unter www.oosa.unvienna.org/
    oosa/SpaceLaw/outerspt.html.

18 Michael Crichton. *The Andromeda Strain.* New York: Knopf
    1969 [dt. *Andromeda,* üb. v. N. Wölfl. Neuausgabe München:
    Droemer Knaur 1995].

REGISTER

2001: Odyssee im Weltraum 38

3-D-Drucker 246 f.

Abhandlung über die Methode des richtigen Vernunftgebrauchs (Descartes) 21

Abraham, Spencer 111

Akne 245

Aldini, Giovanni 23

Allentoft, Morten Erik 253

Alperovich, Nina 122, 143

Altman, Sidney 184

Alzheimer-Krankheit 65

American Prometheus (dt. *J. Robert Oppenheimer*) 174

Aminosäuren 183, 188, 208 f., 218

Anderson, Chris 246

Andromeda 256

Antibiotika:

  und Bakterien 236–239

  Bakteriophagen 239–243

  und Ribosomen 59–60

Antibiotikaselektion 85

aperiodische Kristalle 10 ff., 15, 43, 61

Applied Biosystems 74

Arber, Werner 49 f.

Aristoteles 19, 42, 116

Arrowsmith (dt. *Dr. med. Arrowsmith*) 18

Asilomar (Treffen) 51, 213 ff.

ATP (Adenosintriphosphat) 55 f., 69, 188, 197

außerirdisches Leben 82, 248, 253

Avery, Oswald, 41, 43, 45–48, 237

Avida 37

Bacon, Francis 20, 112

  Neu-Atlantis 20

Bakterien:

  und Antibiotika 236–239

  Bakteriophagen 239–243

  Chromosomen in B. 140 ff.

  Gramfärbung von B. 78

  laterale Genübertragung 237

Bakteriophagen 243 ff.

Baltimore, David 96 f.

Barricelli, Nils Aall 37

BBC 177

Benders, Gwyn 121, 158

Benner, Steven A. 17

Bennet, Charles H. 224

Berg, Paul 50 f., 119

Bergson, Henri 30

Bernal, John Desmond (*The World, the Flesh & the Devil*) 32

Berzelius, Jöns Jacob 22–26

Beweis durch Synthese 32, 111, 154

Billeter, Martin 96
BioBricks 203 f., 207
BioFactory 206
Biohacker 215 f.
biologische Schaltkreise 204 ff.
Bio- und Chemiewaffenkon-
    vention 213
Biologie:
    und Computer 193 f., 200–203
    Geburt der B. 8
    Digitalisierung 174
    DNA-zentrierte Sicht der B. 31
    als Informationswissen-
    schaft 13
    als Kontrolle über das
    Leben 18 f.
    Molekularbiologie 11, 14 f., 49,
    53, 57, 70, 73, 85, 88 f., 120, 140,
    174, 182, 188, 196
    Registry of Standard Biological
    Parts 204
    synthetische 15, 17, 120, 167,
    182, 192, 202, 206 f., 209–212,
    214–219, 233, 236
Zentrale Themen 10 ff.
    siehe auch: Teleportation
Biolumineszenz 156
Bioterrorismus 108, 216
biothechnologische Revolu-
    tion 52
Blade Runner 17
Blattner, Frederick 120
Blue Gen 63
Blue Heron 165
Bohr, Niels 223
Bosonen 226 f.
Boyer, Herbert 50, 52
BP 251
Brenner, Sydney 13, 35, 70, 112
Briggs, Robert 139
Brongniart, Adolphe-Théo-
    dore 68

Brown, Robert 67 f.
Brownsche Bewegung 63, 68 f.
Brüder Grimm 256
Butler, Samuel 119

Capecchi, Mario 85
Caplan, Arthur 112
Caruthers, Marvin 89
Caulobacter crescentus 192, 201 f.
Cech, Thomas 184
Celera 98
Chain, Ernst Boris 236
Chargaff, Erwin 46
Chase, Martha Cowles 45
Chemie 9, 22 f., 25 f., 32, 39, 51,
    139, 183, 226
    organische im Unterschied zur
    anorganischen C. 22 f., 25, 27 f.
Chen, Irene 185
Chin, Jason 209
Cho, Mildred K. 114
Cholera 141, 240
Chuang, Ray-Yuan 130
Church, George 211
Ciechanover, Aaron 65
Clinton, Bill 71
Code des Genoms 10–12, 34 f.,
    38 ff., 47 f., 55, 57, 59, 61, 124,
    153, 168 f., 174, 179, 202, 209,
    226–229, 258 f.
Cohen, Stanley Norman 50, 52, 119
Computer:
    und Biologie 193 f., 202 f.
    und DNA-Sequenzierung 15,
    74 f., 245
    Grundlagen 33
    und Information 193
    und künstliches Leben 38 f.
    und Teleportation 224 f.
Controlling Life: Jacques Loeb
    and the Engeneering Ideal in
    Biology (Philip J. Pauly) 18

Covert, Markus W. 262
Creutzfeldt-Jacob-Krankheit 65
Crichton, Michael: *Timeline* 223
  Jurassic Park 117
Crick, Francis 12, 36, 45, 46, 47 f.,
  71, 131, 181, 242
*Crucibles: The Lives and Achieve-
  ments of the Great Chemists*
  (Bernard Jaffe) 26
Cybernetics (Norbert Wiener) 37
cystische Fibrose 64 f.

Darwin, Charles: *Über die Ent-
  stehung der Arten* 29, 193
Darwin, Erasmus: *Zoonomia; or
  the Law of Organic Life* 42
Dawkins, Richard 13
Deinococcus radiodurans
  R1 128 ff., 253
Delbrück, Max 9, 100, 241 f.
Descartes, René: *Abhandlung
  über die Methode des richtigen
  Vernunftgebrauchs* 21
Diamond, Jared 9, 112
Dirac, Paul 226
DNA:
  digitalisierte 227 f.
  Doppelhelixstruktur 12, 36, 46,
    58 f., 60, 68
  elektrische Spannung 147
  forensische D.-Analyse 156
  Fragilität 145
  als genetisches Material 12,
    39 f., 42–99
  Halbwertszeit 253
  laterale Genübertragung 237
  D.-Ligase 93
  Methylierung 159 f.
  Neandertaler 125
  D.-Polymerase 131
  Proteine strukturiert durch
    D. 69

D.-Rekombination 153
D.-Schrott 61
Sendeeinheit für digitalisiertes
  Leben 246
als Software des Lebendi-
  gen 14 f., 53, 62, 69, 137, 154,
  177, 180, 200, 205, 208, 215,
  222, 229, 260
und Teleportation 243
Zusammensetzung 45 f.
und Zellen 201 f.
DNA-Neukombinierung 48–52
DNA-Sequenzierung:
  und Computer 74
  des ersten lebenden Organis-
    mus 78
  expressed sequence tags
    (ESTs) 74, 76, 97
  Genauigkeit 102 f., 124 f., 134,
    165–169, 173 f.
  interstellarer Übertragun-
    gen 259
  mit Lichtgeschwindig-
    keit 248 ff., 259
  auf dem Mars 258
  Wasserzeichen 127, 165, 169,
    172 ff., 227
DNA-Synthese 111, 121 f., 127,
  143, 163, 165, 228
  do-it-yourself 215
Doctor Who 223
Dolly (Klonschaf) 114,
  137
Doyle, Arthur Conan 222 f.
Drei Gesetze der Robotik
  (Asimov) 211 f.
Driesch, Hans 29
The Dynamics of Living Matter
  (Loeb) 18
Dyson, Freeman 177, 215
Dyson, George: *Turing's Cathe-
  dral* 38

E. coli 52, 66, 71, 79, 92 f., 96, 100, 106, 119, 120, 130–133, 143 f., 161, 188, 198, 201, 203, 206 f., 242

E-Zellen Projekt 196, 198

The Economist 82

Einstein, Albert 155, 223 f.

Elastin 55

Elektroporation 106

Eli Lilly and Company 52

Eliava, George 240

Empedokles 19

Encyclopaedia Britannica 94

Endy, Drew 203

Energieminsiterium (USA) 98 f., 107, 110, 210 f., 214

Entelechie 29

Entschlüsselt: mein Genom, mein Leben (Venter) 107

Epigenetik 31

Erde:
    Leben auf der E. 53, 82, 179, 181, 185 f., 222, 226
    und Mars 248 f., 252, 255

Ethik: 112 f., 115, 210
    New Directions: The Ethics of Synthetic Biology and Emerging Technologies 217

Evans, Martin 85

Evolution: 78 f., 125
    und Genomtransplantation 142 f.
    Lebewesen außerhalb der E. 214
    und Erwerb von Chromosomen 141 f.

Ewiggestrige 219

Experimentelle Beiträge zu einer Theorie der Entwicklung (Spemann) 138

Extremophile 84, 252

Fermi, Enrico 226

Fermionen 226 f.

Feynman, Richard 155, 174, 176

Fiers, Walter 71 f.

Fire, Andrew 61

Flavell, Richard 96

Flemming, Alexander 236

Florey, Howard Walter 236

The Fly (Langelan) 223

Fraenkel-Conrat, Heinz 188

Frankenstein (Shelley) 17, 23, 117, 216, 256

Franklin, Rosalind 36, 46 f.

Freiheit der Wissenschaft und nationale Sicherheit 121

Friedman, Robert 210

Gelelektrophorese 104, 134, 152

Gene:
    Ausschaltung 85
    Größe von 9
    von Influenzaviren 232
    Kodierung von 61
    und Kontext 86 f.
    Konzept von 35
    laterale Genübertragung 237
    und das Lebendige 80ff
    Transplantationsmethode 140
    unbekannte Funktionen 82, 180 f.

Genentech 52, 96

Genetik:
    reverse G. 96
    Ursprung 42 f.

genetische Manipulation: 51 f., 120 f., 155 f.
    do-it-yourself 215
    erstes biotechnologisches Produkt 52
    erstes transgenetisches Tier 50 f.

und Nutzpflanzen 21, 51, 53, 119, 122 f., 214, 220
Werkzeugkasten für 204
genetische Mutation 251
genetischer Fingerabdruck 50
genetischer Code:
  als Binärcode 10
  des ersten lebenden Organismus sequenziert 78
  und RNA 183 f.
Genom:
  erstes Auslesen 12
  erste Entschlüsselung 71
  Größe des G. 129, 131 f., 134 f., 144
  Metagenomik 98
Genomsynthese 122, 163, 166, 211
Genomtransplantation: 136–154
  und Evolution 142 f.
  Fragen über 151 f.
  Klonierung von Tieren 136 ff.
  Massenspektrometrie 153
  neue Methoden 145 ff.
  Schwierigkeiten mit der G. in Hefe 159
  im Unterschied zu Gentransplantation 140
  und Zellwachstum 143 f.
  Geschichte 243 f.
Geschichte der Chemie (Kopp) 25
Gesetz der Biogenese 28
Gibson, Dan 163 f., 168–170
Gibson, Everett 82
Gibson-Zusammenstellung 163 f.
Gilbert, Walter 71
Glaube:
  und Wissenschaft 39 f., 47
  siehe auch: Religion, Vitalismus
Glass, John I. 121 f., 143

Gott 21, 39, 95, 117, 177
Gould, Steven: Jumper 9, 223
Gram, Christian 78
Gramfärbung 78
Griffith, Frederick 43
Gurdon, John 139
Gutmann, Amy 217

Haemophilus influenzae 49, 75, 77 f., 155
Harnstoff 23–27
Harry Potter (Rowling) 223
Healy, Bernadine 109
Heatley, Norman 236
Hefezellenklonung 133 f., 158, 165
  und Genomtransplantation 159 f.
Heliobacter pylori 83
d'Herelle Félix 239
Hershey, Alfred 45, 241
Hershko, Avram 65
Holley, Robert W. 49, 71
Hood, Larry 74
Hooke, Robert 27, 53, 180
  Mircographia 53
Humulin 52
Hutchinson, Clyde 72, 78, 86, 99 f., 102, 122, 158

Impfstoffe 175, 214, 216, 229–236, 248
Influenzavirus 51, 97, 212, 230–235
Information:
  und Computer 193 f.
  und das Leben 154, 173, 176–179
  und Teleportation 224 ff.
Institute for Genomic Research (TIGR) 74, 76, 109
International Genetically Engi-

neered Machine (iGEM) 202 f., 207 f., 215
Intralytix 244
The Irish Times 9
Isomerbildung 26
Itakura Keiichi 52

J. Craig Venter Institute (JCVI) 32, 72, 122, 127, 173, 175, 231, 245
Wasserzeichensequenzen 127, 135, 165, 169, 172 ff., 227
Jaenisch, Rudolf 51
Jaffe, Bernard: *Crucibles: The Lives and Achievements of the Great Chemists* 26
Jeffreys, Alec 156
Jian-Wei Pan 225
Johnson, Lyndon 91, 94
Joyce, James: *Portrait of the Artist as a Young Man* 174
Jumper (Gould) 223
Jurassic Park (Crichton) 117

Kaplan, Nathan O. 95, 151
Kenny, Enda 15
Kerntransfer 137, 139 f., 145
Kerr, Lawrence 108
Khalil, Ahmad S. 209
Khorana, Har Gobind 48 f., 72, 89
Kimble, H. Jeff 225
Kimura Motoo 13
King, Thomas J. 139
Klimawandel 221
Siehe auch: Umwelt, Temperatur
Klonung:
K. von Hefezellen 133 f., 158 f., 165
erstes Kernverpflanzungs-experiment 137 f.
Klonschaf Dolly 114, 137

transformationsassoziierte Rekombinationsklonierung (TAR) 167 f.
Klug, Aaron 208
Knight, Tom 203, 211
Kolbe, Hermann 25
Koonin, Eugene 81
Kopp, Hermann Franz Moritz: *Geschichte der Chemie* 25
Kornberg, Arthur 92–95, 100, 104, 111
Koshland, Daniel E. 176
Kreativität 155
Kuhn, Thomas 136
künstliche Intelligenz 33, 36 f.
künstliches Leben 15, 17, 20, 32, 36–39, 178 f., 184

Lancet 231
Landwirtschaft 42, 50, 119, 208, 214, 238
Langelaan, George: *The Fly* 223
Lartigue, Carole 122, 145, 148
laterale Genübertragung 237
Lavoisier, Antoine 22
Le Dantec, Félix: *Natur und Ursprung des Lebens im Licht neuer Erkenntnisse* 21
Leben:
außerirdisches L. 82, 248, 253
Biologie als Kontrolle des L. 18
und Brownsche Bewegung 68 f.
als chemisches System 226
und Computer 193 f., 202 f.
Definition 14 f., 17 f., 29 f., 112, 116, 154, 176, 178 f., 189
DNA als Software des Lebendigen 15, 53, 62, 69 f., 111, 137, 200, 205, 208, 215, 222, 260
einzellig 53, 83, 99
Erschaffung von L. 178
und Fermione 227

und Gene 80 ff.
und Information 154, 173,
176–179
und Informationssysteme 154,
174, 177
»Leben aus dem Nichts« 182
Lebewesen außerhalb der
Evolution 214
mit Lichtgeschwindig-
keit 246 ff., 259
als Maschine 32
Minimalform des L. 80 f., 84,
88, 98, 122, 180
im Ozean 99
Proteine als Hardware 53, 70
Sendeeinheit für digitalisiertes
L. 246
und Temperatur 69
Thermodynamik 61
unterirdisches 251 f.
Ursprung 7, 28, 116, 180 ff.,
189
und Wasser auf dem Mars 251
Zellen als Basis des L. 27 ff.
Zweig der Lebewesen 18, 82,
84, 181
Lederberg, Esther Zimmer 237
Lederberg, Joshua 51, 237
Leeuwenhoek, Antonine van 27
Lewis, Sinclair *Arrowsmith* 18
Liebig, Justus von 25
Life Technologies 257
Liljestrand, Göran 47
Loeb, Jacques: *The Dynamics of
Living Matter* 18
Lu, Timothy 121
Luria, Salvador 241
Lysin 244

Mach, Ernst 18, 68
MacLeod, Colin Munro 43, 47,
237

Maschinen 14, 18, 32, 36 f., 39,
54–57, 61, 64 f., 74 f., 119, 194,
254
Leben als M. 33 ff.
Maschinen und Organismen (von
Neumann) 35
Magnus, David 114
Malpighi, Marcello 54
Mangold, Hilde 138
Marburger, John H. 108
Margulis, Lynn 190
Mars: 248–260
DNA-Sequenzierung auf
M. 258–259
und die Erde 248–949
mikroskopisches Leben auf
M. 82–83
Proben vom M. 255–258
und Teleportation 248,
258–259
Marshall, Barry 83
Massenspektrometrie 153
The Matrix 39
Matthaei, J. Heinrich 188
Maverick Genius (Schewe) 177
Maxam, Allan 71
McClintock, Barbara 86
McGee, Daniel 114
Mello, Craig Cameron 61
Mendel, Gregor 42
menschliches Genom: 71 f., 74,
97 f., 101
und Teleportation 243
im Unterschied zu Mirkoor-
ganismen 129
Metagenomik 98
Methanococcus jannaschii 81 f.,
98, 252
Methodik der experimentellen
Arbeit 53
Micrographia (Hooke) 53
Mikroorganismen:

sind überall 28
Symbiose von 142
Miller, Stanley 183
Mintz, Beatrice 51
Molekularbiologie 11, 14, 49, 53, 57, 70, 73, 85, 88 f., 96, 120, 140, 174, 182, 188, 196
Murphy, Michael P. 9
Murray, Christopher 231
Mycoplasma capricolum 144
Mycoplasma genitalium 77–81, 122–125, 132, 196
    ringförmiges Genom 126
    detaillierte Nachbildung im Modell 198
    Größe 131, 134 f.
    langsames Wachstum 143, 158, 164
Mycoplasma mycoides 144 f., 149, 150–153, 157–160, 164, 166 f., 169, 171, 175, 178

Nahrung 29, 53, 80, 191, 221, 242
Nathans, Daniel 50
National Science Advisory Board for Biosecurity (NSABB) 110, 213
Natur 18–22
Natur und Ursprung des Lebens im Lichte neuer Erkenntnisse (Le Dantec) 21
Nature 36, 46, 57, 72, 212
Nature's Robots (Reynolds) 57
natürliche Lebewesen 33
natürliche Selektion 29
Neandertalergenom 124
Neu-Atlantis (Bacon) 20
neue industrielle Revolution 246
New Directions: The Ethics of Synthetic Biology and Emerging Technologies 217
Newton, Isaac 155, 248

Nirenberg, Marshall Warren 48 f., 73, 89, 188, 229
Nobelpreisträger:
    Altman, Sidney (1989) 184
    Avery, Oswald (nicht überreicht) 43
    Baltimore, David (1975) 96
    Berg, Paul (1980) 50, 119
    Brenner, Sydney 13
    Capecchi, Mario (2007) 85
    Cech, Thomas (1989) 184
    Chain, Ernst Boris (1945) 236
    Ciechanover, Aaron (2004) 65
    Crick, Francis (1962) 47
    Dirac, Paul (1933) 226
    Evans, Martin (2007) 85
    Feynman, Richard 174
    Florey, Howard Walter (1945) 236
    Gurdon, John (2012) 139
    Heatley, Norman (1945) 236
    Hershko, Avram (20004) 65
    Holley, Robert W. (1968) 49
    Khorana, Har Gobind (1968) 48
    Lederberg, Joshua 51
    Nirenberg, Marshall (1968) 48
    Perrin, Jean Baptiste (1926) 68
    Ramakrishnan, Venkatraman (2009) 60
    Rose, Irwin A. (2004) 65
    Sanger, Frederick 45
    Schrödinger, Erwin (1933) 8
    Smithies, Oliver (2007) 85
    Speman, Hans (1935) 137
    Steitz, Thomas A. (2009) 60
    Templin, Howard Martin (1975) 96
    Watson, James (1962) 47
    Wilkins, Maurice (1962) 47
    Yonath, Ada E. (2009) 60

Nobel Prizes and Life Sciences
(Norrby) 44
Noller, Harry F. 59
Norrby, Erling: *Nobel Prizes and
Life Sciences* 44
Noskov, Vladimir 121, 167
Novartis 231–235
nuklearer Weltuntergang 129
Nulltes Gesetz (Asimov) 212

Obama, Barack 178, 217
Omnis cellula e cellula 28, 31
O'Neil, Luke A. J. 9, 262
Orbach, Raymond Lee 108
Ordnung 9–10, 61, 67
Organische Chemie 25 f.
Bedeutung 22 f.
Oró, Joan 183
L'Osservatore Romano 178
Oster, George 69

Pääbo, Svante 124
Palca, Joe 95
Pan Jian-Wei 225
Pandemie 97, 115, 212, 216,
230–236
Parkinson-Krankheit 65
Pasteur, Louis 28
Patrinos, Ari 107
Pauly, Philip J.: *Controlling Life:
Jacque Loeb and the Enginee-
ring Ideal in Biology* 18
Penicillin 236 f.
Perrin, Jean Baptiste 68
Phagentherapie 239 ff.
phi X 174: 72 f., 76, 89, 91–118
ringförmige DNA von 92
Zusammensetzung 92
Photosynthese 56, 99, 142, 159,
190, 252
Pieper, Rembert 122
Pillinger, Colin 250

PlyC 244
Pocken 108 ff., 115
Podolsky, Boris 224
Polyethylenglycol (PEG) 169
Popular Mechanics 82
*Portrait of the Artist as a Young
Man* (Joyce) 174
Presidential Commission for the
Study of Bioethical Issues 217
*Proceedings of the National
Academy of Sciences* 94
Proteine: 54
Abbau und Aggregate 65 f.
als genetisches Materi-
al 39–40, 42–43
Halbwertszeit 62
Ribosomen 48 f., 57, 188, 192,
197, 204
und Strahlung 128 f.
Strukturierung durch DNA 69
und Temperatur 81
Verständnis von 45
in Zellen 152, 192
Zinkfinger 208
Proteinfaltung 63 f.
Proteinsynthese 57 f., 65, 187 f.,
194, 197, 229, 237

Quantencomputer 224 f.
Quantenmechanik 56 f.
Quantentheorie 223 f.

Racaniello, Vincent 97
Ramakrishnan, Venkatra-
man 59 f.
Ramberg, Peter 26
Rappuoli, Rino 232
Rasterverschiebungsmuta-
tion 168
Ray, Thomas S. 37
Registry of Standard Biological
Parts 204

Rekombinationsklonierung (TAR) 167
Religion 113–118
Restriktionsenzym 49 f., 75, 103, 132, 134, 146, 155, 160, 162, 165, 172
Rettberg, Randy 203
reverse Transkriptase 96 f.
Reynolds, Jacqueline 57
Ribosom 48 f., 57–60, 188, 192, 197, 204, 237
Ribozym 48, 58, 184
Richardson, Toby 228
Riggs, Arthur 52
RNA: 48, 59 f.
    erstes genetisches Material 183–186
    Kopieren von RNA-Viren 96 f.
    mRNA 48, 57–60, 97, 106, 197
    tRNA 49, 57 f., 71, 196
Roberts, Richard J. 185
Roddenberry, Gene 222
Röntgenstrukturanalyse 36, 46, 58
Rose, Irwin A. 65
Rosen, Nathan 224
Rowling, J. K.: *Harry Potter* 223

San Jose Mercury News 82
Sanger, Frederick 45, 71 ff., 76, 93, 96 f., 99 f., 102
Sanger-Sequenzierungsmethode 72 f., 168
Sasselow, Dimitar 227
Schewe, Philip F.: *Maverick Genius* 177
Schleiden, Matthias Jokob 27
Schlessinger, David 77
Schrödinger, Erwin: 7–14, 56 f., 61 f., 67, 181, 226
    über »Codes« 34
    und Crick 12

»What is Life?«-Vorlesung 8–12
Schrotschusssequenzierung 78, 98 f., 129, 141
Schwann, Theodor 27
Schweinegrippe 230 f.
    siehe auch: Influenza
Science 77 ff., 113 f., 116, 135, 161, 175 f., 212
Science-Fiction 82, 153, 211 ff., 256
Selbstreplikation und Computer 33 f.
Sendeeinheit für digitalisiertes Leben 246
Shapiro, Lucy 192, 201 f.
Shelley, Mary: *Frankenstein* 17, 23, 117, 216, 256
Shimomura Osamu 156
Sinsheimer, Robert 92 f., 99 f., 103
Smith, Hamilton O. 49 f., 75, 98, 121, 146, 155, 159, 163 f., 175, 211
Smithies, Oliver 85
Spemann, Hans 137–140
Spontanzeugung 28
Star Trek 222, 223, 225
Staudinger, Hermann 54
Steitz, Thomas A. 60
Stent, Gunther 241
Stickstoff als Nährstoff für Pflanzen 25
Strahlung 128 f.
Sutton, Granger 76
Swanson, Robert A. 52
Synthetic Genomics: Options for Governance 211
Synthetic Genomics Inc. 127, 173, 227, 231, 251
synthetisches Leben: 39, 99–118, 156, 179, 219 f.

Definition 176 f., 179
erstes synthetisches Lebewesen 171, 173 f.
Presseecho 177
unabhängige Arbeitsgruppe
zu bioethischen Implikatio-
nen 112 f.
zukünftige Bedeutung 152 f.
synthetische Phagen 103–106
Szostak, Jack W. 184

Tanford, Charles 57
Tausendundeine Nacht 223
Technologie 212 f., 219
Teilchentypen 226
Teleportation 16, 223–226, 243
Templin, Howard Martin 96
Temperatur 69
und Proteine 81
Terminator 39
The World, the Flesh & the Devil
(Bernal) 32
Thermodynamik 11, 61
Time 9, 177
Timeline (Crichton) 223
Timofejew-Ressowskij, Nikolai
9
Tomita, Masaru 195
Transposon 86 ff., 114
*The TTL Data Book for Design
Engineers* 204
Turing, Alan 30, 33–38
Turing's Cathedral (Dyson) 38

Über die Entstehung der Arten
(Darwin) 29, 193
Überbevölkerung 214
Ulam, Stanislaw 35
Umwelt 81, 87, 98, 112, 115, 142,
207, 216, 220, 243, 256
Umweltschützer 177
Urey, Harold 183

Vashee, Sanjay 130
Verbesserung des Menschen 220
Verdauungssystem 189
vergleichende Genomfor-
schung 78 f., 84, 87
Venter, J. Craig:
Vortrag in der American
Society of Microbiology 77
DNA-Sequenzierungsmetho-
de 74–79
Bildungsarbeit 112 f.
Genomstudie in der Pres-
se 82 f., 175
*Entschlüsselt: Mein Genom,
mein Leben* 107, 109, 262
im National Public Radio 95
beim National Institute of
Health 73 f.
Vortrag am Trinity Col-
lege 14 ff.
und Watson 12, 15
im Weißen Haus 71, 107
Virchow, Rudolf 28
virtuelle Zellen 193, 195–199,
211
Virtual Physiological Human
Project 194
Virus:
Bank aus Originalsaatstäm-
men 232
Influenzavirus 51, 97, 212,
230–235
Lebenszyklus 94
als Waffe 110
Virussynthese; 91–97, 105–108
benötigte Zeit 108
Vitalismus: 23 f., 25, 31 f., 181
Tod des V. 39 f., 111 f.
contra Wissenschaft 23, 26 f.,
29–31, 39, 112
und Zellen 29 f.
Vogelstein, Bert 75

Voigt, Christopher 120 f.
Vorsorgeprinzipien 216

Wallace, Alfred Russel 29
Wang Hongyun 69
Warren, Robin 83
Wasser und Leben 252
Wasserzeichensequenzen 127,
  135, 165, 169, 172 ff., 227
Watson, James 12, 15, 36, 45–48,
  71, 131, 242
Weismann, August 29, 138
Weissmann, Charles 96
Wells, H. G.: *Die Insel des Doktor
  Moreau* 117
Weltraumvertrag 256
Wiederbelebung ausgestorbener
  Arten 124 f.
Wiener, Norbert: *Cybernetics* 37
Wilkins, Maurice 46
Williams, Robley C. 188
Wilmut, Ian 137
Wimmer, Eckard 106 f., 110
Wired 246
Wissenschaft:
  und Glaube 27, 39, 116
  Teamarbeit 121
  Verantwortung 213
  contra Vitalismus 23, 26 f.,
    29–31, 39, 112
  Weiterentwicklung der Tech-
    niken 123
  Ziele 20 f.
  Zukunft der W. 181 f.
Wittmann, Heinz-Günter 58
Woese, Carl 81, 183

Wöhler, Friedrich 23–28, 31 f.

Yonath, Ada E. 58 ff.

Zamecnik, Paul Charles 187
Zellen: 27 f., 62 f.
  Abbau von Abfällen in Z. 65
  Abschaben menschlicher
    Hautz. 62
  Z. und DNA 201 f.
  einzellige Organismen 53, 83,
    99
  Entstehung von Z. 184 f.
  Entdeckung der Z. 27 f.
  E-Zellen Projekt 196
  Größe von Z. 128
  Hauptbestandteile von Z. 192
  Kooperation von Z. 191 f
  Proteine in Z. 152 f., 192
  Schrödinger über Z. 7 f
  Tod von Z. 66
  Umwandlung der genetischen
    Identität von Z. 153
  Vielzelligkeit 189 ff.
  Z. und Vitalismus 27
  virtuelle Z. 193, 195–199,
    211
  zellfreie Systeme 182, 187 ff.,
    206
  zelluläres Leben auf der
    Erde 180–185
Zensur 108 f.
Zimmer, Karl 9
Zinkfinger 208
*Zoonomia; or the Laws of Organ-
  ic Life* (Darwin) 42

J. Craig Venter
Entschlüsselt
Mein Genom, mein Leben
Aus dem Amerikanischen von Sebastian Vogel
576 Seiten. Gebunden

Erfolgreich, gehasst, bewundert: Der Mann, der als Erster das
menschliche Genom entschlüsselt hat, erzählt sein Leben.

»Dank dem aggressiven und abgebrühten Craig Venter
kann die Welt die Partitur des menschlichen Genoms lesen.«
*Time Magazine, anlässlich der Wahl Craig Venters
zur Person des Jahres 2000*

»In seiner Autobiographie beschreibt der Biologe J. Craig
Venter den Weg zur Entschlüsselung des menschlichen
Genoms als Thriller – mit ihm selbst in der Hauptrolle.
Wir begegnen einem Actionhelden, der sich erst durch eine
wilde Jugend und dann durch die sinistre Bürokratie der
Naturwissenschaften kämpfen muss.«
Süddeutsche Zeitung

»Venter ist zweifelsohne einer der interessantesten,
aber auch umstrittensten Pioniere der modernen Biologie,
der die Kunst des Provozierens beherrscht
wie kaum ein anderer.«
Die Welt

S. Fischer

fi 1-087030 / 1